旱灾系统敏感性分析

蒋尚明　袁宏伟　沈　瑞　崔　毅　著

中国环境出版集团·北京

图书在版编目（CIP）数据

旱灾系统敏感性分析 / 蒋尚明等著. -- 北京 ：中
国环境出版集团，2024. 8. --ISBN 978-7-5111-5939-7

Ⅰ. S423

中国国家版本馆 CIP 数据核字第 2024DV3954 号

责任编辑　殷玉婷
封面设计　宋　瑞

出版发行　中国环境出版集团
　　　　　（100062　北京市东城区广渠门内大街 16 号）
　　　　　网　　　址：http://www.cesp.com.cn
　　　　　电子邮箱：bjg1@cesp.com.cn
　　　　　联系电话：010-67112765（编辑管理部）
　　　　　　　　　　010-67112736（第五分社）
　　　　　发行热线：010-67125803，010-67113405（传真）
印　　刷　北京中献拓方科技发展有限公司
经　　销　各地新华书店
版　　次　2024 年 8 月第 1 版
印　　次　2024 年 8 月第 1 次印刷
开　　本　787×1092　1/16
印　　张　16.25
字　　数　266 千字
定　　价　80.00 元

中国环境出版集团郑重承诺：
中国环境出版集团合作的印刷单位、材料单位均具有中国环境标志产品认证。

前 言

　　淮河流域是我国重要的商品粮生产基地，每年向国家提供的商品粮量约占全国商品粮量的1/4。但由于淮河流域地处南北气候、高低纬度和海陆相三种过渡带的交叉重叠地区，降水时空分布极不均衡，导致历史上干旱灾害频繁。长期以来，淮河流域乃至我国的旱灾管理工作基本处于被动抗旱的局面，采用的是危机管理方式，缺乏统一的灾害风险管理体系和系统化、制度化的管理机制，不能及时优化调配人力和物力，也不能定量评估干旱灾害风险。为此，"从被动抗旱向主动防旱，由单一抗旱向全面抗旱转变"的防旱减灾新思路、新理念被提出。

　　目前，旱灾风险的概念、内涵及形成机制尚不明晰，现有旱灾风险评估多为定性或半定量的分析方法，既难以反映旱灾风险的形成机理，又难以定量揭示旱灾形成过程中的薄弱环节，在支撑流域旱灾风险管理"由被动抗旱向主动防旱，由单一抗旱向全面抗旱转变"中已日显困难与不足，严重削弱了旱灾风险评估在实际抗旱减灾中应有的关键支撑作用。为此，亟须开展基于物理成因的干旱灾害风险定量评估，以适应旱灾风险管理的新要求。旱灾风险评估是将致灾因子危险性与脆弱性紧密联系起来的重要途径，是风险评估技术在旱灾中的具体应用，其核心内容是可能产生的损失估算，其目的是为风险决策提供科学依据。然而，作为构建作物旱灾脆弱性函数的最基本要素和将干旱事件转化为粮食损失的重要环节，作物旱灾敏感性的科学内涵和量化方法尚未明确表达，这严重限制了基于物理成因的农业旱灾风险定量评估和调控研究。因此，准确定义和评估作物旱灾敏感性对明确作物受旱胁迫响应和损失形成机制、定量研究农业旱灾风险至关重要。

自 1985 年以来，安徽省（水利部淮河水利委员会）水利科学研究院在新马桥农水综合试验站开展了多尺度、多组合、长系列的作物受旱胁迫试验，积累了大量作物受旱胁迫的响应基础数据资料。特别是自 2009 年以来，安徽省（水利部淮河水利委员会）水利科学研究院主持承担了国家自然科学基金项目"基于试验与模拟的区域旱灾系统脆弱性识别与定量评估研究"（编号：51409002）和水利部公益性行业科研专项项目"淮河流域旱灾治理关键技术研究"（编号：200901026），在研究过程中，得到了合肥工业大学土木与水利工程学院的大力支持。通过多年的产学研协作，取得的主要创新成果有：依托多尺度、大规模、长系列主要作物受旱胁迫试验和作物生长动态仿真模拟，提出了受旱胁迫度指数，识别了干旱致灾阈值，揭示了作物受旱胁迫响应规律与致灾机理，丰富了作物干旱致灾过程的科学认识；提出了作物系数 K_c 及作物对地下水利用公式的智能优化技术；提出了作物受旱胁迫试验与作物生长动态仿真模拟相结合的方法，建立了不同抗旱能力下干旱强度与相应作物生长损失之间的定量关系，创建了旱灾敏感性曲线评估技术，丰富了旱灾敏感性理论。

全书共分为 5 章，各章主要完成人如下：第 1 章，蒋尚明、崔毅、于凤存、沈瑞等；第2章，崔毅、蒋尚明等；第3章，袁宏伟、刘佳、高振陆等；第4章，沈瑞、袁宏伟、张宇亮等；第5章，蒋尚明、崔毅、李征等。全书由蒋尚明统稿，魏妍琪、侯志强、宋占智、陈梦璐、张浩宇等参与了相关工作。

由于区域旱灾承灾体的特殊性与复杂性，旱灾系统敏感性涉及的影响因素多且不确定性大，彼此关系交织，研究难度大，加之水平所限，本书难免存在不成熟、不完善甚至谬误之处，诚请读者批评指正。

本书的研究内容得到了国家自然科学基金项目"基于试验与模拟的区域旱灾系统脆弱性识别与定量评估研究"（编号：51409002）、"巢湖流域河流形态对水质净化能力的影响机理研究"（编号：52209002）、"基于干旱传播过程的农业干旱动态监测与致灾机理研究"（编号：42271037）、安徽省自然科学基金项目"江淮丘陵区农业旱灾动态风险定量评估技术研究"（编号：2208085US03）、"基于星机地协同的灌区灌溉识别与评估技术研究"（编号：2208085US15），以及水利青年拔尖人才资助项目等的资助。本书在编写过程中，得到了合肥工业大学金菊良教授和周玉良教授给予的无私帮助和指导，在此一并表示诚挚的感谢！

作　者
2024 年 4 月

目　录

第1章 绪 论

1.1 概述

干旱是指地球表层水圈、大气圈中大气输送过程、地表水循环过程、地下水循环过程、土壤水循环过程等自然供水源环节在较长一段时间内的水分状态与这些供水源的多年平均水平相比发生明显水分亏缺的自然现象。在自然灾害系统理论中也称干旱为致灾因子，一般可用这些自然供水源量与其多年平均值相比的累积缺水量值（干旱强度）及缺水持续时间（干旱历时）、影响空间范围（干旱面积）等随机变量来定量描述干旱事件（金菊良等，2022）。干旱发展到一定程度，对作物和植被的正常生长、人类的正常生活和生产、生态环境的正常演化等均会造成不利影响，干旱便随之演变成干旱灾害（简称旱灾）。可见旱灾是自然属性因素和社会属性因素相互作用的结果（金菊良等，2016；屈艳萍等，2014；Lashkari et al.，2013）。与地震、海啸和洪水灾害等其他自然灾害相比，旱灾的形成过程较缓慢：首先出现的是土壤墒情降低，从而影响农作物的正常生长，河、湖、水库水量减少，正常生产生活取水出现困难；干旱频繁在大范围内长时间持续出现，往往会导致水源急剧短缺、大规模粮食绝产绝收，从而引发严重的社会问题（金菊良等，2014；汤广民等，2011）。旱灾是频繁发生且影响深远的重大自然灾害，严重威胁到国家的城乡供水安全、粮食安全和生态安全（金菊良等，2016；汤广民等，2011）。据统计，1470—1949 年，中国共发生全国性的特大干旱灾害约 51 次，平均约每 10 年一次（水利部水利水电规划设计总院，2008）。而1949—2017 年的 69 年间，全国共出现了近 43 个严重的干旱年份，农业年均因旱受灾面积约 0.21 亿 hm^2，年均因旱损失粮食约 162.6 亿 kg；2006—2017 年的 12 年间，农业年均因旱损失粮食约 224.4 亿 kg，年均因旱直接经济损失约 882.3 亿元，旱灾发生频次及损失均呈不断上升的趋势（吴瑶瑶等，2021；国家防汛抗旱总指挥部，2018）。

旱灾具有成灾过程缓慢、持续时间长、影响范围广、缺乏明确的边界及区域性特点明显等特征（Raoudha et al.，2011；Wilhite.，2005），给区域干旱管理带来极大困难。长期以来，我国的干旱灾害管理工作基本上处于被动抗旱的局面，采用的是危机应急管理方式，即当干旱灾害临近时甚至发生后，相关部门才做出反应着手制定临时应急措施和对策，以期减轻干旱的影响；但由于旱灾危机管理的根本定位就是被动应对眼前的、局部的问题，而较少从长远和全局的角度看待问题，采取的措施往往也是临时性的、应急性的，重抗轻防，重工程措施轻非工程措施（屈艳萍等，2018；韩宇平等，2013；顾颖，2006）；无整合的灾害风险管理对策，缺乏统一的灾害风险管理体系和系统化、制度化的训练机制，既无法及时进行人力和物力的调配，也无法对可能的旱灾影响做出评估，导致最后的抗旱减灾效果受到限制，难以满足我国抗旱减灾工作的需求（Liu et al.，2011；程静等，2010）。面对严峻的旱灾形势，以美国、澳大利亚为代表的发达国家于20世纪八九十年代提出了旱灾风险管理理念（屈艳萍等，2018）；我国也于2003年提出了防汛抗旱"两个转变"的新思路，即"从单一抗旱转向全面抗旱，从被动抗旱转变为主动防旱"，在继续加强旱灾危机管理的同时，积极推进旱灾风险管理，开启了我国旱灾风险管理工作（屈艳萍等，2018；吕娟，2013）。旱灾风险管理不仅符合"两个转变"的防旱减灾新理念，而且适应国际社会由过去的危机管理模式向主动风险管理、资源可持续利用和生态环境保护模式转变的总体趋势（屈艳萍等，2018；金菊良等，2016）。

从系统论角度来看，旱灾系统是由致灾因子、承灾体、孕灾环境及防灾减灾措施相互作用导致旱灾损失所形成的典型复杂系统，这四大要素通过物质循环、能量转换而紧紧耦合在一起，形成了旱灾系统的互馈演变机制（金菊良等，2022，2014；屈艳萍等，2014）。其中，致灾因子和承灾体是产生旱灾的必要条件，防灾减灾措施是减轻旱灾的必要条件，孕灾环境是影响致灾因子、承灾体和防灾减灾措施的背景条件。旱灾风险源（干旱现象）存在于自然界中，旱灾的承灾体既包括人类社会，又包括与人类社会密切相关的生态环境。可见，旱灾兼有复杂的自然属性和明显的社会属性，其严重程度取决于自然因素的变异程度和人类社会承受、适应自然环境变化的能力（吕娟等，2018；金菊良等，2016）。旱灾风险的概念源于自然灾害风险，灾害风险的实质是灾害损失的不确定性。旱灾风险即旱灾损失的可能性分布函数，属于自然属性与社会属性相复合的范畴，这反映了旱灾风险的本质特征，其由干旱发生的可能性经承灾体的脆弱性转换而得，而不是旱灾损失本身的统计特性（金菊良等，2016；唐明，2008；魏一鸣等，2002）。从旱灾风险的物理成因角度来看，旱灾风险是孕灾环境变动性、致灾因子危险性、承灾体暴露性、承灾体灾损敏感性和抗旱能力5个要素相互联系、相互作用形成的复杂系统（金菊良等，2016，2014；屈艳萍等，2014）。

随着区域经济社会快速发展，生产生活空间更加密集，承载的人口和经济增加，区域旱灾承灾体的暴露性也随之增大；在具体干旱事件中，通过实时优化调整作物种植比例，能够显著降低区域旱灾承灾体的暴露性，例如，安徽省江淮丘陵塘坝灌区的灌溉水源为蓄水容量10万m^3以下的塘坝，且无外调水条件，灌溉保证率低，而当地习惯种植水稻，因此长期形成如下种植规律：在清明节前后按照全部水田育秧，若遇丰水年则所有水田全部种植水稻；若遇偏枯或干旱年则根据塘坝蓄水量减少水稻种植面积，并相应种植需水量少的旱作物玉米或大豆。这种作物种植比例实时变化的耕作方式，实质上就是人为实时科学调整区域旱灾承灾体的暴露性，丰水年暴露性大、枯水年暴露性小，充分体现了当地居民的智慧和对自然环境的适应性（戴仕宝等，2018；蒋尚明，2018）。可见，区域旱灾承灾体暴露性也是随时间动态变化的。旱灾系统敏感性是指承灾体在遭受干旱打击时所反映的可能受损的程度，反映了承灾体受干旱不利影响的敏感程度。由于区域旱灾承灾体的特殊性与复杂性，相同干旱强度在不同时段作用的敏感性是不同的，区域承灾体的系统敏感性随时间动态变化，这主要是由于农作物不同发育阶段对水分亏缺的敏感性不同，对多数禾谷类作物而言，从花粉母细胞形成到开花授粉期对水分亏缺最为敏感，其他时期并非都需要充分供水，在作物对水分亏缺的非敏感期适当控水可产生有益作用（山仑，2003）；大豆在轻度水分亏缺时，系统敏感性从高到低的顺序为花荚期＞鼓粒期＞分枝期＞苗期，在重度水分亏缺时，系统敏感性从高到低的顺序为鼓粒期＞花荚期＞分枝期＞苗期（蒋尚明等，2018；崔毅等，2017）。随着区域经济社会发展以及各种抗旱减灾工程与非工程措施的实施，抗旱减灾标准不断提高，区域应急供水和抗旱能力也随之逐步提升，可见，区域抗旱能力也是一个动态变化过程。学者将承灾体暴露性、灾损敏感性和抗旱能力合称为旱灾脆弱性（蒋尚明等，2018；金菊良等，2016），旱灾脆弱性的大小由承灾体暴露性、敏感性和抗旱能力3个因素相互作用所决定。旱灾风险是旱灾损失的可能性分布函数，是由干旱发生的可能性（致灾因子危险性）经承灾体的脆弱性转换而得，然而区域旱灾致灾因子危险性、暴露性、敏感性、抗旱能力均随时间动态变化，表明区域旱灾风险具有明显的系统复杂性和动态变化性，难以用固定的数值或概率分布来精确表达，其产生、发展到致灾成害在时间、空间和强度上均为动态变化过程，其随时间与空间的变化呈现出显著的差异性（庞西磊等，2016；黄崇福，2012；赵思健，2012）。

国内外旱灾管理研究与实践经验表明，旱灾风险管理是应对干旱灾害的科学有效选择，旱灾风险评估是进行旱灾风险管理的重要过程和核心内容。2018年10月10日，习近平总书记主持召开中央财经委员会第三次会议，会议指出，我国自然灾害防治能力总体较弱，提高自然灾害防治能力，是实现"两个一百年"奋斗目标、实现中华民族伟大复兴中国梦的必然要求；2020年6月8日，国务院办公厅发布《关于开展第一次全国自然灾害综合风险普查的通知》（国办发〔2020〕12号），为全面掌握我国自然灾害风险隐患情况，提升全社会抵御自然灾害的综合防范能力，于2020—2022年开展第一次全国自然灾害综合风险普查工作，水旱灾害风险普查有助于客观认识不同区域水旱灾害风险水平，掌握重点隐患情况，查明区域抗灾能力和减灾能力，可有效应对和防御水旱灾害，为切实保障社会经济可持续发展提供科学决策依据。加强自然灾害防治关系国计民生，要建立高效科学的自然灾害防治体系，提高全社会自然灾害防治能力，为保护人民群众生命财产安全和国家安全提供有力保障。

在自然和社会众多因素的综合影响下，自然灾害风险系统非常复杂，其评估方法与途径一直是自然灾害学术界的重大前沿课题（金菊良等，2022；倪长健，2013；Mishra et al.，2010）。旱灾风险作为自然灾害风险的重要组成部分，具有明显的复杂性和动态变化性，对其进行评估不能简单地依赖专家经验，也不能将统计数据和数学模型进行一次性的拼接组合，必须充分利用现有知识、资料和技术等开展旱灾动态风险评估（庞西磊等，2016）。目前，国内外大多数旱灾风险评估成果或旱灾风险图是静态的，缺乏时效性，以此为依据进行旱灾风险管理，往往使抗旱减灾工作处于被动的"应对"地位，极大地限制了旱灾风险管理研究成果在区域可持续发展中的应有作用（黄崇福，2015；金菊良等，2014）。

有效的旱灾管理可最大限度减少旱灾损失，保障经济社会全面、协调、可持续发展。与洪水灾害管理相比，我国学者基于旱灾理论与应用基础的研究十分薄弱，对干旱的自然过程和成灾机理的认识十分有限，与旱灾对经济社会和生态环境的重大影响形成鲜明对比。由引起干旱现象的诸要素（如大气环流、降水、地表径流、地下水、土壤含水率）、干旱现象诸要素（如干旱历时、干旱烈度），以及区域内受干旱影响的诸要素（如受旱面积、因旱粮食减产）构成的一个整体，称为区域旱灾系统，通过研究该系统中各要素之间、该系统与环境之间的相互作用机理和相互影响过程，可以实现对区域旱灾的科学管理，减少其不利影响。区域旱灾系统在功能上可把旱灾系统的各致灾因子和孕灾环境的危险性（发生频度、规模、强度）转换为承灾体的相应灾情，这种转换就是旱灾系统脆弱性（Vulnerability），旱灾风险是旱灾系统危险性与脆弱性相互作用的结果（史培军，2011；Wilhite，2005）。旱灾风险在空间分布上往往与脆弱性一致，而不是与自然降水因子一致（Kiumars et al.，2012；商彦蕊，2000）。例如，位于淮河流域的苏北平原区，天然降水不能满足当地农业生产需求，但由于江苏引江灌溉水利工程实施后，农业具有稳定的抗旱能力，农业旱灾系统脆弱性低，即使在干旱条件下，仍能保障高产、丰收。系统脆弱性是指系统（自然系统、人类系统、人与自然复合生态系统等）易遭受伤害和破坏的一种性质，这种性质由一种或某一系统条件决定，负向影响着人们对灾害的准备、承受和反应能力（Rajib et al.，2013；商彦蕊，2013）。归纳上述分析，区域旱灾系统脆弱性就是区域系统中社会经济和生态环境对旱灾影响的敏感程度和适应灾害影响的能力，包括区域系统对气候变化和人类活动等环境变化引起旱灾的敏感性（系统随环境变化而发生不利变化的程度，包括在不同致灾因子强度威胁下系统中承灾体的数量和价值等的变化，即暴露性，以及加剧旱灾危害的各种因素，如易损性）、区域系统对引起旱灾的环境变化的适应性（系统适应、防御环境变化的进化能力，包括减轻旱灾危害的各种因素，如灾前防御能力、灾中抗旱能力、灾后恢复能力），以及敏感性与适应性间的相互作用（如干旱区节水行为）。因此，旱灾系统脆弱性反映了承灾体在旱灾中的承险过程和机理，是旱灾减灾的关键，当敏感性居主导地位时，旱灾系统脆弱性增强；当适应性居主导地位时，旱灾系统脆弱性减弱。就灾害管理学理论而言，减灾应从降低致灾因子的危险性和灾害系统脆弱性两个方面入手，但受目前科技和经济社会发展水平所限，人们对于旱灾致灾因子作用机制了解不够深入，尚不能改变其发生过程，也无法完全规避其危险性，因此，降低旱灾系统脆弱性及敏感性成为防旱抗旱减灾的关键所在，旱灾系统敏感性机制揭示与定量评估已成为旱灾风险管理的重要研究内容（Hao et al.，2012；商彦蕊，2000）。

淮河流域是我国重要的商品粮生产基地，平均每年向国家提供的商品粮量约占全国商品粮量的 1/4，在我国农业生产中的地位举足轻重（水利部淮河水利委员会，2004）。但由于其地处南北气候、高低纬度和海陆相 3 种过渡带的交叉重叠地区，受季风及地形地貌的共同影响，淮河流域降水时空分布极不均衡。特定的气候条件、地理环境和流域特征，以及人类活动的影响造成淮河流域历史上干旱灾害频发，严重威胁着流域粮食生产安全与社会稳定（水利部淮河水利委员会，2004）。据历史资料统计，淮河流域自 16 世纪初至中华人民共和国成立，共发生旱灾 260 余次，平均 1.7 年发生一次（水利部淮河水利委员会，2004）。中华人民共和国成立后，虽然经过数十年的建设与发展，新建了大量的水利工程，初步构建了比较完善的防洪、除涝、灌溉、供水等工程体系，流域各地的水利面貌也发生了巨大的变化，但淮河流域旱灾仍频繁发生（宁远等，2003）。据统计，中华人民共和国成立以来的 70 余年间，淮河流域各地共发生大小旱灾 47 次，局部性干旱几乎年年发生。尤其是 20 世纪 90 年代以来，干旱的发生越来越频繁，并且随着经济社会的发展，干旱所造成的损失越来越严重。1949—2010 年，全流域累计受旱面积 1.67 亿 hm^2、成灾面积 8 730 万 hm^2、损失粮食 13.96 亿 kg，平均每年有 269.8 万 hm^2 农作物受旱，

140.8 万 hm² 农作物成灾，造成大面积农业减产、歉收，甚至绝收。旱灾已成为制约淮河流域农业经济持续发展的"瓶颈"（汤广民等，2011）。

当前，淮河流域防灾减灾体系仍不完善，防灾减灾能力有待提高，而且以前的治理重点多为洪涝灾害，对旱灾的重视程度不够，加之农村水利基础设施投入的长期不足，导致淮河流域抗旱基础设施薄弱、抗旱减灾管理体系不健全、农业抵御旱灾风险的能力较低，与流域抗旱减灾工作的实际需求还有较大差距，抗旱减灾工作面临着前所未有的挑战和压力。特别是在全球气候变化与区域经济社会持续快速发展的大背景下，一方面，局部地区旱灾的发生趋于频繁，影响范围不断扩大；另一方面，支撑经济社会发展的水安全保障要求不断提高导致流域旱灾系统脆弱性趋于增强。自 20 世纪 90 年代以来，随着淮河流域经济社会持续发展，水资源供需矛盾日益突出，多地地下水超采、滥采，截至 2009 年年底，流域地下水超采区共 58 个，超采面积达 2.16 万 km²，导致地下水水位持续下降，大批生产井吊泵报废，并引发超采区的地面沉降、塌陷，以及海水入侵等一系列生态、地质环境问题（王浩，2013）；1991—1998 年，淮河流域耕地年均旱灾成灾面积 3 098 万亩[①]，占全流域耕地面积的 16%，其中 1994 年耕地受旱面积超过 1 亿亩，淮河干流断流 120 多天，直接经济损失超过 160 亿元；2011 年 5 月，淮河下游断流，湖泊干涸，严重影响了电煤运输，导致局部地区缺电、断电（郑晓东等，2012）。可见，由环境变化引起的旱灾系统脆弱性，已对淮河流域的经济社会发展造成了严重影响，亟须采取有效的管理措施来应对。通过科学手段管理区域旱灾系统，由应急短期抗旱向常规长期抗旱和由单一的农业抗旱向全面抗旱的战略思路转变，最终由被动的旱灾危机管理模式向主动的旱灾风险管理模式转变，关注旱灾形成过程，突出脆弱性因素在减小干旱影响中的作用，已成为当今淮河流域应对旱灾的重要内容，也是防旱减灾实践和理论研究的必然发展趋势。

为此，本书依托安徽省灌溉试验中心站（淮河流域灌溉试验中心站）—新马桥试验站开展作物受旱胁迫试验研究，揭示作物受旱胁迫响应机理与

---

① 1 亩≈666.67 m²。

机制，提出基于作物生长模型的区域旱灾损失定量评估技术，揭示作物受旱胁迫的敏感性机制，提出具有物理成因的作物旱灾敏感性函数，开展区域旱灾系统敏感性分析研究，为区域农业旱灾风险管理提供理论指导和技术支撑。

1.2 国内外研究现状及发展动态

1.2.1 作物受旱胁迫响应机理

作物生理生长对干旱胁迫的响应是一个复杂的物理化学过程（Khakwani et al., 2013），其响应方式为应激响应—主动适应—被动适应（安玉艳等，2012）。具体地，在受旱的初始阶段，作物立即做出抑制、放慢或停止生长的反应（Skirycz et al., 2010）；在胁迫达到一定程度之前，作物为适应胁迫影响发生调节性和适应性的变化（陈家宙等，2007）；当胁迫达到一定程度后，胁迫影响进一步传递到作物生理过程，再传递到作物生长过程，最后导致生物产量的减少（纪瑞鹏等，2019）。

作物生理生长过程对干旱胁迫的敏感程度和反应顺序不同，山仑等（2006）认为干旱对禾谷类作物不同生理功能影响的先后顺序为：细胞扩张（生长）→气孔运动→蒸腾作用（水分散失）→光合作用（CO_2同化积累）→物质运输（产量分配）。Ionenko 等（2012）通过玉米根系受旱试验发现，质膜透水性最早发生变化。当土壤水分持续亏缺时，为限制体内水分流失，作物气孔发生适应性变化。Boyer（1982）发现，干旱造成叶片气孔关闭并引起光合作用速率下降。另外，研究表明，作物在遭受轻度、中度干旱胁迫后，叶片气孔关闭，光合速率下降，植株萎蔫（Mutava et al., 2011；Maruyama et al., 2008）；重度受旱胁迫下光合作用停止，植株代谢功能遭到严重破坏甚至死亡（Bohnert et al., 1996）。康绍忠等（1996）分析了土壤水分亏缺对玉米和小麦光合作用的定量影响。作物蒸腾作用是一个复杂的生理过程（Ježík et al., 2015），植株茎流代表从根系吸收的水分向上传输量，叶片蒸腾反映植株瞬时蒸腾速率（林同保等，2008），研究发现，当作物遭受干旱胁迫，茎流速率小于蒸腾速率（Nngler et al.，2003）。

经大量试验研究发现，作物在遭受干旱胁迫后，形态特征和产量构成等指标相比充分灌溉均发生了不同程度的抑制，且不同生育阶段受旱的抑制响应差异较大。研究表明，受旱胁迫时作物茎秆微收缩（Gallardo et al.，2006；Goldhamer et al.，2001）；作物持续水分亏缺造成植株矮小、叶片卷曲甚至枯萎（张丛志等，2007）、叶面积扩展速率减小、叶片生长速率减小（梁宗锁等，1999）。郑盛华等（2006）通过玉米苗期中度和重度受旱试验发现，株高、茎粗、叶片数和总叶面积与充分灌溉相比，均有不同程度的减少。高志红等（2007）通过盆栽和管栽试验发现，冬小麦株高对干旱胁迫的发生时期较为敏感，而叶面积和冠重主要受胁迫持续时间的影响。姜东燕等（2007）指出，土壤水分亏缺影响冬小麦器官发育，使叶面积和开花后的光合产物减少，造成灌浆物质不足。时学双等（2015）通过桶栽试验发现，在全生育期受旱胁迫下，春青稞籽粒产量均小于充分灌溉条件下产量，且它随胁迫程度的增加而显著减小；拔节期、分蘖期和灌浆期受旱对籽粒产量的不利影响较大。Jumrani 等（2018）通过温室试验发现，大豆在营养生长和生殖生长阶段遭受干旱胁迫均造成干物质和产量的减少，但生殖生长阶段受旱的产量损失更大。Wei 等（2018）通过盆栽受旱试验发现，与充分灌溉相比，大豆各生育阶段受旱均造成株高、叶面积、地上部生物积累量和最终籽粒产量的减少；花荚期受旱造成的产量损失较大，鼓粒期受旱使得百粒重下降显著。Alghory 等（2019）通过大田试验发现，水稻灌浆期持续受旱，导致之后生育阶段叶水势下降，进而降低了粮食产量。

作物对干旱胁迫的响应还表现在复水后生理生长的恢复过程（Xu et al.，2010），即补偿效应，它可看作作物在长期环境变化过程中形成的一种适应机制（施积炎等，2000），一般定义为作物在适当时期遭受阈值以内的干旱胁迫后进行适度复水，植株在形态和分子生理水平上产生利于生长和后期产量形成的恢复能力，并最终在生物量和产量上，与充分灌溉条件下相比不减产或减产很少，甚至出现一定幅度的增产，以补偿作物在受旱期间所受的损失（董宝娣等，2004）。Boyer（1970）发现，适度受旱时，作为生长驱动力的膨压下降导致植株生长停止，但光合作用并未受到显著影响，细胞分裂也未受到抑制；复水时膨压迅速恢复，又有足够的细胞数量，加之以前累积的光合产物为生长提供了一定的物质基础，植株地上部表现出明显的补偿生长，初步解析了植株受旱复水后的补偿效应。Acevedo 等（1971）发现，作物对受旱后复水的响应表现为胁迫解除后出现短暂的快速生长。王密侠等（2004）通过桶栽试验发现，受旱胁迫期间玉米生理活性下降，复水后轻度、中度受旱处理下玉米生理活性恢复至正常水平。Desotgiu 等（2012）发现，轻度受旱后复水能增加杨树植株冠层上部、中部和下部的各项性能指标。Luo 等（2016）发现，受旱胁迫降低棉花叶片水势，复水后叶片水势迅速恢复，等于或高于充分灌溉水平。但是，补偿效应在作物轻度受旱后的复水过程中表现更为明显，严重受旱后复水的补偿能力减弱（郭相平等，2007）。Kazakov 等（1986）发现，在甜菜营养生长初期轻度受旱 7 d 后复水，叶片光合速率在 10～12 d 恢复至充分灌溉水平。王利彬等（2015）通过大豆盆栽试验发现，重度受旱胁迫特别是长时间重度胁迫会降低补偿效应甚至对植株产生伤害，苗期适度受旱可提高开花期再次受旱的适应能力。严重受旱胁迫后，即使恢复充分灌溉，作物自身的生理生态特性仍可能表现为持续的抑制反应（纪瑞鹏等，2019）。

另外，作物不同生育阶段受旱后复水的补偿效应表现不同。冬小麦苗期受旱通过复水的快速生长来弥补前期减少的生长量，生育后期受旱则通过加快发育进程和灌浆速率来弥补产量的损失，相较之下，早期受旱后复水的作物补偿能力更强（陈晓远等，2002）。Asseng 等（1998）发现，冬小麦早期遭受干旱胁迫复水后 6 d 光合速率恢复至充分灌溉水平，而生育中期受旱复水后 10 d，光合速率只恢复至充分灌溉的 80%。李凤英等（2001）研究发现，玉米抽雄期受旱后复水，补偿效应不明显，而在苗期受旱后复水，植株生理生长补偿持续时间较长，产量补偿较大。

农业干旱灾害（以下简称农业旱灾）系指由于外界环境造成作物体内水分失去平衡而发生水分亏缺，影响作物生长发育，进而导致减产甚至绝收的一种农业气象灾害（穆佳等，2018）。影响农业旱灾发生发展的因素除气象和水资源条件外，还有土壤状况、作物品种、作物所处生育阶段、种植结构、灌溉方式以及农业抗旱措施等（赵福年等，2014；Sadras et al.，1996），这些因素增加了农业干旱致灾机理研究的复杂性。因此，目前亟须通过受旱试验定量描述受旱胁迫下作物生理生长全过程响应，特别关注当前生育阶段受旱对后续阶段作物生理生长的影响和受旱后复水作物生理生长的恢复补偿效应；为进一步揭示从土壤水分亏缺（农业干旱）到作物生理生长受旱胁迫响应并最终形成作物旱灾损失（农业旱灾）的农业干旱致灾过程机理研究提供理论基础和科学依据。

1.2.2　作物受旱胁迫下蒸发蒸腾量估算

作物蒸发蒸腾量，主要包括植株蒸腾量和棵间蒸发量（陈凤等，2004），它既是水量平衡中的重要分量，又是水文循环过程中不可或缺的重要环节以及农业水资源管理的有效理论依据（高晓容等，2012）。有效解析作物在水分亏缺下的蒸发蒸腾响应规律，准确估算作物受旱胁迫下的蒸发蒸腾量，是掌握农田土壤水分动态和制定合理灌溉制度的基础，对实现农业干旱监测预警和降低农业旱灾损失风险具有重要的现实意义（冯慧敏等，2015）。

20 世纪 80 年代以来，国内外学者通过受旱胁迫试验对水分亏缺条件下的作物蒸发蒸腾响应规律进行了长期研究，取得了丰硕成果。Cabelguenne 等（1999）对不同农作物的耗水规律及水分亏缺对产量的影响进行了研究，并提出了优化灌溉措施的方案；李远华等（1995，1994）对充分灌溉和非充分灌溉条件下的水稻生理需水规律进行了比较分析，提出了不同灌溉条件下水稻蒸发蒸腾量的主要影响因素。彭世彰等（2007，2003）对节水灌溉条件下的作物需水量进行了试验研究，研究表明，对大田农作物进行高效节水灌溉，能在获得高产的前提下，较大幅度地减少作物蒸发蒸腾量。Sincik 等（2008）发现，大豆各生育阶段的蒸发蒸腾量随灌溉量的增多而显著增加。Chen 等（2013）通过温室试验研究了单生育阶段水分亏缺对番茄蒸发蒸腾的影响。然而，目前对于多生育阶段受旱胁迫下的作物蒸发蒸腾定量响应分析研究较少，尤其某一生育阶段受旱对后续阶段作物蒸发蒸腾的影响机制和受旱后复水作物蒸发蒸腾的补偿效应均尚不明确，有必要结合实际作物受旱试验开展系统研究。

作物蒸发蒸腾量的估算方法主要有以能量平衡原理为基础的 Priestley-Taylor 模型（Priestley et al.，1972）、在稠密冠层条件下的 Penman-Monteith

单源模型（Allen et al., 1989）和在稀疏冠层条件下的 Shuttleworth-Wallace 双源模型（Shuttleworth et al., 1985）等。另外，在可分别计算作物蒸腾量和土壤蒸发量的模型中，以 Shuttleworth-Wallace 双源模型和双作物系数法为主，其中 Shuttleworth-Wallace 双源模型参数较多，实际应用相对不便（石小虎等，2015），而联合国粮食及农业组织（FAO）推荐的双作物系数模型（Allen et al., 2005），基于水量平衡原理并将模型中的作物系数分成基础作物系数和土面蒸发系数，将作物蒸发蒸腾量进一步分为植株蒸腾量和植株棵间土面蒸发量（Martins et al., 2013），因其易于操作、精度可靠、实用性强，应用较为广泛（Paredes et al., 2017; Phogat et al., 2016; Ding et al., 2013）。Gong 等（2019）基于双作物系数法估算了温室番茄生长初期、发育期和中后期的蒸发蒸腾量，并利用称重式蒸渗仪和茎流系统的实测结果对估算值进行了验证。Rosa 等（2012）在双作物系数方法的基础上开发了 SIMDualKc 模型，可较准确地模拟作物蒸腾量和土面蒸发量。Qiu 等（2015）验证了 SIMDualKc 模型在中国西北地区温室辣椒蒸发蒸腾量估算中的适用性。目前，对于非充分灌溉条件下作物蒸发蒸腾量的估算已成为研究热点，国内外学者利用双作物系数方法对受旱胁迫下作物蒸发蒸腾量估算进行了研究。Martins 等（2013）和 González 等（2015）应用双作物系数法对不同水分亏缺条件下玉米的蒸发蒸腾量进行了估算，效果较为理想。Wu 等（2019）基于大田试验和双作物系数法估算了不同灌溉处理下棉花的蒸发蒸腾量。为进一步量化作物蒸发蒸腾受旱响应，需要重点关注农业旱灾频发地区多生育阶段受旱胁迫下作物蒸发蒸腾量的估算。另外，双作物系数法中所用的基础作物系数需根据具体研究区域实际的气候条件和作物试验进行率定和验证，减少双作物系数法估算结果与实测值之间的偏差。因此，有必要结合双作物系数法构建受旱胁迫下作物蒸发蒸腾量的估算模型，并根据农业旱灾频发地区作物受旱试验进一步验证模型的有效性和适用性，为区域定量解析受旱胁迫下作物从蒸发蒸腾到产量形成的旱灾损失过程奠定基础。

1.2.3 旱灾系统敏感性和脆弱性识别评估

系统脆弱性研究始于自然灾害风险研究领域的"风险＝危险性 × 脆弱

性",其中危险性是指不利事件及其发生概率之间的关系,脆弱性是指系统受到不利事件与其造成的损失间的关系。Blaikie 等(1994)认为脆弱性是指系统及其组成要素易于受到影响和破坏,并缺乏抗拒干扰、恢复初始状(自身结构和功能)的各种能力。巩建兴等(1994)把系统脆弱性定义为目标系统效能函数对各类毁伤因子变量的敏感程度。商彦蕊(2000)认为灾害脆弱性是承灾体自身性质、暴露、风险事件及人们应对能力相互作用的结果。Turner 等(2003)认为系统脆弱性是系统压力-暴露-敏感-响应相互作用的结果。冯振环(2003)把系统脆弱性归纳为系统内在的不稳定性、对环境胁迫的敏感性和易受难以恢复的损失度,把区域经济发展的脆弱性定义为可持续发展的反问题。Gallopin(2006)认为脆弱性主要包括敏感性和适应能力,而 Smit 等(2006)进一步研究认为脆弱性是系统暴露、敏感性、适应性等在不同时空尺度下相互作用的复杂关系。马力辉等(2006)认为系统脆弱性包括各类影响系统正常功能的风险和系统应对风险的能力。葛怡(2006)把灾害脆弱性指数定义为灾情损失与致灾因子之比。IPCC(2007)的脆弱性概念已由"系统受到伤害的程度""系统对气候变化持久性伤害的敏感程度",演变为"系统易遭受或没有能力应对气候变化的不利影响的程度",强调采取广泛的措施提高系统适应性,减少、延缓或者避免气候变化的不利影响。王明泉等(2007)把系统脆弱性综合指数定义为敏感性指数与适应性指数之比。李鹤等(2008)把已有脆弱性概念归纳为4类:暴露于不利影响或遭受损害的可能性,遭受不利影响损害或威胁的程度;承受和应对不利影响的能力;由系统的不稳定性、敏感性、可恢复性、适应性、应对能力等组成的概念体系;因系统对扰动的敏感性和缺乏应对能力而使系统的结构和功能易发生改变的属性。作为农业旱灾系统的重要组成部分,承灾体脆弱性表征的是作物(农业干旱承灾体)易于或敏感于遭受干旱胁迫和损失的性质和状态(刘兰芳等,2002)。金菊良等(2016)认为对农业干旱承灾体脆弱性的识别就是确定干旱强度和相应作物生长因旱损失之间的定量关系,包括对承灾体暴露、灾损敏感性和防灾减灾能力(抗旱能力)的识别。

20 世纪 80 年代以来,国内外学者对区域农业旱灾脆弱性进行了评估(武建军等,2017;Carrão et al.,2016;裴欢等,2015;Zarafshani et al.,2012),这些研究可基本分为两类：一类是以整个农业系统为评估对象，通过指标筛选、专家打分和层次分析等过程构建旱灾脆弱性评估方法体系；另一类是以承灾体（作物）为对象，通过选取反映受旱条件下作物生理生长过程的指标建立评估体系。Wilhelmi 等（2002）选择气候、土壤、土地利用和灌溉条件指标，构建了农业旱灾脆弱性评估体系。金菊良等（2019）从暴露、灾损敏感性和防灾减灾能力子系统选取指标，对农业旱灾脆弱性进行了评估。Simelton 等（2009）从社会经济因子方面对小麦、玉米和水稻的旱灾脆弱性进行了评估。Wu 等（2011）选取小麦、玉米和水稻，以气候因子、土壤因子和灌溉条件为基础构建了脆弱性评估模型。然而，现有的脆弱性评估多局限于基于指标体系的静态综合评价研究，得到的评价结果仅是一个粗糙的实数值，具有很大的不确定性。评价过程中既缺乏体现脆弱性内涵的对应关系和物理解析，也缺少反映脆弱性构成要素之间相互作用机理的脆弱性函数动态评估理论和方法。石勇（2010）、尹占娥等（2012）基于情景模拟对城市内涝灾害的脆弱性展开了研究，但鲜见基于情景模拟的旱灾脆弱性定量研究。基于情景模拟的旱灾脆弱性评估途径可有效追踪干旱致灾因子和干旱承灾体之间相互作用的过程，从旱灾形成机理出发细致刻画承灾体的脆弱性，能准确模拟不同旱情下承灾体的脆弱性水平，是当前旱灾脆弱性定量评估的重要发展趋势。

作为脆弱性的基本构成要素和旱灾风险的核心转化环节，旱灾敏感性系指暴露在孕灾环境中的承灾体对干旱致灾因子影响的损失响应，在农业旱灾中表现为作物生长或产量形成对生育期水分亏缺的敏感程度，研究作物旱灾敏感性是确定合理灌溉制度和管理农业旱灾风险的基础。关于作物产量形成对不同生育阶段水分亏缺敏感程度的研究报道较多，其中静态水分生产函数模型应用较为广泛（Smilovic et al., 2016；Igbadun et al., 2007），它主要是建立作物各生育阶段水分消耗量和最终产量之间的定量关系，通过求解各阶段的水分敏感系数或敏感指数来反映作物产量形成对不同阶段水分亏缺的敏感程度。梁银丽等（2000）利用 Jensen 模型研究了黄土旱区冬小麦和春玉米的水分模型，发现小麦播种－返青期对水分亏缺最敏感，玉米拔节－抽穗期和抽穗－灌浆期对水分亏缺最敏感。郭相平等（2004）以 Jensen 作物－水模型为基础，引入了水分胁迫后效应影响系数，发现修正后的模型可将阶段水分胁迫与前期胁迫后效应对产量的影响加以区分。郑建华等（2011）基于 2 年田间试验建立了洋葱的水分生产函数，发现水分敏感指数在鳞茎膨大期最大。另外，静态水分生产函数模型还广泛应用于灌溉制度的优化（于芷婧等，2016；付银环等，2014），但它仅可描述作物最终产量和水分之间的宏观关系，不能反映作物生长发育过程中生物量积累的成因机制（迟道才等，2004）。而且，农业旱灾风险所研究的作物旱灾敏感性具体是指作物在生育阶段某一水分亏缺强度下对应的生长或产量损失，它应是随水分亏缺强度动态变化的，而静态水分生产函数模型的敏感系数或敏感指数主要反映作物产量损失对某一生育阶段水分亏缺总体上的响应速度（Smilovic et al.，2016），二者在基本内涵和方法体系上均有所差别。

基于农业旱灾风险形成机制的作物旱灾敏感性定量研究，是将干旱致灾因子危险性经作物旱灾脆弱性传递最终转化为农业旱灾损失风险的基础（金菊良等，2016）。结合基于物理成因的自然灾害脆弱性和损失风险相关研究（Wang et al.，2016；Yin et al.，2014；孙可可等，2014；贾慧聪等，2011；尹占娥等，2010），构建干旱致灾因子强度和相应作物生长因旱受损指标之间的定量关系，即作物旱灾敏感性函数，是当前作物旱灾敏感性研究的主要方向（金菊良等，2016）。它是构建干旱频率和相应作物生长因旱受损指标之间的定量关系，即农业旱灾损失风险函数的核心环节（金菊良等，2016），但目前研究多是构建旱灾脆弱性函数或农业旱灾损失风险函数。例如，贾慧聪等（2011）和董姝娜等（2014）分别基于 EPIC 和 CERES-Maize 作物模型建立了玉米不同生育阶段干旱致灾因子强度和不同生长指标损失率之间的脆弱性曲线；Wang 等（2016）基于 EPIC 模型建立了作物全生育期干旱危险性指标和产量损失率之间的脆弱性曲线；孙可可等（2014）基于 EPIC 模型建立了干旱频率-假定灌溉水平-旱灾损失率三者之间的农业旱灾损失风险曲线。然而，作物旱灾敏感性函数这一基础研究相对薄弱，具体表现在：作物旱灾敏感性和脆弱性之间的关系尚不明确；尚未考虑作物生长过程对不同干旱致灾因子水平的响应敏感性；已有旱灾脆弱性或损失风险曲线多是利用作物模型基于假定干旱致灾因子强度或灌溉水平构建的。因此，有必要在农业旱灾频发地区进行作物受旱试验，从不同水分亏缺条件下作物实际生长和产量形成过程出发，构建作物各生育阶段受旱胁迫程度和反映作物生长和产量形成过程因旱受损指标之间的定量关系，探讨作物不同生育阶段的旱灾敏感性，为研究区域进一步传递构建农业旱灾损失风险曲线、降低农业旱灾损失奠定理论基础。

综上所述，现有的旱灾系统敏感性识别与评价研究方法多偏向于统计分析、基于指标体系的系统综合评价，研究过程缺乏与敏感性内涵的对应关系和物理解析，缺乏能准确反映系统敏感性结构和演化过程中不确定性的有效描述，使得现有旱灾系统敏感性研究的空间解析水平、时间解析水平和关系解析水平均处于较低层次，大幅降低了旱灾系统敏感性及脆弱性分析理论对区域可持续发展实践应有的关键支撑作用。为此，本书采用试验与模拟相结合的方式，开展基于致灾过程试验与模拟的旱灾系统敏感性识别与定量评估研究，这既是干旱灾害风险管理的一个关键环节，也是未来干旱灾害风险管理研究工作的一个重要突破点。

1.3　研究方法与技术路线

本书着眼于宏观、立足于微观，突出重点、兼顾一般，以承灾体受旱胁迫试验为依托、植物生理学与灾害系统论为基础、智能优化算法与作物生长仿真模拟为方法，采用试验与模拟相结合、理论探索与实践应用并举的方式，充分借鉴已有的科研与试验成果、旱灾防灾减灾经验和当今最新科技成果，按照致灾过程识别、受旱胁迫响应机理揭示、系统敏感性作用机制揭示、系统敏感性识别与评估的总体思路进行研究。本书以已有长序列试验资料和科研成果为基础，多尺度、多组合试验观测与多模型、高频次逆境动态仿真模拟同步进行，以显著提升研究的科学性、有效性和实用性。

本书面向区域抗旱减灾与旱灾风险管理的重大需求，总体目标是：依托安徽省灌溉试验中心站（淮河流域灌溉试验中心站）—新马桥试验站，开展淮北平原区主要作物的受旱胁迫试验，创建受旱胁迫度指数，识别干旱致灾阈值，揭示作物受旱胁迫生理生态响应机理，解析受旱胁迫对作物生长发育及产量的影响机制；采用试验与模拟相结合的方式，提出 Angstrom 公式、作物系数 K_c 的智能优化技术，提出受旱胁迫下作物蒸发蒸腾量估算方法，构建基于地下水埋深和作物蒸发蒸腾量的作物对地下水利用公式，建立基于作物生长模型的区域旱灾损失定量评估技术；揭示作物受旱胁迫的敏感性机制，构建具有物理成因的作物旱灾敏感性函数，实现作物旱灾系统敏感性的定量评估，提升区域变化环境条件下应对旱灾风险的抗旱减灾能力。针对需要解决的科学问题，本书按照"逆境试验与仿真模拟—响应规律与致灾机理—敏感性机制揭示与定量评估"的总体思路开展工作，具体技术路线如图 1.1 所示。

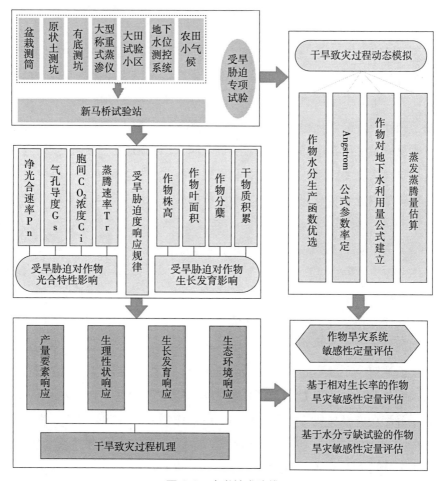

图 1.1 本书技术路线

1.4　主要的科学问题与研究内容

（1）作物受旱胁迫响应与干旱致灾机理

依托新马桥农水综合试验站开展多尺度、多组合、长系列作物受旱胁迫试验，分析作物生长发育和生理指标对干旱的响应机理及干旱对作物产量的影响，揭示作物受旱胁迫响应规律；分析作物受旱胁迫下的光合特性，研究提出受旱胁迫下作物生长动态仿真模拟与损失评估技术，识别干旱致灾阈值，揭示干旱致灾过程与机理；提出 Angstrom 公式、作物系数 K_c 及作物对地下水利用量经验公式的智能优化技术。

（2）提出作物旱灾系统敏感性曲线的基本内涵和定量评估方法

作为构建旱灾脆弱性函数的最基本要素和将干旱事件转化为粮食损失的重要环节，旱灾系统敏感性的科学内涵和量化方法尚未明确表达，严重限制了基于物理成因的农业旱灾风险定量评估和调控研究。因此，准确定义和评估旱灾系统敏感性对明确作物受旱胁迫响应和损失形成机制、定量研究农业旱灾风险至关重要。第 2 章结合农业旱灾风险成因机制研究提出旱灾系统敏感性的基本内涵和定量评估方法，为从成因机理角度构建旱灾系统敏感性和脆弱性函数提供途径。

（3）旱灾致灾过程模拟及灾损评估研究

旱灾作为一种常见自然灾害，对农业生产和社会经济发展具有重要影响。为深入解析旱灾的演变机制，并为抗旱减灾工作提供有力的科学依据，我们需要深入研究作物在旱灾胁迫下的致灾过程。这一过程涉及的核心科学问题就是如何精准模拟作物在旱灾胁迫下的生理生态响应过程。通过旱灾致灾过程的模拟研究，了解不同作物在受旱胁迫时，其生理生化过程和生长发育特性，探明作物生长发育过程与旱灾的相互作用关系，旱灾对作物生长阶段、生物量分配、产量构成等方面的影响，以及作物如何通过调整自身生理结构和功能来应对旱胁迫，如何准确量化旱灾对作物生长发育和产量的影响等。为实现上述目标，需要采用试验与模拟相结合的方式，提出受旱胁迫下不同作物蒸发蒸腾量估算方法，构建基于地下水埋深和作物蒸发蒸腾量的作物对地下水利用公式等，结合气象、土壤和作物生长等数据，建立能够准确描述旱灾致灾过程的数学模型，开展区域旱灾损失定量评估，这将为我们更好地理解旱灾、预测旱灾以及制定有效的抗旱减灾策略提供重要的科学依据。

（4）作物旱灾系统敏感性曲线构建

研究作物旱灾损失敏感性对区域农业旱灾风险管理和适应性对策制定具有重要意义。从灾害系统论出发的干旱胁迫下作物灾损敏感性定量评估成果并不多见，无法全面揭示作物不同生育期不同受旱胁迫强度下的生长发育和致灾成灾过程。针对上述问题，本书以淮北平原主要农作物大豆、小麦为研究对象，通过作物受旱专项试验，运用作物生长解析法中应用最为广泛的作物生长函数相对生长率来解析大豆和小麦不同生育期不同受旱胁迫程度下的生长发育特征，构建基于相对生长率的大豆、小麦旱灾系统敏感性曲线，定量评估大豆、小麦不同生育时期的旱灾系统敏感性，为区域农业旱灾风险定量评估与风险管理提供理论依据和技术支撑。同时，从实际水分亏缺对大豆作物生长过程影响的成因机制角度出发，通过构建作物各生育期水分亏缺程度与反映作物生长过程因旱受损指标之间的定量关系，探讨大豆作物不同生育期旱灾损失敏感性。

旱灾风险评估是把致灾因子危险性与脆弱性紧密联系起来的重要途径，是风险评估技术在旱灾中的具体应用，其核心内容是可能产生的损失估算，其目的是为风险决策提供科学依据。基于自然灾害风险分析基本原理和干旱发展致灾的物理过程，通过干旱致灾因子的危险性、承灾体的灾损敏感性、抗旱能力、因旱损失来定量评价风险是旱灾风险评估的主要发展方向。但旱灾系统敏感性和脆弱性之间的关系尚不明确，尚未考虑作物生长过程对不同干旱致灾因子水平的响应敏感性，而已有旱灾脆弱性或损失风险曲线多是利用作物模型基于假定干旱致灾因子强度或灌溉水平构建的。因此，本书将依托新马桥农水综合试验站连续 30 多年的作物受旱胁迫专项试验资料，拟揭示作物受旱成灾的物理致灾机理，以丰富作物干旱致灾过程的科学认识；采用作物受旱胁迫试验与作物生长动态仿真模拟相结合的方法，从不同干旱情景下的作物实际生长和产量形成过程出发，系统模拟不同抗旱能力下的作物旱灾损失，构建不同抗旱能力下干旱强度与相应作物生长损失之间的定量关系，提出旱灾系统敏感性定量评估技术，以丰富完善旱灾系统敏感性理论，为进一步研究区域旱灾系统脆弱性与旱灾损失风险定量评估奠定理论基础。

参考文献

安玉艳，梁宗锁 . 2012. 植物应对干旱胁迫的阶段性策略 [J]. 应用生态学报，23(10): 2907-2915.

陈凤，蔡焕杰，王健 . 2004. 秸秆覆盖条件下玉米需水量及作物系数的试验研究 [J]. 灌溉排水学报，23(1): 41-43.

陈家宙，王石，张丽丽，等 . 2007. 玉米对持续干旱的反应及红壤干旱阈值 [J]. 中国农业科学，40(3): 532-539.

陈晓远，罗远培 . 2002. 不同生育期复水对受旱冬小麦的补偿效应研究 [J]. 中国生态农业学报，10(1): 35-37.

程静，彭必源 .2010. 干旱灾害安全网的构建：从危机管理到风险管理的战略性变迁 [J]. 孝感学院学报，30(4):79-82.

迟道才，王瑄，夏桂敏，等 . 2004. 北方水稻动态水分生产函数研究 [J]. 农业工程学报，20(3): 30-34.

崔毅，蒋尚明，金菊良，等 . 2017. 基于水分亏缺试验的大豆旱灾损失敏感性评估 [J]. 水力发电学报，36(11): 50-61.

戴仕宝，周亮广，叶雷，等 . 2018. 江淮丘陵地区塘坝系统水适应性机制与测度分析 [J]. 南水北调与水利科技，16(5): 41-49.

董宝娣，张正斌，刘孟雨，等 . 2004. 水分亏缺下作物的补偿效应研究进展 [J]. 西北农业学报，13(3): 31-34.

董姝娜，庞泽源，张继权，等 . 2014. 基于 CERES-Maize 模型的吉林西部玉米干旱脆弱性曲线研究 [J]. 灾害学，29(3): 115-119.

冯慧敏，张光辉，王电龙，等 . 2015. 华北平原粮食作物需水量对气候变化的响应特征 [J]. 中国水土保持科学，13(3): 130-136.

冯振环 . 2003. 西部地区经济发展的脆弱性与优化调控研究 [D]. 天津：天津大学 .

付银环，郭萍，方世奇，等 . 2014. 基于两阶段随机规划方法的灌区水资源优化配置 [J]. 农业工程学报，30(5): 73-81.

高晓容，王春乙，张继权，等 . 2012. 近 50 年东北玉米生育阶段需水量及旱涝时空变化 [J]. 农业工程学报，28(12): 101-109.

高志红，陈晓远，刘晓英 . 2007. 土壤水变动对冬小麦生长产量及水分利用效率的影响 [J]. 农业工程学报，23(8): 52-58.

葛怡 . 2006. 洪水灾害的社会脆弱性评估研究：以湖南省长沙地区为例 [D]. 北京：北京师

范大学 .

巩建兴，马宝华，刘小玲 . 1994. 目标易损性的概念空间分析 [J]. 北京理工大学学报，
　　14(4): 366-370.

顾颖 . 2006. 风险管理是干旱管理的发展趋势 [J]. 水科学进展，17(2): 296-298.

郭相平，刘展鹏，王青梅，等 . 2007. 采用 PEG 模拟干旱胁迫及复水玉米光合补偿效应 [J].
　　河海大学学报（自然科学版），35(3): 286-290.

郭相平，朱成立 . 2004. 考虑水分胁迫后效应的作物：水模型 [J]. 水科学进展，15(4): 463-
　　466.

国家防汛抗旱总指挥部 . 2018. 中国水旱灾害公报 2017[M]. 北京：中国地图出版社 .

韩宇平，张功瑾，王富强 . 2013. 农业干旱监测指标研究进展 [J]. 华北水利水电学院学报，
　　4(1): 74-78.

黄崇福 . 2015. 自然灾害动态风险分析基本原理的探讨 [J]. 灾害学，30(2): 1-7.

黄崇福 . 2012. 自然灾害风险分析与管理 [M]. 北京：科学出版社 .

纪瑞鹏，于文颖，冯锐，等 . 2019. 作物对干旱胁迫的响应过程与早期识别技术研究进展 [J].
　　灾害学，34(2): 153-160.

贾慧聪，王静爱，潘东华，等 . 2011. 基于 EPIC 模型的黄淮海夏玉米旱灾风险评价 [J]. 地
　　理学报，66(5): 643-652.

姜东燕，于振文 . 2007. 土壤水分对小麦产量和品质的影响 [J]. 核农学报，21(6): 641-645.

蒋尚明，黄天元，曹秀清，等 . 2018. 江淮丘陵塘坝灌区作物种植结构优化调整模型 [J]. 水
　　利水电技术，49(7): 217-223.

蒋尚明，袁宏伟，崔毅，等 . 2018. 基于相对生长率的大豆旱灾系统敏感性定量评估研究 [J].
　　大豆科学，37(1): 92-100.

金菊良，马强，崔毅，等 . 2022. 基于三元链式传递结构的区域旱灾实际风险综合防范机制
　　分析 [J]. 灾害学，37(1): 6-12.

金菊良，张浩宇，陈梦璐，等 . 2019. 基于灰色关联度和联系数耦合的农业旱灾脆弱性评价
　　和诊断研究 [J]. 灾害学，34(1): 1-7.

金菊良，宋占智，崔毅，等 . 2016. 旱灾风险评估与调控关键技术研究进展 [J]. 水利学报，
　　47(3): 398-412.

金菊良，郦建强，周玉良，等 . 2014. 旱灾风险评估的初步理论框架 [J]. 灾害学，29(3):
　　1-10.

金菊良，费振宇，郦建强，等 . 2013. 基于不同来水频率水量供需平衡分析的区域抗旱能力
　　评价方法 [J]. 水利学报，44(6): 687-693.

康绍忠，蔡焕杰，梁银丽，等 . 1996. 节水农业中作物水分管理基本理论问题的探讨 [J]. 水
　　利学报，(5): 9-17.

李凤英，黄占斌 . 2001. 夏玉米不同生育阶段干湿变化的补偿效应研究 [J]. 中国生态农业学

报，9(3): 61-63.

李鹤，张平宇，程叶青．2008. 脆弱性的概念及其评价方法 [J]. 地理科学进展，27(2): 18-25.

李远华，张明炷，谢礼贵，等．1995. 非充分灌溉条件下水稻需水量计算 [J]. 水利学报，(2): 64-68.

李远华，崔远来，武兰春，等．1994. 非充分灌溉条件下水稻需水规律及影响因素 [J]. 武汉水利电力大学学报，27(3): 314-319.

梁银丽，山仑，康绍忠．2000. 黄土旱区作物：水分模型 [J]. 水利学报，(9): 86-90.

梁宗锁，康绍忠，高俊凤．1999. 植物对土壤干旱信号的感知、传递及其水分利用的控制 [J]. 干旱地区农业研究，17(2): 72-78.

林同保，孟战赢，曲奕威．2008. 不同土壤水分条件下夏玉米蒸发蒸腾特征研究 [J]. 干旱地区农业研究，26(5): 22-26.

刘兰芳，刘盛和，刘沛林，等．2002. 湖南省农业旱灾脆弱性综合分析与定量评价 [J]. 自然灾害学报，11(4): 78-83.

吕娟，苏志诚，屈艳萍．2018. 抗旱减灾研究回顾与展望 [J]. 中国水利水电科学研究院学报，16(5): 437-441.

吕娟．2013. 我国干旱问题及干旱灾害管理思路转变 [J]. 中国水利，(8): 7-13.

马力辉，刘遂庆，信昆仑．2006. 供水系统脆弱性评价研究进展 [J]. 给水排水，32(9): 107-110.

穆佳，邱美娟，谷雨，等．2018. 5 种干旱指数在吉林省农业干旱评估中的适用性 [J]. 应用生态学报，29(8): 2624-2632.

倪长健．2013. 论自然灾害风险评估的途径 [J]. 灾害学，28(2): 1-5.

宁远，钱敏，王玉太．2003. 淮河流域水利手册 [M]. 北京：科学出版社．

庞西磊，黄崇福，张英菊．2016. 自然灾害动态风险评估的一种基本模式 [J]. 灾害学，31(1): 1-6.

裴欢，王晓妍，房世峰．2015. 基于 DEA 的中国农业旱灾脆弱性评价及时空演变分析 [J]. 灾害学，30(2): 64-69.

彭世彰，丁加丽，茆智，等．2007. 用 FAO-56 作物系数法推求控制灌溉条件下晚稻作物系数及验证 [J]. 农业工程学报，23(7): 30-34.

彭世彰，朱成立．2003. 节水灌溉的作物需水量试验研究 [J]. 灌溉排水学报，22(2): 21-25.

屈艳萍，郦建强，吕娟，等．2014. 旱灾风险定量评估总体框架及其关键技术 [J]. 水科学进展，25(2): 297-304.

屈艳萍，吕娟，苏志诚，等．2018. 抗旱减灾研究综述及展望 [J]. 水利学报，(1): 115-125.

山仑，邓西平，张岁岐．2006. 生物节水研究现状及展望 [J]. 中国科学基金，20(2): 66-71.

山仑．2003. 节水农业与作物高效用水 [J]. 河南大学学报（自然科学版），(1): 1-5.

商彦蕊 . 2013. 灾害脆弱性概念模型综述 [J]. 灾害学，28(1): 112-116.

商彦蕊 . 2000. 区域农业旱灾脆弱性系统分析 [D]. 北京：北京师范大学 .

施积炎，袁小凤，丁贵杰 . 2000. 作物水分亏缺补偿与超补偿效应的研究现状 [J]. 山地农业生物学报，19(3): 226-233.

石小虎，蔡焕杰，赵丽丽，等 . 2015. 基于 SIMDualKc 模型估算非充分灌水条件下温室番茄蒸发蒸腾量 [J]. 农业工程学报，31(22): 131-138.

石勇 . 2010. 灾害情景下城市脆弱性评估研究 [D]. 上海：华东师范大学 .

时学双，李法虎，闫宝莹，等 . 2015. 不同生育期水分亏缺对春青稞水分利用和产量的影响 [J]. 农业机械学报，46(10): 144-151.

史培军 . 2011. 综合风险防范：科学、技术与示范 [M]. 北京：科学出版社 .

水利部淮河水利委员会 . 2004. 淮河治理与开发（淮河志第五卷）[M]. 北京：科学出版社 .

水利部淮河水利委员会水文局 . 2002. 淮河流域片水旱灾害分析 [M]. 蚌埠：水利部淮河水利委员会 .

水利部水利水电规划设计总院 . 2008. 中国抗旱战略研究 [M]. 北京：中国水利水电出版社 .

孙可可，陈进，金菊良，等 . 2014. 实际抗旱能力下的南方农业旱灾损失风险曲线计算方法 [J]. 水利学报，45(7): 809-814.

汤广民，蒋尚明 . 2011. 水稻的干旱指标与干旱预报 [J]. 水利水电技术，42(8): 54-58.

唐明 . 2008. 旱灾风险分析的理论探讨 [J]. 中国防汛抗旱，(1): 38-40.

王浩 . 2013. 淮河流域地下水超采区治理与保护措施研究 [J]. 水文，33(6): 77-80.

王利彬，祖伟，董守坤，等 . 2015. 干旱程度及时期对复水后大豆生长和代谢补偿效应的影响 [J]. 农业工程学报，31(11): 150-156.

王密侠，康绍忠，蔡焕杰，等 . 2004. 玉米调亏灌溉节水调控机理研究 [J]. 西北农林科技大学学报（自然科学版），32(12): 87-90.

王明泉，张济世，程口山 . 2007. 黑河流域水资源脆弱性评价及可持续发展研究 [J]. 水利科技与经济，13(2): 114-116.

魏一鸣，金菊良，杨存建，等 . 2002. 洪水灾害风险管理理论 [M]. 北京：科学出版社 .

吴瑶瑶，江耀，郭浩，等 . 2021. 农业旱灾综合风险防范多主体共识定量研究：以湖南鼎城区为例 [J]. 地理学报，76(7): 1778-1791.

武建军，耿广坡，周洪奎，等 . 2017. 全球农业旱灾脆弱性及其空间分布特征 [J]. 中国科学：地球科学，47(6): 733-744.

尹占娥，许世远 . 2012. 城市自然灾害风险评估研究 [M]. 北京：科学出版社 .

尹占娥，许世远，殷杰，等 . 2010. 基于小尺度的城市暴雨内涝灾害情景模拟与风险评估 [J]. 地理学报，65(5): 553-562.

于芷婧，尚松浩 . 2016. 华北轮作农田灌溉制度多目标优化模型及应用 [J]. 水利学报，47(9): 1188-1196.

张丛志，张佳宝，赵炳梓，等 . 2007. 作物对水分胁迫的响应及水分利用效率的研究进展 [J]. 节水灌溉，(5): 1-6.

赵福年，王润元 . 2014. 基于模式识别的半干旱区雨养春小麦干旱发生状况判别 [J]. 农业工程学报，30(24): 124-132.

赵思健 . 2012. 自然灾害风险分析的时空尺度初探 [J]. 灾害学，27(2): 1-6, 18.

郑建华，黄冠华，黄权中，等 . 2011. 干旱区膜下滴灌条件下洋葱水分生产函数与优化灌溉制度 [J]. 农业工程学报，27(8): 25-30.

郑盛华，严昌荣 . 2006. 水分胁迫对玉米苗期生理和形态特性的影响 [J]. 生态学报，26(4): 1138-1143.

郑晓东，鲁帆，马静，等 . 2012. 基于标准化降雨指数的淮河流域干旱演变特征分析 [J]. 水利水电技术，43(4): 102-106.

ACEVEDO E, HSIAO T C, HENDERSON D W. 1971. Immediate and subsequent growth responses of maize leaves to changes in water status[J]. Plant Physiology, 48: 631-636.

ALGHORY A, YAZAR A. 2019.Evaluation of crop water stress index and leaf water potential for deficit irrigation management of sprinkler-irrigated wheat[J]. Irrigation Science, 37: 61-77.

ALLEN R G, JENSEN M E, WRIGHT J L, et al. 1989. Operational estimates of reference evapotranspiration[J]. Agronomy Journal, 81: 650-662.

ALLEN R G, PEREIRA L S, SMITH M, et al. 2005. FAO-56 dual crop coefficient method for estimating evaporation from soil and application extensions[J]. Journal of Irrigation and Drainage Engineering, 131: 2-13.

ASSENG S, RITCHIE J T, SMUCKER A J M, et al. 1998. Root growth and water uptake during water deficit and recovering in wheat[J]. Plant and Soil, 201: 265-273.

BLAIKIE P T, CANNON I, DAVIS, et al. 1994. At risk: natural hazards, people's vulnerability and disasters[M]. New York: Routledge.

BOHNERT H J, JENSEN R G. 1996. Strategies for engineering water-stress tolerance in plants[J]. Trends in Biotechnology, 14: 89-97.

BOYER J S. 1970. Differing sensitivity of photosynthesis to low leaf water potentials in corn and soybean[J]. Plant Physiology, 46: 236-239.

BOYER J S. 1982. Plant productivity and environment[J]. Science, 218: 443-448.

CABELGUENNE M, DEBAEKE P, BOUNIOLS A. 1999. EPICphase a version of the EPIC model simulating the effects of water and nitrogen stress on biomass and yield, taking account of developmental stages: validation on maize, sunflower, sorghum, soybean and winter wheat[J]. Agricultural Systems, 60: 175-196.

CARRÃO H, NAUMANN G, BARBOSA P. 2016. Mapping global patterns of drought risk: an empirical framework based on sub-national estimates of hazard, exposure and vulnerability[J].

Global Environmental Change, 39: 108–124.

CHEN J L, KANG S Z, Du T S, et al. 2013. Quantitative response of greenhouse tomato yield and quality to water deficit at different growth stages[J]. Agricultural Water Management, 129: 152–162.

DESOTGIU R, POLLASTRINI M, CASCIO C, et al. 2012. Chlorophyll a fluorescence analysis along a vertical gradient of the crown in a poplar (Oxford clone) subjected to ozone and water stress[J]. Tree Physiology, 32: 976–986.

DING R S, KANG S Z, ZHANG Y Q, et al. 2013. Partitioning evapotranspiration into soil evaporation and transpiration using a modified dual crop coefficient model in irrigated maize field with ground-mulching[J]. Agricultural Water Management, 127: 85–96.

GALLARDO M, THOMPSON R B, VALDEZ L C, et al. 2006. Use of stem diameter variations to detect plant water stress in tomato[J]. Irrigation Science, 24: 241–255.

GALLOPIN G C. 2006. Linkages between vulnerability, resilience, and adaptive capacity[J]. Global Environmental Change, 16: 293–303.

GOLDHAMER D A, FERERES E. 2001. Irrigation scheduling protocols using continuously recorded trunk diameter measurements[J]. Irrigation Science, 20: 115–125.

GONG X W, LIU H, SUN J S, et al. 2019. Comparison of Shuttleworth–Wallace model and dual crop coefficient method for estimating evapotranspiration of tomato cultivated in a solar greenhouse[J]. Agricultural Water Management, 217: 141–153.

GONZÁLEZ M G, RAMOS T B, CARLESSO R, et al. 2015. Modelling soil water dynamics of full and deficit drip irrigated maize cultivated under a rain shelter[J]. Biosystems Engineering, 132: 1–18.

HAO L, ZHANG XY, LIU S D. 2012. Risk assessment to China's agricultural drought disaster in county unit [J]. Natural Hazards, 61: 785–801.

IGBADUN H E, TARIMO A K P R, SALIM B A, et al. 2007. Evaluation of selected crop water production functions for an irrigated maize crop[J]. Agricultural Water Management, 94: 1–10.

IONENKO I F, DAUTOVA N R, ANISIMOV A V. 2012. Early changes of water diffusional transfer in maize roots under the influence of water stress[J]. Environmental and Experimental Botany, 76: 16–23.

JEŽÍK M, BLAŽENEC M, LETTS M G, et al. 2015. Assessing seasonal drought stress response in Norway spruce [Picea abies (L.) Karst.] by monitoring stem circumference and sap flow[J]. Ecohydrology, 8: 378–386.

JUMRANI K, BHATIA V S. 2018. Impact of combined stress of high temperature and water deficit on growth and seed yield of soybean[J]. Physiology and Molecular Biology of Plants, 24: 37–50.

KAZAKOV E A , KAZAKOVA S M , GULIAEV B I. 1986. Effect and aftereffect of drought on photosynthesis of leaves in sugar beet ontogenesis[J].Fiziologiia i biokhimiia kul'turnykh rastenii=Physiology and biochemistry of cultivated plants，18: 459-467.

KHAKWANI A A, DENNETT M D, Khan N U, et al. 2013. Stomatal and chlorophyll limitations of wheat cultivars subjected to water stress at booting and anthesis stages[J]. Pakistan Journal of Botany, 45: 1925-1932.

KIUMARS ZARAFSHANI, LIDA SHARAFI, et al. 2012. Drought vulnerability assessment: The case of wheat farmers in Western Iran[J]. Global and Planetary Change, (98-99): 122-130.

LASHKARI A, BANNAYAN M. 2013. Agrometeorological study of crop drought vulnerability and avoidance in northeast of Iran[J]. Theor Appl Climatol, 113: 17-25.

LIU C L, ZHANG Q, SINGH V P, et al. 2011. Copula-based evaluations of drought variations in Guangdong, South China[J]. Natural Hazards, 59: 1533-1546.

LUO H H, ZHANG Y L, ZHANG W F. 2016. Effects of water stress and rewatering on photosynthesis, root activity, and yield of cotton with drip irrigation under mulch[J]. Photosynthetica, 54: 65-73.

MARTINS J D, RODRIGUES G C, PAREDES P, et al. 2013. Dual crop coefficients for maize in southern Brazil: Model testing for sprinkler and drip irrigation and mulched soil [J]. Biosystems Engineering,115: 291-310.

MARUYAMA A, KUWAGATA T. 2008. Diurnal and seasonal variation in bulk stomatal conductance of the rice canopy and its dependence on developmental stage[J]. Agricultural and Forest Meteorology, 148: 1161-1173.

MISHRA A K, SINGH V P. 2010. A review of drought concepts[J]. Journal of Hydrology, 391(1):202-216.

MUTAVA R N, PRASAD P V V, TUINSTRA M R, et al. 2011. Characterization of sorghum genotypes for traits related to drought tolerance[J]. Field Crops Research, 123: 10-18.

NNGLER P L, GLENN E P, THOMPSON T L. 2003. Comparison of transpiration rates among saltcedar, cottonwood and willow trees by sap flow and canopy temperature methods[J]. Agricultural and Forest Meteorology, 116: 73-89.

PAREDES P, PEREIRA L S, RODRIGUES G C, et al. 2017. Using the FAO dual crop coefficient approach to model water use and productivity of processing pea (Pisum sativum L.) as influenced by irrigation strategies[J]. Agricultural Water Management, 189: 5-18.

PHOGAT V, ŠIMŮNEK J, SKEWES M A, et al. 2016. Improving the estimation of evaporation by the FAO-56 dual crop coefficient approach under subsurface drip irrigation[J]. Agricultural Water Management, 178: 189-200.

PRIESTLEY C H B, TAYLOR R J. 1972. On the assessment of surface heat flux and evaporation using large-scale parameters[J]. Monthly Weather Review, 100: 81-92.

QIU R J, DU T S, KANG S Z, et al. 2015. Assessing the Simdualkc model for estimating evapotranspiration of hot pepper grown in a solar greenhouse in Northwest China[J]. Agricultural Systems, 138: 1-9.

RAJIB MAITY, ASHISH SHARMA, et al. 2013. Characterizing drought using the reliability-resilience-vulnerability concept[J]. Journal of Hydrologic Engineering, 18: 859-869.

RAOUDHA MOUGOU, MOHSEN MANSOUR. 2011. Climate change and agricultural vulnerability: A case study of rain-fed wheat in Kairouan, Central Tunisia[J]. Reg Environ Change, 11(1):137-142.

ROSA R D, PAREDES P, RODRIGUES G C, et al. 2012. Implementing the dual crop coefficient approach in interactive software. Background and computational strategy[J]. Agricultural Water Management, 103: 8-24.

SADRAS V O, MILROY S P. 1996. Soil-water thresholds for the responses of leaf expansion and gas exchange: A review[J]. Field Crops Research, 47: 253-266.

SHUTTLEWORTH W J, WALLACE J S. 1985. Evaporation from sparse crops-an energy combination theory[J]. Quarterly Journal of the Royal Meteorological Society, 111: 839-855.

SIMELTON E, FRASER E D G, TERMANSEN M, et al. 2009. Typologies of crop-drought vulnerability: An empirical analysis of the socio-economic factors that influence the sensitivity and resilience to drought of three major food crops in China (1961–2001)[J]. Environmental Science and Policy, 12: 438-452.

SINCIK M, CANDOGAN B N, DEMIRTAS C, et al. 2008. Deficit irrigation of soya bean [Glycine max (L.) Merr.] in a sub-humid climate [J]. Journal of Agronomy and Crop Science, 194: 200-205.

SKIRYCZ A, INZÉ D. 2010. More from less: Plant growth under limited water[J]. Current Opinion in Biotechnology, 21: 197-203.

SMILOVIC M, GLEESON T, ADAMOWSKI J. 2016. Crop kites: Determining crop-water production functions using crop coefficients and sensitivity indices[J]. Advances in Water Resources, 97: 193-204.

SMIT B, WANDEL J. 2006. Adaptive capacity and vulnerability[J]. Global Environmental Change, 16: 282-292.

TURNER II B L, KASPERSON R E, MATSON P A, et al. 2003. A framework for vulnerability analysis in sustainability science. Proceedings of the National Academy of Sciences of the United States of America, 100(14)[C].8074-8079.

WANG Z Q, JIANG J Y, MA Q. 2016. The drought risk of maize in the farming-pastoral ecotone in Northern China based on physical vulnerability assessment[J]. Natural Hazards and Earth

System Sciences, 16: 2697−2711.

WEI Y Q, JIN J L, JIANG S M, et al. 2018. Quantitative response of soybean development and yield to drought stress during different growth stages in the Huaibei Plain, China[J]. Agronomy, 8: 97.

WILHELMI O V, WILHITE D A. 2002. Assessing vulnerability to agricultural drought: A Nebraska case study[J]. Natural Hazards, 25: 37−58.

WILHITE D A. 2005. Drought and water crises: Science, technology, and management issues[C]. New York & London: Taylor & Francis.

WU J J, HE B, LÜ A F, et al. 2011. Quantitative assessment and spatial characteristics analysis of agricultural drought vulnerability in China[J]. Natural Hazards, 56: 785−801.

WU N, YANG C J, LUO Y, et al. 2019. Estimating evapotranspiration and its components in cotton fields under deficit irrigation conditions[J]. Polish Journal of Environmental Studies, 28: 393−405.

XU Z Z, ZHOU G S, SHIMIZU H. 2010. Plant responses to drought and rewatering[J]. Plant Signaling and Behavior, 5: 649−654.

YIN Y Y, ZHANG X M, LIN D G, et al. 2014. GEPIC−VR model: A GIS−based tool for regional crop drought risk assessment[J]. Agricultural Water Management, 144: 107−119.

ZARAFSHANI K, SHARAFI L, Azadi H, et al. 2012. Drought vulnerability assessment: The case of wheat farmers in western Iran[J]. Global and Planetary Change, 98−99: 122−130.

第 2 章　旱灾系统敏感性机理分析

2.1　旱灾系统敏感性内涵

　　农业旱灾的形成是干旱致灾因子危险性与作物旱灾脆弱性相互作用的结果（金菊良等，2016），其中作物旱灾脆弱性是将致灾转化为成灾的根本原因，它的高低起到"放大"或"缩小"灾情的作用（王静爱等，2005）。作为脆弱性的核心和最基本构成要素（金菊良等，2016；周瑶等，2012），旱灾敏感性系指暴露在孕灾环境中的承灾体对干旱致灾因子影响的损失响应，在农业旱灾中表现为作物生长对生育期水分亏缺强度的损失响应程度或敏感程度，因此，研究作物旱灾敏感性对区域农业旱灾风险管理和适应性对策制定具有重要意义。

　　作物旱灾敏感性应是作物本身固有的一种属性，它反映了作物生长对干旱胁迫的响应。许多研究根据作物水分生产函数建立作物各生育阶段耗水量与产量之间的关系，并通过函数中的敏感性系数比较作物产量形成对不同生育阶段水分亏缺的敏感性。然而，在不同的生育阶段，作物生长对不同程度受旱胁迫的响应不相同，这种作物水分生产函数仅根据敏感性系数可能无法准确反映作物生长对亏缺强度的敏感性变化。作物旱灾敏感性函数研究是将干旱危险性经作物旱灾脆弱性传递，最终转化为农业旱灾损失风险（Wu et al.，2017；金菊良等，2016）。当前，灾损曲线方法被应用于估算不同灾害强度下的灾害损失，这为定量评估作物旱灾敏感性提供了参考。结合自然灾害脆弱性和损失风险相关研究成果（Yin et al.，2014；贾慧聪等，2011；尹占娥等，2010），构建作物旱灾敏感性曲线，是当前作物旱灾敏感性研究的主要发展方向（金菊良等，2016；周瑶等，2012）。它是构建干旱频率和相应作物生长因旱受损指标之间的定量关系，即农业旱灾损失风险曲线的核心环节（金菊良等，2016；金菊良等，2014），但目前研究多是构建旱灾脆弱性曲线或农业旱灾风险损失曲线，而作物旱灾敏感性曲线这一基础研究相对薄弱，有必要从实际受旱胁迫对作物生长过程影响的成因机制角度出发，通过构建作物各生育阶段干旱灾损敏感性曲线，探讨作物不同生育阶段旱灾敏感性的大小。

2.2　旱灾系统敏感性评估框架

旱灾的风险源（即致灾因子，包括降水、径流、土壤水、地下水等自然水源的亏缺）源于自然，旱灾的承受者（即承灾体）既有人类社会（如人口、财产），又有与人类社会密切相关的生态环境。因此，旱灾的严重程度取决于自然因素的变异程度和人类社会承受、适应自然环境变化的能力。

从旱灾风险的物理成因角度来看，旱灾风险系统是由孕灾环境变动性（干旱发生区域的自然背景环境）、致灾因子危险性（干旱强度及其发生频率）、承灾体暴露（承灾体与致灾因子在孕灾环境中某种时空上的重合、接触）、承灾体灾损敏感性（承灾体本身对致灾因子的响应程度）和防灾减灾能力（又称抗旱能力）这 5 个要素相互联系、相互作用形成的复杂动力学系统，其中暴露、灾损敏感性和防灾减灾能力统称为承灾体脆弱性（崔毅等，2017；金菊良等，2016；金菊良等，2014）。旱灾风险系统在功能上可将给定孕灾环境下的致灾因子危险性，经承灾体脆弱性转化为承灾体的旱灾损失，也就是说，通过致灾因子危险性和承灾体脆弱性的合成，就可得到旱灾损失的可能性分布函数，即旱灾损失风险，它反映了特定频率干旱强度所导致的可能损失。

农业旱灾系统是由干旱孕灾环境、干旱致灾因子、作物（干旱的农业系统直接承灾体）和人类抗旱减灾措施这 4 个要素组成的复杂系统，且每个要素均可看作一个具有属性和行为的主体，通过各主体的属性和行为实现主体之间的相互作用，形成明确的农业旱灾风险传递结构，将给定孕灾环境下的干旱事件，经作物旱灾脆弱性转化成作物生长因旱损失。其中的传递结构框架如图 2.1 所示，具体可理解为区域农业旱灾风险是由该区域干旱孕灾环境变动性 A 中的干旱致灾因子危险性 B，经作物暴露于干旱环境中的程度 C、作物旱灾敏感性 D 和区域农业抗旱能力 E（其中，C、D、E 组成作物旱灾脆弱性）转化后，产生农业旱灾损失风险 F，由 A、B、C、D、E 和 F 相继发生作用，形成农业旱灾损失风险的传递结构，通过降低 A、B、C 或 D，或增强 E，或转移 F，理论上均可有效降低农业旱灾损失风险 F，这可作为农业旱灾风险定量调控的总体思路（崔毅，2019）。然而，风险调控的基础是风险评估，可依据图 2.1 农业旱灾系统 4 个要素主体之间的相互作用机制，按照以下 5 个步骤进行相应农业旱灾风险定量评估：

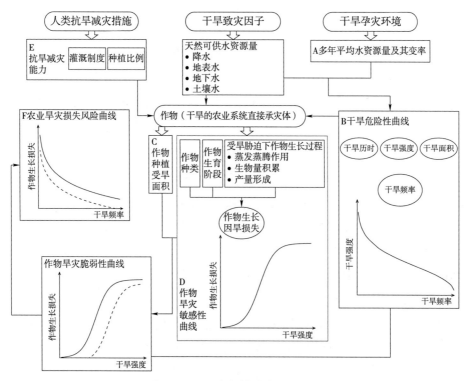

图 2.1　干旱灾损敏感性评估框架

步骤 1：根据研究区域的干旱形成机理和特征，识别该区域干旱事件的主要驱动因素，建立可反映该区域天然可供水资源量主要供给来源的合适干旱指标，对由水资源短缺引起的干旱过程进行特征量化描述。

步骤 2：通过游程理论定量比较上述构建的干旱指标和反映研究区域多年平均水资源量及其变率的阈值识别干旱事件，得到干旱强度、干旱历时和干旱面积等干旱特征变量并计算对应干旱频率，建立干旱频率和对应某一干旱特征变量（以干旱强度为例进行说明）之间的定量关系，即干旱危险性曲线。

步骤 3：作物旱灾损失不仅取决于干旱程度，还与作物种类、干旱发生时作物所处的生育阶段、作物暴露于干旱环境中的程度（可用作物种植受旱面积定量描述）和人类社会抗旱措施（如制定合理灌溉制度、调整作物种植比例等）密切相关。因此，作物生长因旱损失是一个具有较强物理机制的复杂过程，需结合研究区域多年作物亏缺灌溉试验观测资料、实际作物种植生产和旱灾损失统计数据等，对受旱胁迫下作物各生育阶段蒸发蒸腾量、生物积累量、最终产量形成等响应机制进行解析，这是定量评估农业旱灾风险的一项基础性更是必要性工作，体现了本研究的重要意义。其中，建立描述作物本身生长对干旱胁迫敏感程度随干旱胁迫水平变化的作物旱灾敏感性曲线是关键。具体地，作物某一生育阶段的旱灾敏感性曲线系指在无人类抗旱措施和作物完全暴露（所有种植面积均受干旱影响）的条件下，该阶段内干旱强度和相应作物生长损失之间的定量关系。

步骤 4：利用上述构建的作物旱灾敏感性曲线定量评估作物旱灾脆弱性，将干旱致灾因子危险性转化为农业旱灾损失风险。根据脆弱性的构成要素（敏感性、暴露和抗旱能力），作物某一生育阶段的旱灾脆弱性曲线为不同作物暴露程度和抗旱能力水平情景下该阶段内干旱强度和相应作物生长损失之间的定量关系集，即脆弱性曲线是变化作物暴露和抗旱能力条件下的敏感性曲线簇。

步骤 5：对于相同致灾因子危险性程度的干旱事件，由于其发生时作物所处的生育阶段不同，作物旱灾脆弱性不同，导致最终农业旱灾损失风险存在较大差异。因此，可基于干旱危险性和作物旱灾脆弱性的传递合成运算，构建农业旱灾损失风险曲线，实现农业旱灾风险的定量评估。具体地，作物某一生育阶段的旱灾损失风险曲线系指在某一确定作物暴露程度和人类社会抗旱能力水平下该阶段内干旱强度对应的干旱频率和相应作物生长损失之间的定量关系。

农业旱灾风险传递结构明确地反映了农业旱灾风险系统各要素之间的相互作用机制，损失风险曲线的评估方法可从灾害损失物理成因角度定量分析和比较不同时间和空间尺度下农业旱灾风险的绝对大小。然而，由图 2.1 可知，建立体现农业旱灾风险传递结构的损失风险曲线基础在于构建作物旱灾敏感性曲线，同时，各生育阶段不同受旱胁迫程度和相应作物生理生长指标（如蒸发蒸腾量、生物积累量和产量构成要素等）损失之间的定量关系是构建敏感性曲线的核心，因此，有必要结合作物受旱试验深入开展上述受旱胁迫下作物生长过程的响应研究。

2.3　旱灾系统敏感性曲线

由于受旱胁迫下作物生长机制的复杂性，特别是在多生育阶段受旱条件下，本研究从作物单生育阶段受旱胁迫影响的角度研究作物旱灾敏感性，即当前生育阶段受旱、其他阶段不受旱。另外，基于农业旱灾风险系统理论，本研究定义作物某一生育阶段的旱灾敏感性函数为作物完全暴露于干旱孕灾环境中，天然条件（无人类抗旱措施，如干旱期灌溉）下该生育阶段内干旱强度和相应作物生长因旱损失之间的定量关系。本研究中夏大豆受旱胁迫试验设置的不同受旱处理是模拟天然条件下不同干旱事件、构造不同干旱强度，反映和体现作物旱灾敏感性。

本研究参考旱灾风险形成机理（金菊良等，2014；史培军，2002）和当前脆弱性曲线相关研究（Yin et al.，2014；Wang et al.，2013），提出通过拟合某一生育阶段内的作物水分亏缺累积量和相应作物生长因旱受损指标（该阶段内植株地上部生物积累损失量和最终籽粒产量损失率 2 个指标）之间的 Logistic 函数关系，构建作物各生育阶段的旱灾敏感性曲线，如图 2.2 所示。作物某一生育阶段的旱灾敏感性曲线方程（以籽粒产量损失率为例）可表示如下：

$$LR(ACWD) = \frac{LR_{max}}{1 + \alpha \cdot e^{-\beta \cdot ACWD}} \tag{2.1}$$

式中，LR（ACWD）表示作物最终籽粒产量的因旱损失率随该生育阶段内作物水分亏缺累积量变化的函数，即作物旱灾敏感性曲线；α 和 β 均为敏感性曲线方程参数；LR_{max} 表示受旱胁迫下仍能保证作物生存的最大籽粒产量损失率。$\alpha = LR_{max}/LR（0）-1$，反映作物籽粒产量损失率的变化范围，其中 LR（0）表示由其他随机因素而非受旱胁迫引起的作物籽粒产量损失率；β 反映敏感性

曲线达到 LR_{max} 的快慢程度，β 的值越大，籽粒产量损失率达到 LR_{max} 的速度越快。

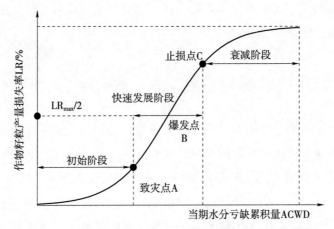

图2.2　S形（Logistic）作物单生育阶段旱灾敏感性曲线

20世纪70年代中期，Altshuller 定义了一个三阶段的 S 形曲线（Logistic 函数）来描述技术系统生命周期中的资源限制问题。Chen 等（2015）详细阐述了一个三阶段的 S 形曲线模型用以定量评估洪涝灾害损失。参考此 S 形曲线和其他类型自然灾害损失曲线相关研究成果（Colombi et al.，2008；Lee et al.，2005），本研究提出了一个三阶段的 S 形作物单生育阶段旱灾敏感性曲线，如图2.2所示。其中，曲线上的3个拐点描述了作物在某一生育阶段旱灾敏感性的变化过程，它们将曲线分为3个阶段：旱灾初始阶段、旱灾快速发展阶段和旱灾衰减阶段。

（1）拐点 A 是作物旱灾敏感性曲线上斜率的变化率最大的点，它表示作物生长因旱损失（LR）随该生育阶段内作物水分亏缺累积量（ACWD）增加的速度增长最快，这点被称为干旱事件的致灾点。从点 A 起，LR 随 ACWD 快速增加、旱灾影响开始蔓延，敏感性曲线进入快速发展阶段。因此，该点对应的水分亏缺强度可作为指导干旱预警的重要标识。根据 Logistic 函数特性，点 A 处的三阶导数为零，由此可推导出作物在该阶段敏感性曲线上该点对应的 ACWD 如下：

$$ACWD_A = \ln\left[(2-\sqrt{3})\right]\alpha\beta \qquad (2.2)$$

（2）拐点 B 是作物旱灾敏感性曲线上斜率最大的点，它表示 LR 随 ACWD 增加的速度最快，但从这点后作物生长损失的增加速度开始下降，该点被称为干旱灾害的爆发点。在点 B 处，作物生长损失达到 LR_{max} 的 50%，因此，应尽量避免作物在该生育阶段达到该点对应的水分亏缺强度，为制定有效降低作物因旱损失的灌溉策略提供科学参考。根据 Logistic 函数特性，点 B 处的二阶导数为 0，可推导出作物在该生育阶段时，敏感性曲线上该点对应的 ACWD 如下：

$$ACWD_B = \frac{\ln\alpha}{\beta} \qquad (2.3)$$

（3）拐点 C 也是作物旱灾敏感性曲线上斜率的变化率最大的点，但它表示 LR 随 ACWD 增加的速度减小最快，该点被称为干旱灾害的止损点。当作物生长损失增加的速度变得很小时，该生育阶段内的干旱强度及其对作物生长的影响均接近于保证作物存活的极限值。同样，根据 Logistic 函数特性，点 C 处的三阶导数也为 0，可推导出作物在该生育阶段敏感性曲线上该点对应的 ACWD 如下：

$$ACWD_C = \ln\left[(2+\sqrt{3})\right]\alpha\beta \qquad (2.4)$$

2.4　旱灾系统敏感性和旱灾脆弱性关系

承灾体脆弱性大小由承灾体灾损敏感性、暴露和抗旱能力共同决定（Carrão et al., 2016；Dalezios et al., 2014；Wilhite et al., 2007）。对于农业旱灾，作物旱灾脆弱性识别是确定干旱致灾因子强度和作物旱灾损失之间的定量关系，包括作物旱灾敏感性、暴露程度和人类抗旱措施的识别（金菊良等，2016，2014）。其中，敏感性识别是确定干旱强度和天然条件下且作物完全暴露时作物旱灾损失之间的定量关系，具有自然属性；而脆弱性识别是确定干旱强度和考虑作物暴露程度和人类实施抗旱措施后作物旱灾损失之间的定量关系，具有自然和社会两种属性。

　　以 S 形作物旱灾敏感性函数为例，进一步说明作物旱灾敏感性和脆弱性之间的关系，这里假定作物完全暴露在干旱孕灾环境中且灌溉为主要的抗旱措施，具体如图 2.3 所示。由图 2.3 可知，对于作物某一生育阶段的旱灾敏感性和脆弱性函数，两者均以该阶段内天然无灌溉条件下的干旱强度（可用本研究中提出的作物水分亏缺强度指标 ACWD 量化）为横坐标，敏感性函数是以此干旱强度影响下相应的作物生长因旱受损指标值（可用本研究中植株地上部生物积累损失量 GL 或籽粒产量损失率 LR 量化）为纵坐标，而脆弱性函数是以在此干旱强度和特定抗旱能力（可由某一具体灌溉方案量化）共同影响下对应的作物生长因旱受损指标值为纵坐标。两曲线与横坐标轴围成的面积之差（图 2.3 中的阴影面积）表示人类采取抗旱措施（如作物干旱期间进行灌溉）挽回的作物旱灾损失量，可为定量计算抗旱能力提供参考。因此，作物旱灾敏感性和脆弱性均随天然（无灌溉）条件下的干旱强度变化，某一天然干旱强度下的敏感性系指在此干旱强度影响下的作物旱灾损失量，而脆弱性系指在此干旱强度和特定抗旱能力共同影响下的作物旱灾损失量。脆弱性可看作不同暴露、不同抗旱能力下的敏感性，因此，构建作物旱灾敏感性函数是进一步建立脆弱性函数和农业旱灾损失风险函数的基础。

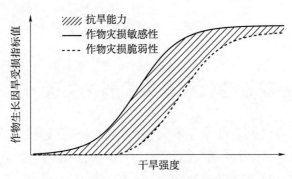

图 2.3　干旱灾损敏感性和旱灾脆弱性示意图

参考文献

崔毅 . 2019. 基于试验的作物受旱胁迫响应机制及定量评估研究 [D]. 天津：天津大学 .

崔毅，蒋尚明，金菊良，等 . 2017. 基于水分亏缺试验的大豆旱灾损失敏感性评估 [J]. 水力
　　发电学报，36(11): 50-61.

贾慧聪，王静爱，潘东华，等 . 2011. 基于 EPIC 模型的黄淮海夏玉米旱灾风险评价 [J]. 地
　　理学报，66(5): 643-652.

金菊良，宋占智，崔毅，等 . 2016. 旱灾风险评估与调控关键技术研究进展 [J]. 水利学报，
　　47(3): 398-412.

金菊良，郦建强，周玉良，等 . 2014. 旱灾风险评估的初步理论框架 [J]. 灾害学，29(3): 1-10.

屈艳萍 . 2018. 旱灾风险评估理论及技术研究：以辽宁省农业干旱为例 [D]. 北京：中国水
　　利水电科学研究院 .

史培军 . 2002. 三论灾害研究的理论与实践 [J]. 自然灾害学报，11(3): 1-9.

王静爱，商彦蕊，苏筠，等 . 2005. 中国农业旱灾承灾体脆弱性诊断与区域可持续发展 [J].
　　北京师范大学学报（社会科学版），(3): 130-137.

尹占娥，许世远，殷杰，等 . 2010. 基于小尺度的城市暴雨内涝灾害情景模拟与风险评估 [J].
　　地理学报，65(5): 553-562.

周瑶，王静爱 . 2012. 自然灾害脆弱性曲线研究进展 [J]. 地球科学进展，27(4): 435-442.

CARRÃO H, NAUMANN G, BARBOSA P. 2016. Mapping global patterns of drought risk: An
　　empirical framework based on sub-national estimates of hazard, exposure and vulnerability[J].
　　Global Environmental Change, 39: 108-124.

CHEN M J, MA J, HU Y J, et al. 2015. Is the S-shaped curve a general law? An application to
　　evaluate the damage resulting from water-induced disasters[J]. Natural Hazards, 78: 497-515.

COLOMBI M, BORZI B, CROWLEY H, et al. 2008. Deriving vulnerability curves using Italian
　　earthquake damage data[J]. Bullet in of Earthquake Engineering, 6: 485-504.

DALEZIOS N R, BLANTA A, SPYROPOULOS N, et al. 2014. Risk identification of agricultural drought
　　for sustainable agroecosystems[J]. Natural Hazards and Earth System Sciences, 14(9): 2435-2448.

LEE K H, ROSOWSKY D V. 2005. Fragility assessment for roof sheathing failure in high wind
　　regions[J]. Engineering Structures, 27: 857-868.

WANG Z Q, HE F, FANG W H, et al. 2013. Assessment of physical vulnerability to agricultural
　　drought in China[J]. Natural Hazards, 67: 645-657.

WILHITE D A, SVOBODA M D, HAYES M J. 2007. Understanding the complex impacts
　　of drought: A key to enhancing drought mitigation and preparedness[J]. Water Resources
　　Management, 21: 763-774.

WU H, QIAN H, CHEN J, et al. 2017. Assessment of agricultural drought vulnerability in the
　　Guanzhong Plain, China[J]. Water Resources Management, 31: 1557-1574.

YIN Y Y, ZHANG X M, LIN D G, et al. 2014. GEPIC-VR model: A GIS-based tool for regional
　　crop drought risk assessment[J]. Agricultural Water Management, 144: 107-119.

第3章　作物受旱敏感性试验的数值分析

3.1　试验基地概况

3.1.1　试验站简介

新马桥农水综合试验站地处东经 117°22′、北纬 33°09′，位于皖北平原中南部，蚌埠市固镇县新马桥镇内，地面高程 19.7 m，占地面积约 143 亩，属于暖温带半湿润季风气候区。该试验站隶属安徽省（水利部淮河水利委员会）水利科学研究院，是安徽省及淮河流域共建共管的灌溉试验中心站。试验区多年平均降水量 911 mm、蒸发量 916 mm，每年降水多集中于 6—9 月，约占全年降水量的 60%，时空分布不均，极易形成区域农作物旱涝渍灾害。土壤为砂姜黑土，属于典型的中低产田土壤，其理化性状均属不良，质地黏重（耕层中粉粒和黏粒的体积含量达 95% 以上），渗透性差，易涝易旱。试验土壤的田间持水率为 28%（重量含水率），凋萎系数为 9.1%（重量含水率），土壤容重为 1.36～1.50 g/cm^3（袁宏伟等，2018）。试验站的地理环境、自然条件和作物种植等均在淮北平原具有较好的代表性。新马桥农水综合试验站平面布局如图 3.1 所示。

3.1.1.1　发展历程

安徽省（水利部淮河水利委员会）水利科学研究院开展灌溉排水试验始于新中国大规模治淮时期。1953 年为顺应治淮工程规划设计与施工管理技术需求，治淮委员会工程部农田水利处土壤科设立农水试验组，在淮北地区建立农作物需水量和排水试验场（站），开展水稻、小麦和大豆需水量、灌溉制度和耐淹试验。其后灌溉排水试验经历了曲折的发展历程，灌排试验站点几经变迁，灌溉排水试验主要围绕农作物灌溉排水技术、适宜土壤水分和抗旱耐渍指标、淮北平原地区打井成井技术、小型灌排建筑物、低产土改良等方面内容开展。

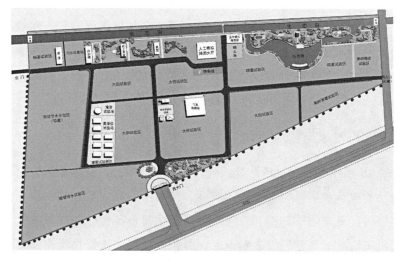

图 3.1　新马桥农水综合试验站平面布局

1982 年，安徽省开始恢复灌溉试验站建设，同年 7 月，安徽省（水利部淮河水利委员会）水利科学研究院开始筹建新马桥农水综合试验站，1985 年建成并投入运行，占地面积 60 亩。1998 年安徽省（水利部淮河水利委员会）水利科学研究院以该站为主体，组建成立了安徽省水利水资源重点实验室。2003 年，水利部出台《关于加强灌溉试验工作的意见》，决定恢复重建全国灌溉试验站网体系，安徽省建立起了以该站为省级灌溉试验中心站的全省灌溉试验站网体系，下设肥东农水试验站等 4 个省级灌溉试验重点站。2006 年，该站被水利部授予"全国灌溉试验先进单位"荣誉称号。2015 年，水利部印发了《全国灌溉试验站网建设规划》，批准该站为淮河流域灌溉试验中心站，与安徽省灌溉试验中心站共建共管；同年，为贯彻落实全国灌溉试验站网建设规划部署，该站扩大试验用地 83 亩，占地面积达 143 亩。

经过 40 多年的发展，该站不仅取得了丰富的灌排试验基础数据，拓展并延续了安徽省农水科研基本站网 60 多年的系列资料，而且形成了雄厚的科研实力并拥有先进的系列试验仪器设备，科研水平不断得到提高，培养了一批具有较高学术水平的科研人员和专家，研究了数十项因应农业和水利条件动态变化、具有广阔应用前景的科研成果，为安徽省的农田水利建设和农业发展做出了重要贡献，产生了良好的经济效益、社会效益和环境效益。

该站曾先后与武汉大学、河海大学、南京农业大学、合肥工业大学、安徽农业大学和中国水利水电科学研究院、南京水利科学研究院、水利部农田灌溉研究所等高等院校和科研院所长期进行交流与合作，并成为武汉大学、河海大学等国内多个高等院校或国家级重点实验室的野外试验研究基地。目前，该站已成为安徽省农田水利学科的试验研究中心和"领头雁"。

3.1.1.2　学科发展与团队建设

经过 40 多年的发展，该站试验研究领域与范围、专业内涵与外延不断拓展，现已形成节水灌溉机理与设施农业、作物涝渍响应与农田涝渍兼治、节水减排控污机理与协同调控、农业水资源演化机理与优化调控、农业水旱灾害成灾机理与防治等学科发展重点，同时积极拓展水土流失规律及面源污染机理、水体污染效应及防控技术、水生态系统修复与保护等学科发展方向。

该站现有科研技术人员 37 人，其中正高级工程师 6 人，高级工程师 11 人，博士 4 人，硕士 23 人，享受政府津贴 2 人，省部级学术技术带头人 1 人，专业涵盖农业水土、水文水资源、农学、设施农业、土壤、水利水电、水土保持、环境工程、资源环境等；"节水灌溉与农村饮水安全"研发团队入选安徽省"115 产业创新团队"。同时，该站与武汉大学、河海大学、合肥工业大学、中国水科院、南京水科院等高等院校及科研院所建立了长期的科研合作交流关系，成为我国农业农村水利科研战线上具有重要影响的研究机构。

3.1.1.3　科研成就

（1）科研体系日益健全，内涵不断丰富

1953—1996 年，农水科研从白手起家，在摸索中艰难前行，到后来逐步形成了农田灌溉、农田排水、土壤利用与改良、中低产田综合治理及水土保持 5 个试验研究专业方向；近 20 年来，高效节水灌溉、控制排水、农业水土资源、农业水旱灾害与水生态、水环境等学科领域也取得了长足发展。目前已形成了较为系统的以"高效节水灌溉、节水减排控污、农业水资源管理与调控、农业水旱防灾减灾"为主要内容的"节水控排与涝渍旱碱污综合防治"

试验与科研体系。

（2）科研实力日益雄厚，科研水平不断提高

农水试验研究一开始就从试验基地建设入手，历经广泛设站，收缩、撤并，兴建综合性试验站，组建水利水资源重点实验室的演变过程。1982 年兴建的新马桥农水综合试验站已成为农村水利试验研究、技术创新、凝聚和培养水利科技人才的重要基地，也是科技合作、学术交流、新技术示范与推广的重要平台。

经过数十年的建设与发展，新马桥农水综合试验站形成了较为雄厚的科研实力。该站现有较为完善的试验区和办公生活区；建有各类测坑 56 组（其中 16 组原状土排水测坑及其水位自动控制装置居于行业领先水平），各种不同形式的节水灌溉试验小区、暗管排水试验区、地面径流试验场、人工模拟降水试验场（配套移动式液压变坡径流试验钢槽车 17 台套）约 4 万 m^2，面源污染与沟塘水生态试验区集水面积 10 hm^2 左右（独立小流域），其中，生态大沟长约 460 m、宽约 25 m，生态塘面积约 3 000 m^2，并配套生态沟塘水系连通工程；拥有土壤理化与水分、养分、水质、作物品质及其生理生态等各类仪器设备 70 余台套；综合实验室建筑面积约 800 m^2，其中，人工模拟降水大厅占地面积 660 m^2，高约 23 m，可全方位开展灌溉、排水、水土保持生态等专业领域的相关试验研究。

在灌排试验方面，吸收并创新运用现代科技，采用原型观测、模拟手段和逆态研究方法，结合使用先进仪器设备对 SPAC（土壤 - 植物 - 大气连续体）系统进行广泛深入的探究，无论是在试验研究方法、研究手段还是在试验的广度、深度等方面，都具有开拓性、创新性和前瞻性，使安徽省的农水科研水平和技术手段达到一个新高度。如新马桥农水综合试验站在设施设备、试验水平、资料系列长度、覆盖度及试验成果等方面，均位于全国同类试验站的前列。

（3）科研项目成果丰硕

通过持续开展灌溉排水基础性试验，积累了 70 年长序列灌排资料和大量不同地域、土壤类别及试验尺度的实验观测数据，取得了安徽省主要土种的理化指标和灌排参数，以及小麦、玉米、大豆、水稻等主要农作物的需水量与需

水规律、灌溉制度、灌水技术及其水分生产函数、农田排水指标、明沟和暗管田间排水工程的规格及标准等系列成果,并在安徽省得到广泛推广应用。

1986年"七五计划"实施以来,农村水利研究团队累计主持或作为主要完成单位承担完成国家自然科学基金项目、国家科技攻关计划项目、国家农业科技成果转化项目、水利部公益性行业科研专项经费项目、水利部科技推广项目、全国灌溉试验协作项目、省科技攻关项目,以及水利部淮河水利委员会、安徽省水利厅、蚌埠市科技计划项目等各类科研项目70余项;编制和修订地方及国家行业标准10多项;有40余项研究成果获奖,其中省部级科学技术(科技进步)三等奖以上16项;发表论文近400篇,出版专著译著10部,授权专利、软件著作权12项。

研究成果涵盖了农田灌排技术指标与方法、节水灌溉技术体系、农田水资源调控与水旱灾害综合治理的技术措施与途径等,解决了诸多长期困扰安徽省农田水利发展的技术难题,填补了安徽省相关领域的空白,为安徽省各地乃至淮河流域的农田水利规划设计、工程建设、节水灌溉发展、灌区改造、水资源管理等提供了坚实的理论依据和技术支撑。同时,相关成果及试验方法或凝练形成各类标准予以颁布实施,或被国家及地方行业标准和相关书籍、教材在修订和编著时所采纳,极大地促进了学科发展和行业科技进步。

(4)节水灌溉取得新进展

通过对主要农作物的需水特性与节水机理、区域性农业灌溉关键技术和综合节水技术等进行系统的研究,建立并确定了主要农作物的"作物-水"模型和不同水文年型条件下的节水型优化灌溉制度与经济灌溉定额,提出了对作物实施灌溉的"增加供水区、限量供水区和禁止供水区"及其量化指标,并从农田土壤水分、耗水量和农作物产量三者之间的关系和区域的自然地理与气候条件,以及农业水资源特点的角度,论证并提出了农作物的节水机理、实施节水灌溉的可行性、必要性及其实现方法与技术体系。研究成果填补了安徽省的空白,丰富和发展了农田灌溉特别是农作物非充分灌溉的理论内涵与技术体系,对学科发展也起到了很大的促进作用。

(5)控制排水取得新突破

在农田排水科研中,创新提出了涝渍综合控制指标、涝渍指标阈值和涝渍兼治连续控制的动态排水指标－涝渍连续抑制天数指标－新概念及其数学模型和求解方法，突破了传统的涝渍人为分割的单指标失真研究方法，使排水指标的研究产生了质的飞跃，弥补了以往因将涝渍分割研究（只能采用除涝或降渍单项指标指导农田排水工程规划建设）致使与生产实际严重脱节的缺陷；同时促进了农田水利学、灾害学、农学、水文学、环境学等学科的交叉与融合，丰富和发展了我国农田水利与防灾减灾及相关学科的基础理论与方法。

主持完成的"淮河流域涝渍灾害治理关键技术研究与应用"成果首次对淮河流域的涝渍灾害进行系统深入的研究，填补了流域洪涝关系及其转换机制研究的空白，并在排涝标准及其衔接研究方面取得重大突破，为流域涝渍灾害治理提供了理论与技术支撑（基于此项研究成果著作出版了《淮河流域涝渍灾害及其治理》），为促进流域除涝降渍与防洪、灌溉、水资源利用和生态环境改善等方面的协调发展，进一步发挥治淮综合效益提供了决策参考依据；"农作物涝渍响应与农田涝渍兼治排水试验研究及应用"项目采用模拟自然降水并实时监控农田水分运动过程等手段及小区、大田等不同尺度的涝渍逆境模拟仿真研究方法，对农作物的涝渍机理及其响应规律、排水指标、涝渍水分生产函数，农田排水标准与排水工程技术、非工程措施等进行了系统研究，揭示了小麦、水稻等 6 种主要农作物的涝渍影响机理与响应规律，建立了农作物产量与涝渍指标数量关系模型，提出了区域排涝标准的确定方法，并在涝渍水综合利用技术——"控制排水"与"节水减排"等方面取得重要进展，成果总体达到国际领先水平；在技术集成与应用层面，将"作物涝渍指标－区域排涝标准－涝渍治理工程规格标准"等项成果融入生产实践，集成提出了区域涝渍兼治农田排水技术体系，在淮河流域特别是淮北地区的水利规划、工程设计和易涝渍农田及洼地治理中得到广泛应用，其相关试验方法和数据被吸收进《农田排水试验规范》《农田排水工程技术规范》等国家行业标准。

（6）综合治理成效突出

研究并取得了砂姜黑土区、沿淮低洼平原区、沿江圩区、皖南山区的综合治理措施及模式，水土资源平衡和资源优化配置方式，农田水资源合理调控技术等多项研究成果，并得到规模性推广与应用。

在"安徽省淮北平原大沟蓄水与农田水资源调控技术研究"项目中，密切结合淮北平原的自然地理和气候条件、水资源与水环境状况、河流特性以及农田水利工程现状等区域实际和特征，针对如何提高当地降水资源的有效利用率、合理调控农田水资源、促进土壤水分良性循环、改善农田生态环境和农业生产条件等方面进行研究，并从区域农田水资源的调控入手，将大沟的功能由传统的单一排水扩展为排水与蓄水相结合，把农田灌溉、排水、水资源高效利用和改善水土（生态）环境有机地结合起来，克服了将除涝排水和蓄水灌溉完全分开、互不联系、"各自为战"的传统做法的偏颇和弊端，标本兼治而以治本为先，思路新颖，富有针对性和创造性；取得的淮北分区大沟蓄水系统的控制工程适宜型式、设计参数、蓄水控制方案以及管理运行规则等系列成果总体上达到国内领先、部分达到国际先进水平；在国内首次研究和解决了综合利用大沟进行农田除涝、排渍、灌溉以及调控地下水位和土壤水分的相关技术问题，开辟了农田水资源的合理调控、高效利用和水旱灾害综合治理的新途径。该项研究是新时期淮北平原治水思路和发展生态型农业的有益尝试和开拓性探索，是解决区域灌溉水资源短缺问题、调控水资源的时空分布和改善农田生态环境的一条捷径和有效措施，符合平原地区农田水利发展方向，对于区域水资源合理开发、节约保护、农田生态环境的改善，以及以水资源的可持续利用支撑农业可持续发展等都具有重要的理论意义、良好的应用前景和推广价值。项目研究成果已分别被写入安徽省地方标准《淮北平原区大沟控制蓄水技术规程》（DB34/T 3057—2017）和《安徽省农田水利建设规划》，也被淮北各地水利部门在进行农田水利规划和工程设计中所采用，并先后在亳州市、宿州市、蚌埠市等地得到大面积推广应用，控制大沟 500 余条，控制区域约 8 000 km^2。其社会效益、经济效益和生态环境效益十分显著。

（7）技术支撑与咨询服务作用凸显

在持续进行科研的同时，充分发挥技术、人才、平台等科技优势，围绕区域农业灌溉排水、高效节水灌溉、高标准农田、水旱灾害、农村安全饮水、水土保持、水环境与水生态等专业领域的项目咨询论证、工程规划设计与评价评估，大力开展科技推广与技术支撑服务工作，积极引进、消化、吸收与示范推广农业农村水利新技术、新方法、新材料、新产品，对水利科技进步具有重要的推动作用。"平原区大沟蓄水与农田水资源调控技术""安徽省农业综合节水技术""江淮丘陵区水稻节水灌溉技术"等一批原创性先进实用科技成果被列入水利部重点科技推广计划和国家农业科技成果转化资金计划；先后承担完成安徽省及区域性农业农村水利发展规划、农田水利建设规划、节水灌溉规划、灌区改造规划、安全饮水规划、水资源开发利用规划、抗旱规划、淮北地区井灌建设规划、水土保持生态建设规划等近百个项目；完成水利重点建设项目规划论证、工程设计、咨询服务以及农业用水效率监测评价评估等项目 400 余项；参与全省农业农村水利治理片、示范片建设百余处，成为安徽省及淮河流域农业农村水利改革与发展不可或缺的重要技术支撑力量。主要研究成果中的获奖项目如表 3.1 所示。

表 3.1　主要研究成果中的获奖项目

序号	成果名称	获奖类型及等级	获奖时间
1	淮北平原旱灾风险链式传导识别与供需双侧协同应对技术	大禹水利科学技术奖三等奖	2022 年
2	基于链式传递的淮北平原旱灾风险定量评估技术	安徽省科学技术奖一等奖	2021 年
3	灌区引库塘田作物供需水全过程嵌套模拟与双侧精准调控技术	长江科学技术奖二等奖	2021 年
4	沿淮主要粮食作物涝渍灾害综合防控关键技术及应用	国家科学技术进步奖二等奖	2018 年
5	面向致灾过程的淮河流域旱灾风险定量评估技术	大禹水利科学技术奖二等奖	2018 年
6	农作物涝渍响应与农田涝渍兼治排水试验研究与应用	大禹水利科学技术奖二等奖	2017 年
7	江淮丘陵区农业水资源高效利用关键技术与水生态系统重建	安徽省科学技术奖三等奖	2016 年
8	安徽省农田水利建设规划（2011—2020）	全国优秀工程咨询成果奖三等奖	2014 年
9	安徽省抗旱规划	安徽省优秀工程咨询成果奖三等奖	2014 年
10	淮河流域涝渍灾害治理关键技术研究与应用	安徽省科学技术奖二等奖	2013 年
11	安徽省农业综合节水技术研究	安徽省科学技术奖二等奖	2010 年
12	颖上县水资源开发利用规划	安徽省优秀工程咨询成果奖二等奖	2010 年

序号	成果名称	获奖类型及等级	获奖时间
13	安徽省怀远县农田水利规划	安徽省优秀工程咨询成果奖三等奖	2010 年
14	淮河流域涝灾成因及治理措施研究	安徽省科学技术奖三等奖	2009 年
15	安徽省淮北平原大沟蓄水与农田水资源调控技术研究	安徽省科学技术奖二等奖	2004 年
16	安徽淮北地区"作物-水模型"与优化灌溉制度研究	安徽省科学技术奖三等奖	2003 年
17	江淮丘陵地区节水灌溉技术研究	安徽省科学技术奖三等奖	2003 年
18	农业涝渍灾害防御技术	大禹水利科学技术奖三等奖	2003 年
19	安徽淮北地区"作物-水模型"与优化灌溉制度研究	安徽省科学技术奖三等奖	2002 年
20	淮北砂姜黑土改良和高效农业持续发展研究	安徽省科学技术奖三等奖	2000 年
21	无为县沿江圩区棉田排水与涝渍旱综合治理研究	安徽省科技进步奖三等奖	1998 年
22	温室鲜花微灌技术及灌溉效应研究	安徽省科技进步奖二等奖	1997 年
23	农田排水指标试验研究	安徽省科技进步奖三等奖	1997 年
24	提高旱涝渍害中低产田生产力综合研究	安徽省科技进步奖二等奖	1996 年
25	安徽省淮北地区低压管道输水灌溉试验研究与示范推广	安徽省科技进步奖三等奖	1991 年
26	淮北地区中低产田综合治理	安徽省星火奖二等奖	1991 年
27	安徽省土壤资源普查	安徽省科技进步奖一等奖	1990 年

3.1.2　试验基础条件

农作物受旱胁迫试验采用多尺度、多途径相结合的方法，将供试作物分别布置于不同面积的测筒、原状土有底测坑、有底测坑、蒸渗仪、大田试验区、农田小气候中进行。试验区均设有灌排水系统，其中测筒、测坑和蒸渗仪还配备有移动遮雨棚。除大田和农田小气候外，其余试验区全生育期内隔绝自然降水及地下水补给，其进水量全程受人为控制并精确计量。各尺度试验的施肥量、种植密度及田间管理措施均与当地农业种植一致。

农作物受旱胁迫试验区设施设备介绍如下：

（1）测筒

测筒主要用于小麦和大豆的盆栽受旱胁迫试验（图 3.2）。每季 220 筒，断面为圆形，内径 30 cm、高 30 cm。试验土壤为回填大田耕层土，土壤经摊平晒干后混匀过筛（孔径 2 cm），以保证所有测筒土壤初始含水率及营养成分的一致性。所有测筒的装土重量均为 17 kg（干土重），施肥量及管理措施与大田一致，以确保作物生长过程中只受水分单一因素的影响。

图 3.2　试验区—盆栽测筒

（2）有底测坑

试验区有底测坑共 50 组，所有测坑断面均为方形（图 3.3）。其中 16 组测坑面积为 1.414 m × 1.414 m ≈ 2 m²，16 组测坑面积为 2 m × 2 m = 4 m²，18 组测坑面积为 2 m × 3.335 m = 6.67 m²，所有测坑内土体深度为 2 m，底部均设有 30 cm 滤层和排水管道系统。其中，16 组 2 m² 测坑内土壤为非扰动土，测坑底部连接有一套地下水位测控系统（图 3.4），为国内首创，具有时效性强、效率高、信息量大、精度高、控制方式灵活等优点，可实现灌溉、排水及水位调控全过程实时监控与管理。该项设施能够进行排灌模拟试验和参数测定，可用于农田排水（灌溉）指标、饱和与非饱和土壤水分运动、土壤溶质运移规律、土壤水分参数，以及 SPAC（Soil-Plant-Atmosphere Continuum，SPAC）（土壤-作物-大气连续体）等领域的定量研究；另外 34 组测坑内土壤均为分层回填土，容重与大田相近，主要用于常规灌溉及节水灌溉条件下作物需水量、需水规律、灌溉制度和各种灌溉参数的测定。

图 3.3　试验区一有底测坑

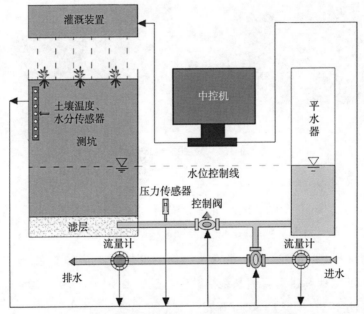

图 3.4　测坑地下水位无级自动测控系统示意图

（3）蒸渗仪

试验区建有大型称重式蒸渗仪 6 套，主要用于小麦和玉米的受旱胁迫试验（图 3.5）。断面为正方形，面积为 2 m×2 m=4 m²，测坑内土体深度为 2 m，底部设有 30 cm 滤层和渗漏水自动计量系统，土壤为分层回填土，每层容重与大田原状土壤一致。蒸渗仪是为测定农田蒸腾蒸发和土壤水分运动而研发的一种综合性的试验设备系统，具有实时性强、精度高、快捷方便等优势，可以实现数据采集的高速化、批量化和精准化，能够精确测量土体与外界环境的水分交换。蒸渗仪主要用于研究农作物的耗水规律（作物系数校正及建立作物蒸散发量预测模型等），土壤水分、水势、盐分、温度的空间分布与变化规律，以及水分、盐分、化肥和农药等在 SPAC 系统中运移、转化规律，及其对作物生长发育和农田生态环境的影响。蒸渗仪测控系统示意图如图 3.6 所示。

图 3.5　试验区—蒸渗仪

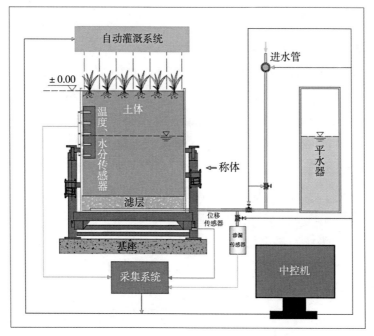

图 3.6　蒸渗仪测控系统示意图

（4）大田试验小区与大尺度农田小气候区

大田试验小区 30 块共 600 m²、农田小气候区 145 亩，主要用于小麦和玉米的受旱试验。小区面积 4 m × 5 m=20 m²（小区间隔离带宽 2 m）。大田小区的土壤含水率通过取土烘干法测得，当土壤含水率达到控制下限时，人工进行灌溉并通过水表计量每次的灌水量（图 3.7）。

图 3.7　试验小区—大田

（5）其他仪器设备

试验站配置有一批技术先进、性能稳定的仪器设备，如固定翼无人机、折叠翼无人机、标准地面气象观测场及自动气象站、Tensio 100 型田间便携式张力计、土壤水分测量仪（TRIME-PICO-IPH、Diviner2000、TRIME-PICO64 和 ML2x 型各一套）、SPAD 502 plus 叶绿素仪、CIRAS-4 型光合仪、LCi-T 型便携式光合仪、Psypro 水势测量系统、SunScan 植物冠层分析系统、Pika°XC2 高光谱仪、ASD Fieldspec 4 HR NG 便携式地物光谱仪、SP300 波文比能量平衡系统、EGM-5 土壤碳通量监测系统、CI-602 型作物根系原位测量系统、IQ150 型土壤原位 pH 计、高精度电子秤（量程 30 kg，精度 0.1 g），以及地下水、土壤水原位监测系统等；水保水生态试验方面配备有华测 P330 Pro 固定翼无人机、赛尔五镜头倾斜摄影相机、M300RTK、华测 Y4000 图像处理系统、固定式中长距离三维激光扫描仪 ScanStation P50、手持式三维激光扫描仪莱卡 BLK2Go、植被覆盖度动态测量系统、激光雨滴谱仪、藻类分析仪等设备。并建有室内综合化学分析实验室，室内实验设备包括用于测定土壤水分特征曲线的 DIK-3404 压力膜仪及 UGT ku-pF MP10 非饱和导水率测量系统，湿法测量土壤粒径组成的马尔文 MS3000 激光粒度仪，用于测定水、土、植物中不同形态的氮磷等营养元素的 Skalar san++ 连续流动分析仪、Smartchem200 全自动化学分析仪、紫外分光光度计、火焰光度计、振荡器、定氮仪、消化炉、粗纤维测定仪、脂肪测定仪等。试验区主要仪器设备如图 3.8 所示。可见，本试验站的现有硬件条件完全能够满足项目各项试验研究需要（表 3.2）。

全自动化学分析仪　　冠层分析系统　　土壤压力膜仪

全自动气象站　　作物光合仪　　波文比能量平衡系统　农作物冠层光谱分布监测

图 3.8　试验区—主要仪器设备

表 3.2　试验站现有主要仪器设备清单

序号	设备名称	型号	生产厂家	技术指标
1	气象监测站	ET107	美国 CAMPBELL	监测降雨、蒸发、风速、日照时数、辐射、气温等指标
2	全自动土壤水分监测系统	ET100	东方智感	分层测量土壤含水率及土壤温度
3	高精度无人机免相控倾斜摄影测量系统	M300RTK	大疆	采集地面 3D 图像
4	便携式土壤碳通量测定系统	EGM-5	美国 PP Systems	CO_2 测量精度优于读数的 1%，输出响应<1 s
5	徕卡三维激光扫描仪系统	Scansation P50	德国徕卡	最大测程 1 000 m

序号	设备名称	型号	生产厂家	技术指标
6	固定翼无人机	华测 P330 Pro	上海华测	最大飞行时间≥160 min，海拔 6 000 m
7	多功能无人船	华微 4 号	上海华测	探测范围 0.15～300 m，探测精度 ±1 cm+0.1% h
8	称重式测坑设备	QYZS-201	西安清远	监测作物的蒸腾量、渗漏量
9	连续流动分析仪	SAN++	荷兰 SKALAR	水质检测
10	作物根系原位动态监测	CI-602	美国 CID	原位监测作物根系生长情况
11	近红外谷物分析仪	INFRATEC	丹麦福斯	作物品质检测
12	高光谱成像仪	PikaXC2	美国 RESONON	采集作物冠层 400～1 000 nm 波段内反射率图像
13	全自动总磷总氮分析仪	SUPEC5000	杭州谱育	分析水的总磷、总氮
14	便携式光合－测量系统	CIRAS-4	美国 PP SYSTEMS	作物光合性能指标
15	多光谱无人机	M300 RTK+H20T+ RedEdge-MX	大疆	采集作物冠层多光谱及热红外图像
16	便携式地物光谱仪	Fieldspec 4 HR NG	美国 ASD	用于监测作物冠层的光谱反射率
17	非饱和导水率测量系统	ku-pF MP10	德国 UGT	用于快速测量土壤水分特征曲线

3.2　受旱胁迫下作物需耗水规律研究

农田蒸发蒸腾是发生在"土壤－植物－大气"系统这一相当复杂的体系

内的连续过程，其不仅是农作物生长发育至关重要的水分供应和能量来源，而且决定农田边界层的状况，是 SPAC 水分运移的关键环节，与作物生理活动和产量关系极为密切。农田蒸发蒸腾不仅是农田水分平衡的重要组成部分，而且是制订灌溉计划以及评价气候资源和水分供应状况的前提，在农业生产中有重要的作用（金菊良等，2019；袁宏伟等，2018；刘钰等，2000）。农田灌溉管理、作物产量估算、土壤水分动态预报和水资源评价及合理开发利用等均需农田作物蒸发蒸发蒸腾成果。因此，农田蒸发蒸腾的科学合理确定历来受到国内外学者的关注。

3.2.1　试验与方法

（1）试验设计

小麦及玉米受旱胁迫下蒸发蒸腾试验依托新马桥农水综合试验站内 6 台大型称重式蒸渗仪开展，规格为 2 m×2 m×2.3 m，每台蒸渗仪均布设有防雨棚完全隔绝降水，试验过程中土壤水分完全受人工灌水控制（图 3.9）。试验小麦品种为烟农 19，于 2016 年 10 月 20 日播种，次年 5 月 26 日收获，全生育期 219 d；试验玉米品种为隆平 206，于 2017 年 6 月 16 日播种，当年 10 月 8 日收获，全生育期 115 d。结合作物实际生长记录，将小麦全生育期划分为苗期、分蘖期、拔节孕穗期（拔节期）、抽穗开花期（抽穗期）和乳熟期 5 个生育阶段；将玉米全生育期划分为苗期、拔节期、抽雄吐丝期和灌浆成熟期 4 个生育阶段。试验控制因素为生育阶段的土壤含水率，设置不同的土壤含水率下限，根据试验站多年受旱胁迫灌溉试验确定不旱、轻旱和中旱 3 个水平土壤含水率下限，分别为 70%、55% 和 45%（土壤含水率占田间持水量的百分比），具体试验方案见表 3.3 和表 3.4。小麦施肥量为复合肥 40 kg/ 亩、尿素 15 kg/ 亩，种植密度为每个测坑种植 8 行，每行播种麦种 13 g；玉米施肥量为复合肥 50 kg/ 亩、尿素 20 kg/ 亩，种植密度为每个测坑 20 株，分 4 行播种。为确保与实际灌溉情况相符，当试验小区土壤含水率达到相应控制下限时定量灌水至田间持水率。此外，各处理除水分管理外，其他管理方式完全一致，保证作物正常生长发育，没有病虫害影响。

图 3.9　蒸渗仪与盆栽受旱试验

表 3.3　蒸渗仪测坑冬小麦受旱试验设计方案　　　　　　　单位：%

处理方案编号	各生育阶段土壤含水率下限					备注
	苗期	分蘖期	拔节期	抽穗期	乳熟期	
Z1	70	50	50	70	40	分蘖期、拔节期轻旱，乳熟期中旱
Z2	70	40	40	40	70	分蘖期、拔节期、抽穗期中旱
Z3	70	70	70	70	70	对照组，各生育阶段均不旱
Z4	70	50	40	50	50	分蘖期、抽穗期、乳熟期轻旱，拔节期中旱
Z5	70	50	50	70	50	分蘖期、拔节期、乳熟期轻旱
Z6	70	50	50	50	40	分蘖期、拔节期、抽穗期轻旱，乳熟期中旱

表 3.4　蒸渗仪测坑玉米受旱试验设计方案　　　　　　　单位：%

处理方案编号	各生育阶段土壤含水率下限				备注
	苗期	拔节期	抽雄吐丝期	灌浆成熟期	
Z1	55	45	45	60	苗期轻旱，拔节期、抽雄吐丝期中旱
Z4	65	65	70	60	对照组，全生育期不受旱
Z6	55	55	55	45	苗期、拔节期、抽雄吐丝期轻旱，灌浆成熟期中旱

大豆受旱胁迫试验为盆栽试验，2015—2016 年连续 2 年开展试验，品种为中黄 13 号，盆栽土壤来自试验站大田 0～20 cm 土层，晒干过筛去除杂草与石块，每盆装土 17 kg，每盆保苗 3 株。结合大豆生长发育特征将其全生育期划分为苗期、分枝期、花荚期和鼓粒成熟期，2015 年大豆于 7 月 4 日播种，当年 9 月 20 日收获，全生育期 79 d；2016 年大豆于 7 月 16 日播种，当年 9 月 26 日收获，全生育期 73 d。以生育期不同土壤水分为控制因素，在大豆苗期、分枝期、花荚期、鼓粒成熟期分别设置轻旱和重旱 2 种受旱胁迫水平以及全生育期不旱处理（CK），共 9 个水分处理。对应的土壤含水率下限分别为 75%、55%、35%，上限为 90%，每个处理重复 5 次。盆栽塑料桶上口直径 28 cm，下底直径 20 cm，桶高 27 cm，置于自动防雨棚中，生长发育全过程隔绝降水，土壤含水率完全由人工控制，具体试验方案见表 3.5。每个处理除不同水分处理外，其他管理方式完全一致，盆栽管理保证大豆正常生长发育，没有病虫害影响。

表 3.5　盆栽大豆受旱试验设计方案　　　　单位：%

处理方案编号	各生育阶段土壤含水率下限				备注
	苗期	分枝期	花荚期	鼓粒成熟期	
T1	55	75	75	75	苗期轻旱
T2	35	75	75	75	苗期重旱
T3	75	55	75	75	分枝期轻旱
T4	75	35	75	75	分枝期重旱
T5	75	75	55	75	花荚期轻旱
T6	75	75	35	75	花荚期重旱
T7	75	75	75	55	鼓粒成熟期轻旱
T8	75	75	75	35	鼓粒成熟期重旱
CK	75	75	75	75	全生育期不旱

（2）蒸渗仪试验数据采集

①气象资料。采用位于试验站距离地面 2 m 的自动气象站（英国 DELT-T

公司产 WS-STD1 型），测定 2 m 高处的平均风速（u_2，m/s）、平均气温（T，℃）、相对湿度（RH，%）、太阳总辐射（R_s，$MJ/m^2/d$）等气象数据，数据每 5 s 采集一次，每 1 h 记录在数据采集器中。

②土壤含水率。0～40 cm 土层土壤含水率由人工取土测定，40 cm、60 cm、80 cm 土层土壤含水率由蒸渗仪内埋设的土壤水分传感器测定，最终取 0～60 cm 土层土壤含水率的平均值。土壤含水率平均 5～7 d 测定一次，土壤水分消耗较大的生育阶段加测。

③蒸发蒸腾量。小麦、玉米实际蒸发蒸腾量由试验站内大型称重式蒸渗仪测定，型号为 QYZS-201，共 6 台，每台面积 2 m×2 m=4 m^2，深 2.3 m，质量约 15 t，测定精度为 0.02 mm，用采集系统自动收集和记录数据，时间间隔为 1 h，日蒸发蒸腾量由 24 h 数据累计得到。

④灌水量。灌水量通过管道首部的水表控制。不同处理下的灌水量 I（mm）根据下式计算

$$I = 1\,000\left(\theta_{FC} - \theta_i\right)Z_r \tag{3.1}$$

式中，θ_{FC} 为蒸发层土壤田间持水率，m^3/m^3；θ_i 为灌水前测定的土壤含水率，m^3/m^3；Z_r 为计划湿润层深度，m，取 0.6 m。

（3）盆栽试验数据采集

①土壤含水率。大豆各盆栽土壤含水率由每天称取盆栽质量计算得到，本试验中当天初始土壤含水率以前一天傍晚称取盆栽质量时的土壤含水率加上当天灌水量计算得到，当天傍晚称取盆栽质量时土壤含水率作为当天末尾含水率。

②灌水量。若当天计算得到的末尾土壤含水率小于表 3.5 中不同处理不同生育期对应的土壤含水率下限时，则第二天早上 7 点浇水，使用量杯精确量测，使土壤含水率达到田间持水率的 90%。

③作物耗水量。本试验通过测定土壤含水率来计算作物耗水量，计算公式为（申孝军等，2007）

$$ET_{c,i} = 10\gamma H\left(W_{i,初} - W_{i,末}\right) + I_i + P + K - C \tag{3.2}$$

式中，$ET_{c,i}$ 为第 i 天大豆实际耗水量（mm）；$W_{i,初}$ 为盆栽第 i 天的初始土壤含水率；$W_{i,末}$ 为盆栽第 i 天的末尾土壤含水率；γ 为土壤体积质量，g/cm³；H 为土壤厚度，cm；I_i 为大豆盆栽第 i 天灌水量，mm；P 为时段内的降水量，mm；K 为时段内的地下水补给量，mm；C 为时段内的排水量，mm；本试验中 P、K、C 均为 0。

④水分利用效率。本试验单个盆栽大豆籽粒产量与该盆栽全生育期总耗水量的比值。

3.2.2　结果与分析

（1）冬小麦需耗水规律分析

依据不同受旱处理下蒸渗仪实测的冬小麦蒸发蒸腾数据，分析各生育阶段不同受旱胁迫下蒸发蒸腾量变化，如图 3.10 和图 3.11 所示。由图可知，冬小麦各生育阶段蒸发蒸腾量在不同受旱胁迫下变化趋势相同，分蘖期蒸发蒸腾量较小，拔节期呈上升趋势，抽穗期处于较高水平，乳熟期明显下降，由于不同处理当期或前期受旱胁迫不同使得各阶段蒸发蒸腾量出现差异。

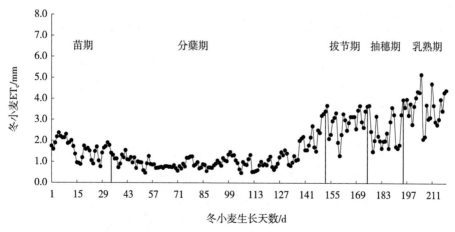

图 3.10　无受旱胁迫下冬小麦各生育阶段实测蒸发蒸腾量

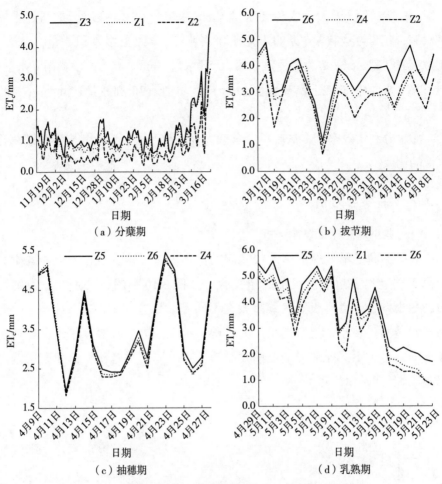

图 3.11　不同水分处理下冬小麦各生育阶段实测蒸发蒸腾量

图 3.11（a）中，分蘖期 Z3、Z1 和 Z2 分别为不旱、轻旱、中旱，苗期均不旱，3 种处理下冬小麦分蘖期蒸发蒸腾量变化趋势基本相同，但 Z1、Z2 的蒸发蒸腾量明显小于 Z3，且 Z2 的减小幅度大于 Z1，结合 Z3、Z1 和 Z2 的实测蒸发蒸腾数据可知，整个分蘖期 Z2 的蒸发蒸腾量比 Z3 减少 52.10%，而 Z1 只减少 9.84%；同样地，图 3.11（b）中，拔节期 Z6、Z4 分别为轻旱和中旱，前期处理相同，整个拔节期 Z4 的蒸发蒸腾量比不旱处理 Z3 减少 16.44%，比 Z6 减少 13.97%，相同规律可通过图 3.11（c）中 Z5 与 Z6 和图 3.11（d）中 Z5 与 Z1 对比分析得知。在前期受旱胁迫相同的情况下，受旱处理下的冬小麦蒸

发蒸腾量相对不旱会明显减少，且中旱处理的减少程度更显著，说明水分亏缺会减少冬小麦蒸发蒸腾量，缺水越多减少越严重。在受旱胁迫条件下，冬小麦水分状况改变，导致所有其他环境因素及其生态作用发生变化，必然引起"土壤－植物－大气"水分传输系统内的水力梯度调整及冬小麦其他生理功能变化，如叶气孔开度减小和关闭，叶面积生长受阻等，冬小麦蒸发蒸腾量减少。

图 3.11（c）中，苗期、抽穗期不旱，分蘗期、拔节期轻旱的处理 Z5，整个抽穗期的蒸发蒸腾量为 70.00 mm，仅比 4 个阶段均不旱的 Z3 减少 3.25%；但图 3.11（d）中，苗期不旱，分蘗期、拔节期、抽穗期中旱，乳熟期不旱的处理 Z2，整个乳熟期的蒸发蒸腾量为 97.19 mm，比 5 个阶段均不旱的 Z3 减少 9.02%，明显高于图 3.11（c）中 Z5 的减少程度，说明在前期受旱不严重的情况下，后期充分的灌水保障可使冬小麦蒸发蒸腾恢复正常状态，这可能是冬小麦自身对轻微水分亏缺适应能力的体现，但在前期受旱较为严重的情况下，其正常生理功能的恢复效果较差。综上，前期轻微的水分亏缺可能并没有严重破坏或改变其生理机能，并且还会刺激其适应性机能，受旱胁迫结束，恢复充分灌溉后，其适应性机能发挥作用使得各项生理功能恢复正常，蒸发蒸腾量恢复甚至超越正常水平，但较为严重的水分亏缺会明显减弱其适应性机能的发挥。因此，合理的水分亏缺范围是保证冬小麦适应能力得到充分发挥的重要因素。

图 3.11（c）中，抽穗期 Z6 和 Z4 均为轻旱，但拔节期处理不同，分别为轻旱和中旱，从图中可以看出，Z4 抽穗期蒸发蒸腾量明显小于 Z6，整个抽穗期 Z4 的蒸发蒸腾量比 Z6 减少 10.53%；同样，图 3.11（d）中，乳熟期 Z1、Z6 均为中旱，但抽穗期处理不同，分别为不旱和轻旱，整个乳熟期 Z6 的蒸发蒸腾量比 Z1 减少 23.17%。当期受旱胁迫相同的情况下，前期受过旱的冬小麦蒸发蒸腾量会明显比未受过旱的小，且前期受旱越严重蒸发蒸腾量减少越显著，说明水分亏缺不仅会使冬小麦当期的蒸发蒸腾量减少，而且会产生累积效应，将这种胁迫影响传递到之后的生育阶段，前期缺水越多对后期受旱的冬小麦蒸发蒸腾量影响越大，即土壤水分若得不到及时补充，则会进一步加剧受旱胁迫作用对冬小麦生理机能的破坏或改变。冬小麦生育阶段连续受旱，对生理机能的不利影响更大。

分别计算冬小麦分蘗期、拔节期、抽穗期、乳熟期 4 个生育阶段轻旱和中旱处理实测蒸发蒸腾量均值相对不旱的减少百分比，如图 3.12 所示。从

图 3.12 中可以看出，在冬小麦受旱胁迫的 4 个生育阶段中，中旱处理蒸发蒸腾量减少的百分比均高于轻旱，中旱和轻旱减少百分比的均值分别为 34.18%和 15.37%，这与前述水分亏缺会减小冬小麦蒸发蒸腾量，缺水越多减小越严重的结论是一致的。同时，不同生育阶段在相同受旱胁迫处理下蒸发蒸腾量减少的百分比却不相同，轻旱处理下减少百分比变化较小，均值为 15.37%，中旱处理变化较大，分蘖期减少百分比最大，达 52.10%，拔节期最小，仅为 23.87%，说明各生育阶段的蒸发蒸腾量对轻微受旱胁迫均不太敏感，对较为严重受旱胁迫的敏感性差异明显，其中分蘖期最强。分蘖期受旱严重时，会过分抑制冬小麦分蘖，在群体上限制了分蘖数和叶面积指数，且分蘖期在各生育阶段中时间最长，达 118 d，受旱时间长，因此，蒸发蒸腾量减少更为明显。

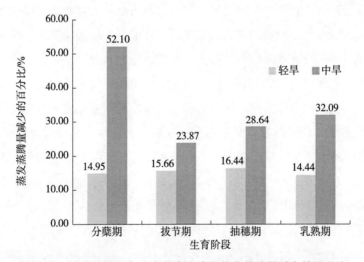

图 3.12　受旱胁迫下冬小麦各生育阶段蒸发蒸腾量减少的百分比

（2）玉米需耗水规律分析

依据不同受旱处理下蒸渗仪实测的玉米蒸发蒸腾数据，分析各生育阶段不同受旱胁迫下蒸发蒸腾量变化，如图 3.13 和图 3.14 所示。由图可知，玉米各生育阶段蒸发蒸腾量在不同受旱胁迫下变化趋势基本相同，苗期蒸发蒸腾量较小，拔节期呈上升趋势，抽雄吐丝期处于较高水平，灌浆成熟期开始下降。由于不同处理当期或前期受旱胁迫不同，使得各阶段蒸发蒸腾量出现差异（袁宏伟等，2018）。

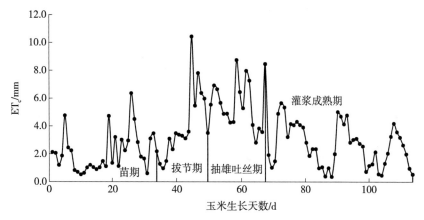

图 3.13　无受旱胁迫下玉米各生育阶段实测蒸发蒸腾量

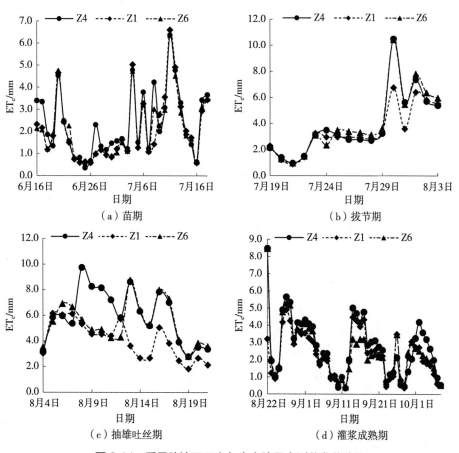

图 3.14　受旱胁迫下玉米各生育阶段实测蒸发蒸腾量

图 3.14（a）中，分蘖期 Z4、Z6 和 Z1 分别为不旱、轻旱、中旱，3 种处理下玉米苗期蒸发蒸腾量变化趋势基本相同，但 Z4 的蒸发蒸腾量略高于 Z4 和 Z6，Z4、Z6 和 Z1 的日均蒸发蒸腾量分别为 2.361、2.130 和 2.128，相同处理间基本无差别，轻旱比对照减少了 9.83%；同样，图 3.14（b）中，拔节期 Z6、Z1 分别为轻旱和中旱，拔节期前期各处理间基本无差别，拔节期中后期中旱处理与对照间差别出现扩大且较为明显，拔节期全期轻旱和对照间差别不明显，Z1 的蒸发蒸腾量比不旱处理 Z4 减少 14.35%，比 Z6 减少 3.87%。以上分析表明，苗期轻旱对玉米生长当期和后期生长均不造成明显影响，苗期和拔节期连续轻旱对玉米生长的影响亦不明显，受旱处理下的玉米蒸发蒸腾量相对不旱会有所减少，且中旱处理的减少程度比较显著，说明水分亏缺会减小玉米蒸发蒸腾量，缺水越多蒸发蒸腾量减少越严重。

图 3.14（c）中，苗期、拔节期和抽雄吐丝期轻旱的处理 Z6，整个抽雄吐丝期的蒸发蒸腾量比对照组 Z4 减少 10.63%，苗期轻旱，拔节期和抽雄吐丝期中旱的处理 Z1，其抽雄吐丝期的蒸发蒸腾量则比对照减少 32.65%。图 3.14（d）中，苗期、拔节期和抽雄吐丝期轻旱，灌浆成熟期中旱的处理 Z6，其整个灌浆成熟期的蒸发蒸腾量比对照减少 11.90%；苗期轻旱，拔节期和抽雄吐丝期中旱的处理 Z4，其整个灌浆成熟期的蒸发蒸腾量比对照减少 14.16%。以上分析表明，拔节期和抽雄吐丝期连续受旱较重时会严重减少玉米的蒸发蒸腾量，且其对玉米生长的抑制作用不只影响其处理当期，后期恢复正常灌溉后抑制作用依然存在，说明拔节期和抽雄吐丝期连续中度受旱已对玉米生长造成永久胁迫。

（3）大豆需耗水规律分析

2015 年和 2016 年夏大豆不同生育期受旱胁迫下的耗水量如图 3.15（a）所示。由图 3.15（a）可知，大豆各生育期不同受旱胁迫程度下耗水量相差较大，CK 该生育期总耗水量最大，其次是轻旱处理，重旱处理耗水量最小。以 2015 年为例，与 CK 相比，大豆苗期、分枝期、花荚期和鼓粒成熟期轻旱处理耗水量分别减少 35.60%、34.89%、35.39%、38.35%；重旱处理耗水量分别减少 62.01%、69.19%、57.83%、83.50%。由此可见，各生育期受旱胁迫会造成该生育期总耗水量减少，且受旱程度越重减少比例越大，这与时学双等

（2015）、石小虎等（2015）等对非充分灌溉条件下春青稞和番茄的耗水规律研究结果一致。两年相同生育期的大豆耗水量存在差异，如 2016 年 CK 花荚期耗水量比 2015 年增加 23.82%，这与两年大豆播种日期、生育期长短不同和气候差异有很大关系。

大豆不同生育期受旱胁迫下日耗水强度如图 3.15（b）所示。由图 3.15（b）可知，各生育期不同受旱胁迫下日耗水强度存在较大差异，CK 日耗水强度最大，其次是轻旱，重旱最小，这与各生育期不同受旱胁迫下耗水量情况相吻合。不同生育期同一受旱胁迫下日耗水强度也存在差异：CK 和轻旱处理不同生育期日耗水强度均值表现为花荚期＞鼓粒成熟期＞分枝期＞苗期，这与严菊芳等（2010）的研究结论相一致。以 CK 为例，2015 年盆栽大豆 4 个生育期日均耗水强度分别为苗期 7.10 mm/d、分枝期 13.72 mm/d、花荚期 16.11 mm/d、鼓粒成熟期 14.94 mm/d。2016 年盆栽大豆 4 个生育期日均耗水量分别为苗期 9.06 mm/d、分枝期 12.33 mm/d、花荚期 17.12 mm/d、鼓粒成熟期 13.83 mm/d。大豆各生育期日耗水强度符合其实际生长发育过程，大豆苗期是长根期，这一时期耗水量小且以土壤蒸发为主；分枝期大豆处于营养生长关键期，大豆主茎下部开始出现分枝，耗水量进一步增加；花荚期是大豆生长发育最旺盛的阶段，大豆处于营养生长和生殖生长并进时期，此时作物蒸腾强度大，需要大量的水分通过植物蒸腾作用进行运输、传递；大豆在鼓粒成熟期处于生殖生长时期，叶片开始衰老变黄凋落，作物蒸腾强度逐渐减小，对水分的需求也逐渐减少。

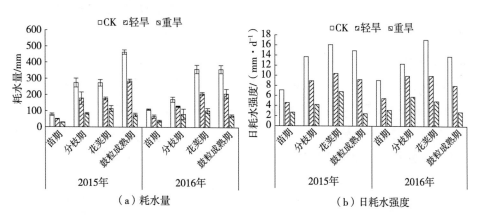

图 3.15 2015 年和 2016 年大豆不同生育期受旱胁迫下的耗水量及日耗水强度

各生育期重旱处理鼓粒成熟期日耗水强度最小，这与 CK 和轻旱处理存在差异。据试验观察记录来看，鼓粒成熟期重旱处理植株叶片相较 CK 和轻旱处理提前变黄脱落，豆荚提前鼓粒变干，因此鼓粒成熟期降低土壤水分会促使大豆提前成熟，也会造成大豆耗水强度进一步减少。

3.3 淮北平原 Angstrom 公式参数校正及太阳总辐射时空特征

太阳总辐射（R_s）是地表最基本、最重要的能源，它的时空分布直接影响并改变着气温、湿度、降水和地表蒸散发等气候要素。合理确定太阳总辐射，是分析地表能量平衡关系、评价参考作物蒸发蒸腾量（ET_0）及地区太阳辐射时空分布特征的重要前提之一（卢燕宇等，2016；王雅婕等，2009；曹雯等，2008；曾燕等，2007）。

Angstrom 公式是计算 R_s 的主要方法之一（胡庆芳等，2010；杨贵羽等，2009；鞠晓慧等，2005），公式中两个经验参数（a 和 b）的数值直接关系着太阳总辐射（R_s）的计算值是否准确。已有研究中对于参数 a 和 b 的取值主要通过两个途径，一是采用 FAO 建议值 a 和 b 分别取 0.25 和 0.5（胡庆芳等，2010），且该方法被大量应用于作物需水分析、气候变化评估等相关研究（崔日鲜，2014；马金玉等，2012；买苗等，2012）；二是通过实测数据率定得到，主要采用最小二乘法。

本章以安徽省（水利部淮河水利委员会）水利科学研究院新马桥试验站内自动气象站 2011—2016 年太阳总辐射 R_s 实测数据为基础，采用最小二乘法和遗传算法（genetic algorithm，GA）对 Angstrom 公式中的经验参数 a 和 b 进行率定（周晋等，2006；金菊良等，2001），分析两组率定值及 FAO 建议值条件下 ET_0 和 R_s 计算值的准确性，提出最优的经验参数 a 和 b 取值，然后基于优选的经验参数，通过 Angstrom 公式对淮北平原 5 个站点 60 年（1955—2014 年）的太阳辐射进行计算，分析淮北平原太阳辐射的空间分布特征。

3.3.1　材料与方法

（1）典型气象站点选择

新马桥试验站位于淮北平原南端（东经 117°22′、北纬 33°09′），海拔 19.7 m，设有英国 DELTA-T 公司产 WS-STD1 标准型自动气象站，可监测太阳总辐射，其准确度和精度相对较高，精度可达 0.000 001 W/m^2。为分析淮北平原太阳总辐射的空间分布情况，选取砀山、亳州、宿县[①]、蚌埠及阜阳 5 个典型气象站点，这些站点由北到南基本可覆盖安徽省淮北平原，各站点具有 1955—2014 年 60 年的逐日气象观测数据，各站点的经纬度及海拔如表 3.6 所示。

表 3.6　典型气象站点经纬度及海拔

站点	纬度	经度	海拔 /m
砀山	34°26′	116°20′	44.2
亳州	33°52′	115°46′	37.7
宿县	33°38′	116°59′	25.9
蚌埠	32°55′	117°23′	21.9
阜阳	32°52′	115°44′	32.7

（2）Angstrom 公式及 ET$_0$ 计算方法

Angstrom 公式最早是由埃斯川姆于 1922 年提出的，后由左大康等（1962）将此公式引入我国。

$$R_s = (a + bS) R_a \tag{3.3}$$

式中，S 为日照百分率，即实际和理论日照时数之比；R_a 为大气边缘太阳辐射，MJ/（m^2·d），大气边缘太阳辐射是指到达大气上界的太阳辐射，其分布和变化不受大气影响，主要受日地距离、太阳高度角和白昼长度的影响，本书采用日天文辐射总量代表；a、b 为经验参数，反映外空辐射通过大气层过程中的衰减特征。

---

① 宿县，现为安徽省宿州市。

ET$_0$ 采用彭曼－蒙特斯（Penman-Montieth）公式计算：

$$\text{ET}_0 = \frac{0.408\Delta(R_n - G) + \gamma\dfrac{900}{T+273}u_2(e_s - e_a)}{\Delta + \gamma(1 + 0.34u_2)} \qquad (3.4)$$

式中，ET$_0$ 为参考作物蒸发蒸腾量，mm/d；R_n 为作物表面的净辐射量，MJ/（m$^2\cdot$d）；G 为土壤热通量，MJ/（m$^2\cdot$d）；T 为平均气温，℃；u_2 为 2 m 高处的平均风速，m/s；e_s 为饱和水气压，kPa；e_a 为实际水气压，kPa；Δ 为饱和水压与温度曲线的斜率，kPa/℃；γ 为干湿表常数。

作物表面的净辐射量 R_n 的计算公式为

$$R_n = (1 - \alpha)R_s - R_{nl} \qquad (3.5)$$

式中，α 为参照作物反射率，取 0.23；R_{nl} 为净长波辐射，MJ/（m$^2\cdot$d）。式（3.4）～式（3.5）中其他变量的计算公式可参见《灌溉试验规范》（SL 13—2015）。

（3）参数率定方法

参数率定方法选用最小二乘法与遗传算法。最小二乘法为比较通用的系数率定方法，根据大气边缘太阳辐射 R_a 和实测 R_s、S，通过最小二乘回归拟合式（3.3），即得到 a、b 的率定值。遗传算法由于具有只需优化问题是可计算的，便可在搜索空间中进行自适应全局搜索，且优化过程简单、结果丰富，特别适用于处理复杂函数优化、组合优化等问题，具有适应性强、精度高等特点，因此本书另外选择遗传算法，并对其率定参数的可行性进行分析比较。以经验系数 a、b 为优化变量，以新马桥试验站实测 R_s/R_a 和日照百分率 S 为目标函数，采用遗传算法进行优化求解，最终得到基本适用于淮北平原的 a、b 值，具体过程如下：

$$\min f(a,b) = \sum_{i=1}^{n}\left|X_i(a,b) - Y_i\right| \qquad (3.6)$$

$$\text{s.t.}\begin{cases}0 \leqslant a \leqslant 1 \\ 0 \leqslant b \leqslant 1\end{cases} \qquad (3.7)$$

式中，X_i 为第 i 日日照百分率 S；Y_i 为第 i 日实测太阳总辐射与大气边缘太阳辐射比值（R_s/R_a）；n 为日太阳总辐射数量。

3.3.2 结果与分析

（1）参数率定及优选

基于新马桥试验站内自动气象站 2011—2016 年的实测逐日太阳总辐射和日照百分数，分别利用最小二乘法和遗传算法率定得到 Angstrom 公式中的经验参数 a、b。为更好地评价上述两组率定参数及 FAO 推荐参数的适宜性，完成参数优选，采用平均误差、平均绝对误差、均方根误差以及相关系数 4 个统计指标进行评价。率定、推荐的 3 组不同经验系数的 R_s 计算值与实测值的对比分析见表 3.7。

表 3.7 不同经验系数 a 和 b 下的 R_s 计算值与实测值的对比分析

系数来源	经验系数	平均误差 σ	平均绝对误差 MAE	均方根误差 RMSE	R_s 计算值/实测值	相关系数 R
FAO 建议值	a=0.250 b=0.500	2.52	5.13	6.68	1.233 8	0.865 8
最小二乘法率定值	a=0.261 b=0.305	0.71	3.52	4.40	1.066 1	0.869 4
遗传算法率定值	a=0.253 b=0.320	0.66	2.29	4.49	1.061 2	0.870 6

由表 3.7 可以看出，采用 FAO 推荐的经验系数 a、b 得到的 R_s 计算值的平均误差、平均绝对误差、均方根误差均显著大于基于最小二乘法和遗传算法率定 a、b 分别参数计算得到的 R_s。当经验系数 a、b 取 0.253、0.320 时，太阳日总辐射计算值和实测值的相关系数最大且平均误差和平均绝对误差均最小，表明采用遗传算法拟合的经验系数 a=0.253、b=0.320 可以比较有效地估算淮北平原的太阳辐射，且优于最小二乘法的率定结果。表 3.7 中数据表明利用 FAO 建议值计算淮北平原的太阳辐射，要明显高于真实值，平均可高出实测值的 23.38%。

Penman-Montieth 公式计算 ET_0 时也会受到经验系数 a、b 的影响，利用新马桥试验站 2011—2016 年的逐日气象数据，分别采用 FAO 建议值的经验系数 a=0.250、b=0.500 以及优选的经验系数 a=0.253、b=0.320 计算 ET_0。选取 FAO 建议值时，2011—2016 年内日均 ET_0 为 2.48 mm，选取优选参数时，日均 ET_0 为 2.07 mm。可以看出，FAO 建议值计算的 ET_0 明显高于优选参数计算的 ET_0，前者可比后者增加 19.8%。可见，FAO 建议的经验参数 a、b 值计算淮北平原太阳总辐射 R_s 和参考作物蒸发蒸腾量 ET_0，计算值较实测值偏大，会过大估计参考作物蒸发蒸腾量，不利于节水，而利用遗传算法率定得到的经验系数 a、b 值更适用于淮北地区。

（2）淮北平原太阳总辐射（R_s）时空分布特征

基于遗传算法优选的经验参数 a、b 值，采用各站点 60 年（1955—2014 年）的逐日气象观测数据计算得到太阳总辐射 R_s，从年、季度和月份 3 个时间尺度分析淮北平原 R_s 的时空分布特征。

①年尺度

图 3.16 给出了 1955—2014 年淮北平原 R_s 日均值的年际变化趋势，可以看出，总体上，5 个站点 1955—2014 年的 R_s 变化趋势均呈现显著的下降趋势，但下降幅度有所不同，阜阳和蚌埠两个站点的 R_s 降幅明显高于砀山、宿县和亳州站点，阜阳站年日均 R_s 平均每年下降幅度为 0.03 MJ/m^2，而砀山站日均 R_s 值的年降幅仅为 0.01 MJ/m^2，这也说明淮北平原南部近 60 年来 R_s 的年际下降幅度明显高于北部地区。造成以上规律的原因应主要来源于日照百分率的变化，由表 3.8 可以看出，淮北平原南部的日照百分率明显低于平原北部。

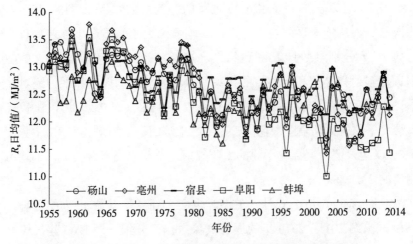

图 3.16　1955—2014 年淮北平原 R_s 日均值的年际变化趋势

表3.8　1955—2014年典型气象站点日照百分率　　单位：%

站点	春季	夏季	秋季	冬季	全年
砀山	53.13	50.83	54.02	50.32	52.07
亳州	52.18	51.59	52.92	49.21	51.47
宿县	51.66	51.06	54.73	51.40	52.21
蚌埠	45.97	48.06	48.31	44.30	46.66
阜阳	46.76	47.76	49.83	45.71	47.51

采用累积距平曲线（1955—2014年R_s年日均值与60年内R_s年日均值的差值的累积值构成的曲线）对淮北平原不同站点R_s进行周期分析（图3.17），可以看出，1980年为主要转折年，1955—1980年淮北平原年日均R_s年际下降趋势不明显，1980—2014年年日均R_s具有明显的年际下降趋势，R_s基本均低于近60年的平均水平。

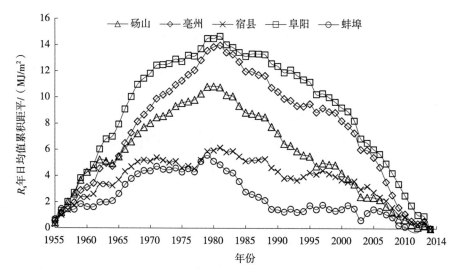

图3.17　1955—2014年淮北平原R_s年日均值累积距平

②季尺度

表3.9给出了各站点1955—2014年全年太阳总辐射和季太阳总辐射的均值，可以看出，淮北平原全年太阳总辐射总体趋势表现为北高南低；局部表现为平原北部从北到南呈现逐渐升高的趋势，平原南部则为从北到南逐渐降

低，全年太阳总辐射最高值出现在平原中部地区（宿县）为 4 652.73 MJ/m^2。分析主要原因在于总体趋势主要受纬度因素影响，局部的表现则主要受海拔因素影响。

表 3.9　淮北平原各站点 1955—2014 年平均 R_s 值　　　单位：MJ/m^2

站点	春季	夏季	秋季	冬季	全年
砀山	1 375.24	1 520.28	985.51	734.47	4 615.50
亳州	1 370.74	1 529.11	988.42	740.78	4 629.05
宿县	1 367.09	1 522.76	1 005.46	757.43	4 652.73
蚌埠	1 323.21	1 486.02	982.26	741.24	4 532.73
阜阳	1 316.71	1 489.91	972.08	734.07	4 512.77

此外，4 个季节中 R_s 的大小依次为夏季＞春季＞秋季＞冬季。各站点春季的 R_s 为 1 316.71～1 375.24 MJ/m^2，约占全年太阳总辐射的 29.43%，且呈由北向南递减的趋势，表明春季 R_s 主要受纬度因素影响。夏季 R_s 全年最高，R_s 值为 1 486.02～1 529.11 MJ/m^2，占全年总辐射的 32.90%，总体趋势为平原北部高于南部，但局部规律不明显，表明夏季 R_s 主要受纬度因素影响，但海拔和其他未知因素对其也有明显影响。秋季各地的 R_s 值为 972.08～1 005.46 MJ/m^2，占全年 R_s 的 21.50%。总体趋势表现为平原北部高于南部，局部表现为平原北部从北到南呈升高的趋势，平原南部则为从北到南逐渐降低，表明秋季 R_s 总体趋势主要受纬度因素影响，局部变化由海拔因素主导。冬季各地 R_s 值为 734.07～757.43 MJ/m^2，明显低于其他三季，为四季中最少的季节，仅占全年总辐射的 16.16%，趋势变化与秋季一致。

综合以上结果分析，提高 Angstrom 公式计算精度，除用实测 R_s 数据率定系数 a、b 外，将海拔作为一项参数加入公式也可有效提高其计算精度。

③月尺度

图 3.18 给出了不同月份各站点日均太阳总辐射量的变化趋势，可以看到 5 个气象站点的 R_s 随月份的变化呈现明显的单峰峰型分布，最大峰值出现在 6 月，12 月为全年最低。虽然 7—8 月的 R_a 大于 6 月，但由于 7 月已进入汛期，阴雨天气增多，导致日照时间减少，太阳总辐射受到削弱，因此其日均

R_s 低于 6 月；冬季阴雨天气较少，而 12 月的 R_a 为全年最低值，因此其 R_s 也为全年最低值。

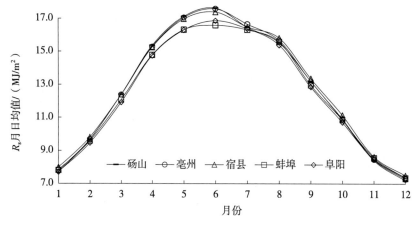

图 3.18　淮北平原不同月份日均 R_s 的变化趋势

3.4　基于单作物系数和遗传算法的受旱胁迫下大豆蒸发蒸腾量估算

安徽淮北平原区是夏大豆的主要种植区，种植面积约占全省大豆面积的90%，但其产量一直偏低（孙洪亮等，2009），主要是由于该地区为暖温带和亚热带气候过渡区、旱涝灾害频繁（祁宦等，2009）。针对水资源日益短缺和灌溉效率普遍较低的问题，研究受旱胁迫下大豆蒸发蒸腾规律，准确估算大豆蒸发蒸腾量，对农业水资源高效利用具有重要意义。有关作物蒸发蒸腾量的计算方法主要有空气动力学法（王笑影等，2003；Girona et al.，2002）、波文比-能量平衡法（Richard et al.，2000；孙景生等，1994）、遥感法（Manuel et al.，2000；裴浩等，1999）等，而采用 FAO-56 推荐的作物系数法具有更广泛的适用性（陈凤等，2006；慕彩芸等，2005；樊引琴等，2002）。

单作物系数法具有简便实用的特点，广泛适用于区域灌溉系统规划设计和制定基础灌溉制度。值得注意的是，虽然作物系数法会根据当地环境气候条件调整 FAO-56 的推荐值，但蒸发蒸腾量估算值与实测值仍有一定偏差

（彭世彰等，2007；宿梅双等，2005），而遗传算法只要优化问题可计算，它便能在搜索空间中进行自适应的全局搜索，其优化过程既简单又高效，能够产生丰富的结果集。特别是在处理复杂函数优化和组合优化等难题时，遗传算法展现出强大的适应性和高精度（金菊良等，2001）。

20世纪80年代以来，国外对充分灌溉和非充分灌溉做了大量研究。Santos T P 等（2007）对葡萄进行了水分亏缺处理，结果表明水分亏缺处理有利于葡萄的光合作用。Karam F 等（2007）研究了非充分灌溉条件下向日葵的生长发育响应机制，指出非充分灌溉既可获得较高的产量，也可减少作物的蒸发蒸腾量。Bekele S 等（2007）开展了调亏灌溉试验，分别对洋葱4个生育阶段进行不同程度的受旱胁迫，结果表明，非充分灌溉处理可提高水分利用效率。目前，国内已在非充分灌溉理论研究方面取得了一定进展，受旱胁迫下蒸发蒸腾量的估算已成为研究热点（杨静敬等，2009；Kashyap et al.，2001）。李远华等（1995）对水分亏缺下的水稻生理需水规律进行分析，得到了不同条件下水稻蒸发蒸腾量的主要影响因素；申孝军等（2007）研究了不同生育期水分亏缺对冬小麦蒸发蒸腾量的影响；石小虎等（2015）基于SIMDualKc模型对非充分灌水条件下温室番茄蒸发蒸腾量进行了估算研究。然而，目前对淮北平原作物系数和蒸发蒸腾量研究较少。为此，设置全生育期不旱、不同生育期连续受旱及组合受旱共15种处理的大豆盆栽试验方案，利用大豆盆栽试验蒸发蒸腾量实测数据，基于遗传算法对大豆作物系数和土壤水分胁迫系数进行率定，选用实用性强的单作物系数法对受旱胁迫下大豆蒸发蒸腾量进行估算，旨在为当地制定科学合理的灌溉制度提供理论依据。

3.4.1　试验与方法

（1）试验区概况

试验于2015年6—9月在安徽省水利科学研究院新马桥农水综合试验站进行。

（2）试验设计

盆栽试验作物为大豆（中黄13号），于2015年6月11日播种，7月3日出苗整齐并每桶定苗长势均匀的3株植株，于9月20日收获。结合大豆生长发育特征将其全生育期划分为苗期（2015 年 6 月 11 日—7 月 14 日）、分枝期（2015 年 7 月 15 日—8 月 3 日）、花荚期（2015 年 8 月 4—20 日）和鼓粒成熟期（2015 年 8 月 21 日—9 月 20 日）。以不同生育期不同水分处理为控制因素，共设置 15 个处理（含对照组），每个生育期设置有 3 种水分亏缺水平，即不旱、轻旱和重旱，对应的土壤含水率下限分别为 75%、55%、35%，轻旱、重旱水平设 5 盆重复，对照组 20 盆重复。试验盆栽共 200 盆，上口直径 28 cm，下底直径 20 cm，置于自动防雨棚中，生长发育全过程隔绝降水，土壤含水率完全由人工控制。具体试验设计方案见表 3.10。

表 3.10　试验设计方案　　　　　　　　　　单位：%

处理方案编号	各生育阶段土壤含水率下限				备注
	苗期	分枝期	花荚期	鼓粒成熟期	
A1	55	75	75	75	苗期轻旱
A2	55	55	55	55	全生育期轻旱
A3	35	75	75	75	苗期重旱
A4	35	35	35	35	全生育期重旱
A5	75	55	75	75	分枝期轻旱
A6	75	55	55	55	分枝期、花荚期、鼓粒成熟期轻旱
A7	75	35	75	75	分枝期重旱
A8	75	35	35	35	分枝期、花荚期、鼓粒成熟期重旱
A9	75	75	55	75	花荚期轻旱
A10	75	75	55	55	花荚期、鼓粒成熟期轻旱
A11	75	75	35	75	花荚期重旱
A12	75	75	35	35	花荚期、鼓粒成熟期重旱
A13	75	75	75	55	鼓粒成熟期轻旱
A14	75	75	75	35	鼓粒成熟期重旱
A15	75	75	75	75	对照组，全生育期不旱

（3）基于单作物系数和遗传算法的蒸发蒸腾量估算方法

FAO 推荐的非受旱胁迫下作物蒸发蒸腾量计算公式为

$$\mathrm{ET_c} = K_c \mathrm{ET_0} \tag{3.8}$$

受旱胁迫下作物蒸发蒸腾量计算公式为

$$\mathrm{ET_c} = K_s K_c \mathrm{ET_0} \tag{3.9}$$

式中，$\mathrm{ET_c}$ 为作物蒸发蒸腾量，mm；$\mathrm{ET_0}$ 为参考作物蒸发蒸腾量，mm；K_s 为土壤水分胁迫系数；K_c 为基础作物系数。

①参考作物蒸发蒸腾量 $\mathrm{ET_0}$ 用彭曼－蒙特斯（Penman-Monteith）公式（式 3.4）计算。

②大豆基础作物系数 K_c 的确定

FAO 推荐应将大豆全生育期划分为初始生长期、快速发育期、发育中期和成熟期，初始生长期是从播种开始的早期生长阶段，土壤基本没有被作物覆盖（地面覆盖率小于 10%），快速发育期是初始生长期结束至土壤基本被覆盖（地面覆盖率 70%～80%）的一段时间，发育中期是从有效全部覆盖时开始到开始成熟（叶片老化、变黄、衰老、脱落）为止，成熟期是从开始成熟持续到收获或完全衰老为止（樊引琴等，2002；Allen et al.，1998）。结合本试验大豆实际生长发育特征确定各生育时段长度见表 3.11。FAO-56 推荐的标准状况下（供水充足，生长正常，管理良好）大豆各生育阶段单作物系数分别为 $K_{c\,\mathrm{ini(Tab)}}=0.3$，$K_{c\,\mathrm{mid(Tab)}}=1.3$，$K_{c\,\mathrm{end(Tab)}}=0.5$，中间值由线性插值计算得出，作物系数变化过程线如图 3.19 所示。若 $\mathrm{RH_{min}}$ 不等于 45% 或 u_2 不等于 2.0 m/s，上述 $K_{c\,\mathrm{mid(Tab)}}$ 和 $K_{c\,\mathrm{end(Tab)}}$ 须根据当地气候条件和作物株高按下式进行调整：

表 3.11　大豆生育阶段划分及各阶段 $\mathrm{RH_{min}}$、u_2 和 h 的平均值

生育阶段	初始生长期	快速发育期	中期	后期
阶段天数 /d	25	27	30	20
最低相对湿度 $\mathrm{RH_{min}}$/%	71.7	75.6	70.6	68.9
2 m 高处平均风速 u_2/m/s	0.9	0.9	0.8	0.68
平均株高 h/m	0.16	0.36	0.48	0.53

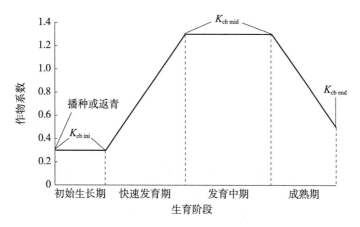

图 3.19　作物系数变化过程线

$$K_c = K_{c(Tab)} + \left[0.04(u_2 - 2) - 0.004(RH_{min} - 45) \right] \left(\frac{h}{3} \right)^{0.3} \qquad （3.10）$$

式中，RH_{min} 为计算生育时段内日最低相对湿度的平均值，%；u_2 为计算生育时段内 2 m 高处的平均风速，m/s；h 为计算生育时段内作物平均株高，m。

在作物的初始生长期，作物矮小覆盖地表程度低，以土面蒸发为主，因此计算 $K_{c\,ini}$ 应考虑土面蒸发的影响，计算公式如下：

$$K_{c\,ini} = \begin{cases} \dfrac{E_{s0}}{ET_0} = 1.15, & t_w \leqslant t_1 \\[4mm] \dfrac{TEW - (TEW - REW)\exp\left[\dfrac{-(t_w - t_1)E_{s0}(1 + \dfrac{REW}{TEW - REW})}{TEW} \right]}{t_w ET_0}, & t_w > t_1 \end{cases}$$

$$（3.11）$$

式中，TEW 为一次降水或灌溉后总蒸发水量，mm；REW 为大气蒸发力控制阶段蒸发的水量，mm；E_{s0} 为潜在土壤蒸发速率，mm；t_w 为一次降水或灌溉的平均间隔天数，d；t_1 为大气蒸发力控制阶段的天数（t_1=REW/E_{s0}），d。

③土壤水分胁迫系数 K_s 的确定

土壤水分胁迫通过降低作物系数来影响作物的蒸发蒸腾量 ET_c，作物系数的降低通过作物系数乘以土壤水分胁迫系数来实现，土壤水分胁迫系数计算公式如下（Allen et al.，1998）：

$$K_s = \begin{cases} 1 & D_{r,i} \leq RAW \\ \dfrac{TAW - D_{r,i}}{TAW - RAW} & D_{r,i} > RAW \end{cases} \quad (3.12)$$

式中，K_s 为土壤水分胁迫系数；$D_{r,i}$ 为土壤根系层消耗的水量，mm；RAW 为根系层中易吸收水量，mm；TAW 为根系层中总有效水量，mm。TAW 的计算公式如下：

$$TAW = 1\,000\left(\theta_{Fc} - \theta_{Wp}\right)Z_r \quad (3.13)$$

式中，θ_{Fc} 为田间持水量，m^3/m^3；θ_{Wp} 为凋萎含水率，m^3/m^3；Z_r 为根系层深度，m。

RAW 的计算公式如下：

$$RAW = pTAW \quad (3.14)$$

式中，p 为发生水分胁迫之前能从根系层中消耗的水量与土壤总有效水量的比值，取值范围为 [0，1]。

根据逐日水量平衡方程计算 $D_{r,i}$：

$$D_{r,i} = D_{r,i-1} - (P_i - RO_i) - I_i - CR_i + ET_{c,i} + DP_i \quad (3.15)$$

式中，$D_{r,i}$ 为土壤根系层消耗的水量，mm；P_i 为第 i 天的降水量，mm；RO_i 为第 i 天的地表径流量，mm；I_i 为第 i 天的灌水量，mm；CR_i 为第 i 天的地下水补给量，mm；DP_i 为第 i 天的深层渗漏量，mm。本次盆栽试验中 P_i、RO_i、CR_i 均为 0。

④基于遗传算法的作物系数 K_c 和土壤水分胁迫系数 K_s 率定

以大豆不同生育阶段的作物系数 $K_{c\,ini}$、$K_{c\,mid}$ 和 $K_{c\,end}$ 为优化变量，无受旱胁迫下（对照组）大豆全生育期内逐日蒸发蒸腾量实测值与估算值的绝对误差和最小为目标函数，运用遗传算法（GA）对其进行寻优求解，得到符合当地实际情况的大豆作物系数：

$$\min f(K_{c\,ini}, K_{c\,mid}, K_{c\,end}) = \sum_{i=1}^{n} \left| K_c ET_0 - ET_c \right| \tag{3.16}$$

$$\text{s.t.} \begin{cases} 0 < K_{c\,ini} < 2 \\ 0 < K_{c\,mid} < 2 \\ 0 < K_{c\,end} < 2 \end{cases} \tag{3.17}$$

式中，ET_c 为无受旱胁迫下（$K_s=1$）大豆全生育期内逐日蒸发蒸腾量实测值，mm；ET_0 为参考作物蒸发蒸腾量，mm；n 为全生育期长度，共 102 d。

以土壤水分胁迫的根系层中消耗的水量与土壤总有效水量的比值 p 为优化变量，以受旱胁迫下大豆全生育期内逐日蒸发蒸腾量实测值与估算值的绝对误差和最小为目标函数，运用遗传算法对其进行寻优求解，以得到符合实际情况的土壤水分胁迫系数：

$$\min f(p) = \sum_{i=1}^{n} \left| K_s K_c ET_0 - ET_c \right|，0 < p < 1 \tag{3.18}$$

式中，ET_c 为受旱胁迫下（$K_s < 1$）大豆全生育期内逐日蒸发蒸腾量实测值，mm。

⑤误差评价指标

为评价估算方法的精度，用平均绝对误差（Mean Absolute Error，MAE）、平均相对误差（Average Relative Error，ARE）、均方根误差（Root Mean Square Error，RMSE）（冯禹等，2016 王子申等，2016）对上述基于单作物系数法和遗传算法的大豆蒸发蒸腾量估算方法进行适用性评估：

$$MAE = \sum_{k=1}^{N} \left| X_k - Y_k \right| / N \tag{3.19}$$

$$ARE = \sum_{k=1}^{N} (\left| X_k - Y_k \right| / Y_k) \times 100\% / N \tag{3.20}$$

$$RMSE = \left[\sum_{k=1}^{N} (X_k - Y_k)^2 / N \right]^{0.5} \tag{3.21}$$

3.4.2 结果与分析

（1）无受旱胁迫下大豆蒸发蒸腾量估算结果

本章采用遗传算法对无受旱胁迫下的 K_c 进行率定，在此基础上运用单作物系数法估算大豆无受旱胁迫下蒸发蒸腾量，并以 FAO-56 推荐 K_c 值计算的蒸发蒸腾量作为对比，结果如图 3.20 所示。由图 3.20 可知，大豆全生育期蒸发蒸腾量基本呈现由小到大，再由大到小的变化过程，苗期和分枝期前半段蒸发蒸腾量较小，分枝期后半段开始显著增加，花荚期和鼓粒成熟期前半段大豆蒸发蒸腾量维持在一个较高水平，鼓粒成熟期后半段开始显著减少。上述大豆蒸发蒸腾量的变化符合大豆实际生长发育过程，与严菊芳等（2010）的研究结果一致。苗期、分枝期大豆植株矮小，叶面积小，大豆蒸发蒸腾量小且以土壤蒸发为主；花荚期处于大豆生长发育最旺盛的阶段，此时叶面积较大，作物蒸腾强度大，耗水量大；鼓粒成熟期大豆处于生殖生长时期，叶片开始萎蔫变黄凋落，作物蒸腾强度逐渐减小，对水分的需求也逐渐减小。

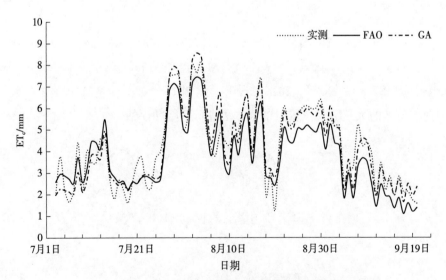

图 3.20　无受旱胁迫下大豆全生育期实测与估算蒸发蒸腾量

由图 3.20 可知，FAO 和 GA 两种方法估算的蒸发蒸腾量与实测结果变化趋势一致，由 GA 估算的蒸发蒸腾量更接近实测值，FAO-56 估算蒸发蒸腾量总体偏小。结合表 3.12 无受旱胁迫下单作物系数法估算的大豆蒸发蒸腾量，GA 估算的蒸发蒸腾量与实测值基本持平，苗期、分枝期、花荚期、鼓粒成熟期日平均蒸发蒸腾量分别为 3.21 mm/d、4.34 mm/d、4.76 mm/d、4.13 mm/d，以花荚期最大、苗期最小，这一结果与严菊芳等（2010）的研究一致，同时与实测值相比，各生育阶段平均绝对误差分别为 0.58 mm/d、0.51 mm/d、0.67 mm/d 和 0.36 mm/d。FAO-56 估算的各生育期蒸发蒸腾量与实测值相比，除苗期大 2.96 mm 外，其他生育期均偏小，鼓粒成熟期尤为明显，偏小 20%，全生育期累计蒸发蒸腾量估算值偏小 9%，各生育阶段平均绝对误差分别为 0.73 mm/d、0.60 mm/d、0.81 mm/d 和 0.85 mm/d，比 GA 各生育期平均绝对误差分别大 20.37%、15.42%、18.29% 和 58.05%。GA 方法估算蒸发蒸腾量全生育期 MAE、RMSE、ARE 分别为 0.50 mm/d、0.66 mm/d、15.12%，比 FAO-56 分别小 34.21%、21.42%、29.67%。本章用直线 $y=x$ 分别对两种方法蒸发蒸腾量的估算值和实测值进行拟合，并计算蒸发蒸腾量估算值和实测值之间的决定性系数，由图 3.21 两种方法与实测值之比较可知，FAO-56 和 GA 估算蒸发蒸腾量与实测值的决定系数 R^2 分别为 0.823 8 和 0.876 8，以 FAO-56 推荐作物系数估算蒸发蒸腾量与实测值存在一定误差，且比 GA 方法估算蒸发蒸腾量误差偏大，以 GA 优化得到的作物系数 K_c 估算蒸发蒸腾量与实测值拟合效果更好些。

表 3.12 无受旱胁迫下单作物系数法估算大豆蒸发蒸腾量拟合误差

生育阶段	实测值 /mm	估算值 /mm		MAE/（mm/d）		RMSE/（mm/d）		ARE/%	
		GA	FAO-56	GA	FAO-56	GA	FAO-56	GA	FAO-56
苗期	38.58	34.66	41.54	0.58	0.73	0.79	0.76	16.01	25.24
分枝期	86.90	88.09	81.97	0.51	0.60	0.60	0.69	15.60	17.59
花荚期	80.93	87.38	75.98	0.67	0.81	0.90	0.88	22.02	21.87
鼓粒成熟期	128.30	124.03	101.89	0.36	0.85	0.45	0.93	10.67	22.37
全生育期	334.70	334.16	301.37	0.50	0.76	0.66	0.84	15.12	21.50

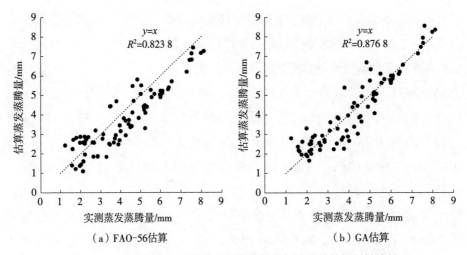

图 3.21 两种方法大豆蒸发蒸腾量估算值与实测值的相关性比较

　　GA 方法优化得到的作物系数分别为 $K_{c\,ini}$=0.853、$K_{c\,mid}$=1.418、$K_{c\,end}$=0.695 9，全生育期作物系数平均值为 1.21，花荚期最大为 1.418，苗期最小为 0.93，与严菊芳等（2010）对大豆作物系数的研究一致。对比 FAO 推荐并经当地实际情况调整的作物系数，FAO 推荐调整的作物系数分别为 $K_{c\,ini}$=1.114、$K_{c\,mid}$=1.233、$K_{c\,end}$=0.411 2，可以看出，GA 方法优化得到的 $K_{c\,ini}$ 偏小，$K_{c\,mid}$ 和 $K_{c\,end}$ 均比 FAO 推荐调整的作物系数大，这很好地解释了 FAO 方法估算的蒸发蒸腾量偏少，而 GA 方法估算的蒸发蒸腾量更接近实测值的现象，与张强等（2015）对半干旱半湿润地区作物蒸发蒸腾量的研究相同，在半湿润地区，用 FAO 推荐调整作物系数估算蒸发蒸腾量误差较大。以 GA 方法优化得到的作物系数 K_c 对无受旱胁迫下另一重复处理的盆栽蒸发蒸腾量进行估算，并以此作为验证，如表 3.13 所示。由表 3.13 可知，全生育期蒸发蒸腾量估算值与实测值整体持平，苗期、分枝期、花荚期估算值比实测值分别大 2%、4%、4%，鼓粒成熟期估算值相比实测值偏小 6%，全生育期蒸发蒸腾量 MAE、RMSE、ARE 分别为 0.38 mm/d、0.22 mm/d、11.75%。综上所述，本章 GA 优化所得作物系数验证情况较好，初步验证了此作物系数在安徽淮北平原的适用性，更符合大豆的实际生长情况，在此基础上运用单作物系数法估算的蒸发蒸腾量更合理。

表 3.13　无受旱胁迫下单作物系数法估算蒸发蒸腾量验证误差

生育阶段	实测值 /mm	估算值 /mm	MAE/（mm/d）	RMSE/（mm/d）	ARE/%
苗期	34.05	34.66	0.34	0.17	11.11
分枝期	84.21	88.09	0.34	0.24	15.13
花荚期	84.14	87.38	0.48	0.30	11.61
鼓粒成熟期	131.91	124.03	0.37	0.19	9.8
全生育期	334.32	334.16	0.38	0.22	11.75

（2）不同受旱胁迫下大豆蒸发蒸腾量估算结果

以无受旱胁迫下大豆蒸发蒸腾量为基础，基于遗传算法对受旱胁迫下的水分胁迫系数 K_s 进行率定，并对 14 种不同受旱胁迫下大豆全生育期蒸发蒸腾量进行估算，结果如表 3.14 所示。对 14 种不同受旱胁迫下大豆全生育期逐日蒸发蒸腾量进行估算，平均绝对误差 MAE 为 0.43～0.74 mm/d，均方根误差 RMSE 为 0.53～0.88 mm/d，平均绝对误差 ARE 为 16.16%～22.63%，其均值分别为 0.56 mm/d、0.67 mm/d、19.31%。由表 3.14 可以看出，受旱胁迫下大豆蒸发蒸腾量估算值相比无受旱胁迫下误差较大，这主要是因为在对土壤水分胁迫系数 K_s 率定的过程中，只能在根系消耗水量大于易吸收水量的情况下进行率定，而当根系消耗水量小于易吸收水量时 K_s 等于 1。因此可认为土壤水分胁迫系数会对蒸发蒸腾量的估算产生影响（张强等，2015）。结合冯禹等（2016）、王子申等（2016）研究中的估算误差，GA 优化得到的作物系数和水分胁迫系数估算作物蒸发蒸腾量结果较好，精度较高，可作为估算作物蒸发蒸腾量的一种方法。

表 3.14　受旱胁迫下单作物系数法估算大豆蒸发蒸腾量拟合误差

处理方案编号	实测值 /mm	估算值 /mm	MAE/（mm/d）	RMSE/（mm/d）	ARE/%
A1	329.87	320.79	0.59	0.70	18.39
A2	290.06	301.53	0.55	0.65	18.08
A3	338.49	316.22	0.63	0.71	18.40
A4	269.50	281.38	0.44	0.54	18.20
A5	336.43	321.73	0.54	0.63	16.16

处理方案编号	实测值 /mm	估算值 /mm	MAE/（mm/d）	RMSE/（mm/d）	ARE/%
A6	321.40	327.67	0.49	0.60	16.19
A7	282.51	284.48	0.66	0.78	22.44
A8	275.56	280.07	0.43	0.53	16.07
A9	313.77	306.90	0.68	0.79	22.22
A10	295.84	304.72	0.74	0.88	22.63
A11	291.57	300.19	0.52	0.63	20.86
A12	280.89	296.34	0.49	0.60	20.03
A13	296.76	301.24	0.56	0.62	19.53
A14	285.69	293.52	0.53	0.73	21.25

3.5 基于双作物系数法的受旱胁迫下冬小麦蒸发蒸腾量估算

受旱胁迫下作物蒸发蒸腾量的估算一直是农田灌溉学科的研究热点，得到国内外学者的广泛关注（郑珍等，2016；石小虎等，2015；王维等，2015；Martins et al.，2013；彭世彰等，2007；Kashyap et al.，2001）。双作物系数法作为联合国粮食及农业组织（FAO）推荐的一种估算作物蒸发蒸腾量的经验模型（Allen et al.，1998），因其易于操作、精度可靠、实用性强，同时可将作物蒸腾量和土壤蒸发量分离开来，已在世界范围内被普遍采用（冯禹等，2016；Dejonge et al.，2012；Duchemin et al.，2006；Ray et al.，2001；刘钰等，2000）。然而，目前双作物系数法多用于无水分胁迫下作物蒸发蒸腾量的估算（赵丽雯等，2010；赵娜娜等，2010），对于冬春连旱频发区域受旱胁迫下冬小麦蒸发蒸腾量的估算研究较少。同时，双作物系数法中的基础作物系数 K_{cb} 是典型条件下基于经验确定的（Allen et al.，1998），不一定适用于所有的气候和地形条件以及作物种类（胡永翔等，2012；樊引琴等，2002），有必要根据当地的具体气候条件和灌溉试验成果推算出符合当地实际的基础作物系数。此外，由于缺乏针对性的作物灌溉试验条件与成果，对于作物系数上限 $K_{c\,max}$ 多采用 FAO-56 的推荐值，这也导致双作物系数法的估算结果与实测值出现较大偏差（彭世彰等，2007；宿梅双等，2005）。鉴于此，依托新马桥农水灌溉试验站的 6 台大型称重式蒸渗仪，开展了冬小麦受旱胁迫专项灌溉试验。通过不同受旱胁迫下的试验，分析了冬小麦的蒸发蒸腾规律。在双作物系数法估算无受旱胁迫下冬小麦蒸发蒸腾量的基础上，采用遗传算法对相关作物系数进行率定，并以受旱胁迫下冬小麦蒸发蒸腾量的估算结果进行验证。研究旨在探讨连续、组合受旱情况下冬小麦蒸发蒸腾量的响应及复水后的适应补偿机制，构建基于双作物系数和遗传算法的受旱胁迫下冬小麦蒸发蒸腾量估算方法，为区域制定合理灌溉制度以及降低农业旱灾损失风险提供理论依据。

3.5.1　试验与方法

（1）试验区概况

试验于 2013 年 10 月—2014 年 5 月在安徽省水利科学研究院新马桥农水综合试验站进行。

（2）试验设计

冬小麦受旱胁迫下蒸发蒸腾试验依托新马桥农水灌溉试验站内 6 台大型称重式蒸渗仪开展，规格为 2 m×2 m×2.3 m，每台蒸渗仪均布设有防雨棚完全隔绝降水，试验过程中土壤水分完全由人工灌水控制。试验冬小麦品种为山农 20，于 2013 年 10 月 17 日播种，2014 年 5 月 23 日收获，全生育期 219 d，结合试验冬小麦实际生长记录，将全生育期划分为苗期（2013 年 10 月 17 日—11 月 18 日，共 33 d）、分蘖期（2013 年 11 月 19 日—2014 年 3 月 16 日，共 118 d）、拔节期（2014 年 3 月 17 日—4 月 8 日，共 23 d）、抽穗期（2014 年 4 月 9—28 日，共 20 d）和乳熟期（2014 年 4 月 29 日—5 月 23 日，共 25 d）5 个生育阶段。试验控制因素为生育阶段的土壤含水率，通过控制各生育阶段土壤含水率下限共设置 6 种处理，根据多年冬小麦受旱胁迫灌溉试验确定不旱、轻旱和中旱 3 个水平土壤含水率下限，分别为 70%、55% 和 45%，具体试验设计见表 3.15。每台蒸渗仪设置一种处理，每种处理为一个小区，小

区面积为 $2\,m \times 2\,m = 4\,m^2$，处理随机排列，每个小区内施复合肥 240 g、尿素 90 g，麦种 13 g/ 行，共 8 行。各小区间设 1 m 隔离带，避免水分的侧向运移影响。为更加符合实际灌溉情况，当试验小区土壤含水率达到相应控制下限时定量灌水至田间持水率。此外，各处理除水分管理外，其他管理方式完全一致，保证冬小麦正常生长发育，没有病虫害影响。

表 3.15　冬小麦受旱胁迫下蒸发蒸腾试验设计　　　单位：%

处理方案编号	各生育阶段土壤含水率下限					备注
	苗期	分蘖期	拔节期	抽穗期	乳熟期	
Z1	70	55	55	70	45	分蘖期、拔节期轻旱，乳熟期中旱
Z2	70	45	45	45	70	分蘖期、拔节期、抽穗期中旱
Z3	70	70	70	70	70	对照组，各生育阶段均不旱
Z4	70	55	45	55	55	分蘖期、抽穗期、乳熟期轻旱，拔节期中旱
Z5	70	55	55	70	55	分蘖期、拔节期、乳熟期轻旱
Z6	70	55	55	55	45	分蘖期、拔节期、抽穗期轻旱，乳熟期中旱

（3）基于双作物系数和遗传算法的冬小麦蒸发蒸腾量估算方法

采用双作物系数法计算冬小麦蒸发蒸腾量 ET_c，其表达式为

$$ET_c = K_c ET_0 = (K_s K_{cb} + K_e) ET_0 \qquad (3.22)$$

式中，ET_c 为作物蒸发蒸腾量，mm；ET_0 为参考作物蒸发蒸腾量，mm；K_c 为作物系数；K_s 为土壤水分胁迫系数，反映根区土壤含水率不足时对作物蒸腾的影响，$0 < K_s \leqslant 1$，当土壤含水率对作物生长不构成影响时，$K_s=1$；K_{cb} 为基础作物系数，是表土干燥而根区土壤平均含水率满足蒸腾要求时 ET_c 与 ET_0 的比值；K_e 为土面蒸发系数，反映灌溉或降水后因表土湿润致使土面蒸发强度短期内增加对 ET_c 产生的影响。

①参考作物蒸发蒸腾量 ET_0 用彭曼－蒙特斯（Penman-Monteith）公式（式 3.4）计算。

②土壤水分胁迫系数 K_s 的确定同 3.4.1 节。

③小麦基础作物系数 K_{cb} 的确定

FAO 建议先将冬小麦整个生育期划分为初始生长期、快速发育期、生育中期和成熟期 4 个生育阶段，再分别计算初始生长期、生长中期和成熟期 3 个阶段的 K_c 单点值，即 $K_{c\,ini}$、$K_{c\,mid}$ 和 $K_{c\,end}$，中间值采用线性插值得到（Allen et al.，1998）。根据相关研究（王子申等，2016；宿梅双等，2005；樊引琴等，2002），并结合本试验冬小麦实际生长状况，确定各生育阶段长度见表 3.16，FAO-56 推荐的标准状况下冬小麦各生育阶段的基础作物系数分别为 $K_{c\,ini}=0.15$，$K_{c\,mid}=1.10$，$K_{c\,end}=0.30$。且由表 3.16 可知，生育中期日最低相对湿度的平均值 $RH_{min} \neq 45\%$，2 m 高处的日平均风速 $u_2 \neq 2.0$ m/s，$K_{c\,mid}$ 和 $K_{c\,end}$ 需要按推荐的公式（同式 3.9）进行调整。

表 3.16　FAO 生育阶段划分及各阶段 u_2、RH_{min} 和 h 的平均值

生育阶段	初始生长期	快速发育期	生育中期	成熟期
阶段天数 /d	121	45	35	18
2 m 高处的平均风速 u_2/（m/s）	1.71	2.11	2.02	1.72
最低相对湿度 RH_{min}/%	47.42	52.09	49.20	45.09
冬小麦平均株高 h/m	0.15	0.35	0.65	0.90

④土面蒸发系数 K_e 的确定

棵间及冠层内土壤的蒸发量受土壤表层可接受能量和大气蒸发力的控制。降水或灌溉后，土面蒸发强度达到峰值，随着表土变干，土面蒸发强度迅速下降，K_e 表示为

$$K_e = \min\left[K_r\left(K_{c\,max} - K_{cb}\right), f_{ew}K_{c\,max}\right] \tag{3.23}$$

式中，K_r 为土壤蒸发衰减系数；$K_{c\,max}$ 为灌溉或降水后作物系数上限；f_{ew} 为没有被作物冠层覆盖并在降水或灌溉后被充分湿润的土壤面积占总面积的比例。

K_r 可由下式计算：

$$K_r = \begin{cases} 1 & , \ D_{e,i-1} \leqslant REW \\ \dfrac{TEW - D_{e,i-1}}{TEW - REW} & , \ D_{e,i-1} > REW \end{cases} \tag{3.24}$$

式中，$D_{e,i-1}$ 为降水或灌溉日到上一个计算日的累计土壤蒸发量，mm；REW

为大气蒸发力控制阶段土壤蒸发量，取 9 mm（Allen et al.，2005）；TEW 为在一个干旱周期内土壤中可通过表层蒸发的最大水量，mm。

TEW 计算公式如下：

$$TEW = 1\,000\left(\theta_{FC} - 0.5\theta_{WP}\right)Z_e \qquad (3.25)$$

式中，Z_e 为土壤蒸发层深度，m，结合 FAO 推荐值和试验土壤实际情况，本文取 0.1 m；θ_{WP} 为蒸发层土壤凋萎点含水率，m^3/m^3。

根据试验站土壤粒径分布实际情况，REW 计算公式如下

$$REW = 8 + 0.08C_1 \qquad (3.26)$$

式中，C_1 为蒸发层土壤中的黏粒含量，本地砂姜黑土 0～10 cm 土层的黏粒含量取值为 25.42%。

$K_{c\,max}$ 计算公式如下：

$$K_{c\,max} = \max\left[\left\{1.2 + \left[0.04\left(u_2 - 2\right) - 0.004\left(RH_{min} - 45\right)\right]\left(\frac{h}{3}\right)^{0.3}\right\},\left\{K_{cb} + 0.05\right\}\right] \qquad (3.27)$$

f_{ew} 计算公式如下：

$$f_{ew} = \min(1 - f_c,\ f_w) \qquad (3.28)$$

式中，f_c 为冬小麦冠层的有效覆盖系数；f_w 为降水或灌溉后地表充分湿润面积比，本试验灌水方式为漫灌，f_w=1.0。

f_c 采用下式估算：

$$f_c = \left[\frac{K_{cb} - K_{c\,min}}{K_{c\,max} - K_{c\,min}}\right]^{(1+0.5h)} \qquad (3.29)$$

式中，$K_{c\,min}$ 为干燥裸土条件下作物系数下限，取 0.15。

K_e 计算过程中，需要根据蒸发土层逐日水量平衡方程计算 $D_{e,i}$：

$$D_{e,i} = D_{e,i-1} - (P_i - RO_i) - \frac{I_i}{f_w} + \frac{E_i}{f_{ew}} + D_{ew,i} + DP_{e,i} \qquad (3.30)$$

式中，P_i、RO_i、I_i、E_i、$D_{ew,i}$ 和 $DP_{e,i}$ 分别为第 i 日的降水量、降水径流量、灌水量、土壤平均蒸发量、植株从无作物覆盖且充分湿润地表获得的蒸腾量以及表层土壤渗漏量，mm，$E=K_e ET_0$，D_{ew} 可忽略不计，由于试验条件限制，P、RO、DP_e 均为 0。

⑤基于遗传算法的作物系数率定

在双作物系数法估算无受旱胁迫下（Z3 处理）冬小麦蒸发蒸腾量的基础上，以基础作物系数 $K_{c\ ini}$、$K_{c\ mid}$、$K_{c\ end}$ 和作物系数上限 $K_{c\ max}$ 为优化变量，以 Z3 处理冬小麦全生育期内逐日蒸发蒸腾量估算值与实测值的绝对误差和最小值为目标函数，采用遗传算法进行优化求解，最终得到符合试验站当地冬小麦实际生长的作物系数。采用均方根误差（Root Mean Square Error，RMSE）（冯禹等，2016；王子申等，2016；Zhang et al.，2013）、平均绝对误差（Mean Absolute Error，MAE）和平均相对误差（Mean Relative Error，MRE）对基于双作物系数和遗传算法的冬小麦蒸发蒸腾量估算方法进行适用性评估。

3.5.2　结果与分析

（1）无受旱胁迫下冬小麦蒸发蒸腾量估算结果

在双作物系数法估算无受旱胁迫下（Z3 处理）冬小麦蒸发蒸腾量的基础上，构建目标函数，采用遗传算法（GA）对 $K_{c\ ini}$、$K_{c\ mid}$、$K_{c\ end}$ 和 $K_{c\ max}$ 4 个优化变量进行优化求解，再分别以 FAO-56 推荐和优化得到的作物系数值运用双作物系数法估算无受旱胁迫下的冬小麦蒸发蒸腾量和双值法作物系数，与实测结果对比如图 3.22、图 3.23 所示。由图 3.24 可以看出，冬小麦苗期和分蘖期前半段的蒸发蒸腾量较小，分蘖期后半段开始显著增加，拔节期、抽穗期和乳熟期前半段均保持在一个较高的水平，乳熟期后半段逐渐降低，日蒸发蒸腾量最大值为 7.10 mm/d，出现在乳熟期的 5 月 9 日。苗期、分蘖期、拔节期、抽穗期、乳熟期的日平均蒸发蒸腾量分别为 1.213 mm/d、1.249 mm/d、3.983 mm/d、3.618 mm/d 和 4.273 mm/d，这与王子申等（2016）、孙爽等（2013）的研究结果一致。蒸发蒸腾变化过程符合冬小麦实际生长过程，拔节期、抽穗期、乳熟期是冬小麦营养生长和生殖生长最旺盛的时期，对水分需求量大，土壤水分在其蒸腾作用下，通过"土壤－植物－大气"连续系统被吸收利用，而乳熟期后半段冬小麦的叶开始萎蔫变黄，蒸腾强度显著降低，日蒸发蒸腾量不断减少。

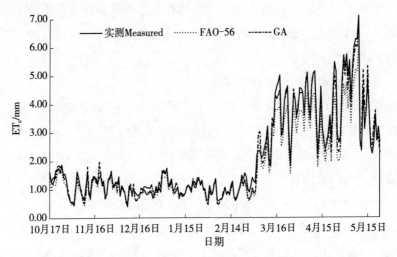

图 3.22　无受旱胁迫下冬小麦全生育期实测和估算蒸发蒸腾量

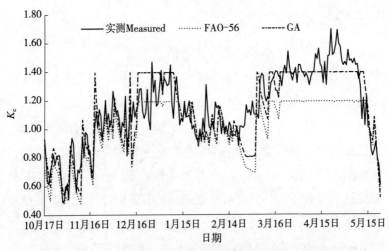

图 3.23　无受旱胁迫下冬小麦全生育期实测和估算作物系数

由图 3.22 可以看出，两种方法估算的冬小麦全生育期内蒸发蒸腾量变化趋势与实测结果相同，但 GA 估算的蒸发蒸腾量大于 FAO-56，拔节期之后更为明显。结合表 3.17 中无受旱胁迫下冬小麦各生育阶段及全生育期蒸发蒸腾量实测与估算结果，FAO-56 各生育阶段蒸发蒸腾量的估算值均小于实测值，与实测值的 MRE 分别为 12.85%、11.74%、14.74%、20.26% 和 12.46%，全生育期比实测值减少 12.57%、MRE 为 13.08%，说明以 FAO-56 推荐的作物系数估算的蒸发蒸腾量与实测值相比误差较大，特别是在拔节期和抽穗期，整体估算结果低于实测值。张强等（2015）用 FAO 作物系数估算的作物蒸发蒸腾量与实际观测值相差十分显著，认为在半干旱地区，直接用 FAO 推荐的作物系数估算作物蒸发蒸腾量并不合适。樊引琴等（2002）研究发现 FAO 推荐的作物系数经调整后，双作物系数计算值与实测值的绝对偏差和相对偏差较大。而 GA 各生育阶段的估算值除乳熟期高于实测值 0.65 mm 外，也均小于实测值，但全生育期仅比实测值减少 1.37%，且 GA 各生育阶段的 RMSE、MAE、MRE 值均小于 FAO-56，全生育期 RMSE、MAE 和 MRE 分别为 0.053 mm/d、0.168 mm/d 和 9.85%，分别比对应的 FAO-56 减少 72.11%、44.55% 和 24.69%，说明 GA 的估算结果比 FAO-56 更接近实测值，以 GA 优化得到的作物系数进行双作物系数法估算与实际情况的拟合效果更好。

表 3.17　无受旱胁迫下双作物系数法估算冬小麦蒸发蒸腾量拟合误差

生育阶段	实测值/mm	估算值/mm		RMSE/(mm/d)		MAE/(mm/d)		MRE/%	
		FAO-56	GA	FAO-56	GA	FAO-56	GA	FAO-56	GA
苗期	40.03	35.22	40.00	0.042	0.020	0.158	0.118	12.85	10.49
分蘖期	147.35	133.47	145.79	0.052	0.036	0.156	0.137	11.74	11.39
拔节期	91.61	78.02	91.01	0.391	0.038	0.591	0.140	14.74	3.56
抽穗期	72.35	57.76	67.62	0.600	0.099	0.730	0.269	20.26	7.90
乳熟期	106.82	96.09	107.47	0.524	0.154	0.585	0.326	12.46	9.13
全生育期	458.16	400.56	451.89	0.190	0.053	0.303	0.168	13.08	9.85

对比 FAO-56 推荐并经试验站气候条件调整和 GA 优化后的 $K_{c\,ini}$、$K_{c\,mid}$、$K_{c\,end}$、$K_{c\,max}$ 作物系数值，FAO-56 为 0.150、1.090、0.300 和 1.190，GA 为 0.253、1.385、0.303 和 1.393。可以看出，按照调整后的基础作物系数 K_c 与 FAO-56 推荐值（0.150、1.100、0.300）相比变化很小。与 FAO-56 相比，GA 得到的 $K_{c\,ini}$、$K_{c\,mid}$ 和 $K_{c\,max}$ 值均明显增大，$K_{c\,end}$ 较为一致，使得 GA 的双值法作物系数 K_c 较大，这与图 3.23 中无受旱胁迫下实测和估算的双值法作物系数变化一致，故根据式（3.22）计算得到蒸发蒸腾量较大，这很好地解释了

图 3.22 中 GA 蒸发蒸腾量估算值大于 FAO-56 的现象。说明 FAO-56 推荐的作物系数比当地冬小麦实际情况小，这与王子申等（2016）在西北旱区、宿梅双等（2005）在华北地区对冬小麦作物系数的研究结论相同。综上，GA 优化得到的作物系数更加符合当地冬小麦的实际生长情况，在此基础上采用双作物系数法可更精确地估算冬小麦蒸发蒸腾量。

（2）受旱胁迫下冬小麦蒸发蒸腾量估算结果

以 GA 率定的 4 个作物系数运用双作物系数法估算 5 种受旱胁迫下冬小麦蒸发蒸腾量，并与 FAO-56 推荐值的估算结果进行对比，见表 3.18。由表 3.18 可以看出，除了 Z2，其他 4 种处理全生育期蒸发蒸腾估算量均低于实测值，其中处理 Z6 最为明显，各阶段均低于实测值，全生育期比实测减少 9.36%，说明本书估算方法总体低估了冬小麦蒸发蒸腾量。用于验证的各处理全生育期 RMSE 为 0.224～0.364 mm/d、MAE 为 0.171～0.273 mm/d、MRE 为 12.19%～20.45%，均值分别为 0.278 mm/d、0.211 mm/d 和 16.48%，结合冯禹等（2016）、王子申等（2016）研究中的估算误差，说明本书 GA 优化所得作物系数的验证情况良好，基于此作物系数的双作物系数法可较好地估算受旱胁迫下冬小麦蒸发蒸腾量，精度较高。但与处理 Z3 全生育期的 RMSE、MAE 和 MRE（分别为 0.053 mm/d、0.168 mm/d 和 9.85%）相比，估算效果没有无受旱胁迫下的好，一方面由于无受旱胁迫下是拟合误差，而受旱胁迫下是验证误差，另一方面可能是土壤水分胁迫系数 K_s 会对蒸发蒸腾量的估算产生影响（张强等，2015）。

表 3.18　受旱胁迫下双作物系数法估算冬小麦蒸发蒸腾量验证误差

处理方案编号	生育阶段	实测值 /mm	估算值 /mm	RMSE/（mm/d）	MAE/（mm/d）	MRE/%
Z1	苗期	40.67	40.77	0.167	0.109	9.24
	分蘖期	132.85	122.94	0.248	0.179	15.42
	拔节期	79.44	79.73	0.323	0.271	7.74
	抽穗期	69.49	67.50	0.267	0.217	6.81
	乳熟期	78.35	73.59	0.368	0.294	9.25
	全生育期	400.08	384.53	0.265	0.195	12.19

处理方案编号	生育阶段	实测值 /mm	估算值 /mm	RMSE/（mm/d）	MAE/（mm/d）	MRE/%
Z2	苗期	39.55	42.17	0.164	0.136	12.85
	分蘖期	70.58	76.26	0.199	0.156	29.21
	拔节期	62.93	62.79	0.263	0.182	8.43
	抽穗期	50.39	53.30	0.283	0.217	9.43
	乳熟期	97.19	94.00	0.298	0.245	9.05
	全生育期	320.64	328.52	0.224	0.171	20.45
Z4	苗期	42.14	41.19	0.172	0.141	12.44
	分蘖期	135.33	119.76	0.290	0.242	23.20
	拔节期	76.55	75.30	0.282	0.261	8.13
	抽穗期	55.72	54.39	0.218	0.186	7.25
	乳熟期	94.52	96.06	0.334	0.281	7.92
	全生育期	404.26	386.70	0.364	0.273	18.41
Z5	苗期	43.86	43.75	0.202	0.041	17.27
	分蘖期	116.65	106.58	0.229	0.175	17.75
	拔节期	78.67	81.12	0.252	0.215	7.82
	抽穗期	70.00	67.56	0.273	0.221	6.92
	乳熟期	80.03	76.32	0.277	0.224	8.18
	全生育期	389.21	375.33	0.238	0.188	14.07
Z6	苗期	43.84	41.19	0.260	0.189	14.01
	分蘖期	116.43	98.47	0.282	0.215	21.60
	拔节期	78.81	72.35	0.324	0.282	9.69
	抽穗期	62.28	60.54	0.292	0.216	7.35
	乳熟期	60.20	55.17	0.397	0.311	16.25
	全生育期	361.56	327.72	0.300	0.229	17.29

比较各处理下不同生育阶段蒸发蒸腾量估算误差可以发现，评价指标 RMSE、MAE 与 MRE 最小值所对应的生育阶段不同，且各处理基本呈现 RMSE、MAE 在苗期较小，而 MRE 在抽穗期较小，这与指标的性质有关，RMSE、MAE 是从绝对尺度评价误差的大小，反映的是估算值与实测值误差的绝对量，它们的单位与原数据相同（Moriasi et al.，2007），苗期 RMSE、MAE 较小，主要是苗期本身的实际蒸发蒸腾量较小，而 MRE 是从相对尺

度评价误差的大小,反映的是统一的标准化误差范围,方便比较,RMSE、MAE 与 MRE 相结合可综合评价误差的大小。

　　为进一步研究本书基于双作物系数和遗传算法的受旱胁迫下冬小麦蒸发蒸腾量估算方法的适用性,对其中关键参数土壤水分胁迫系数 K_s 的计算结果进行分析,绘制与图 3.23 对应的不同受旱胁迫下冬小麦各生育阶段 K_s 变化,如图 3.24 所示。由图 3.24 可以看出,受旱胁迫下各生育阶段 K_s 变化基本相同,均呈总体下降趋势,即随着冬小麦蒸发蒸腾,土壤水分逐渐消耗,K_s 减小,灌水后土壤水分得到补充,K_s 迅速增大。

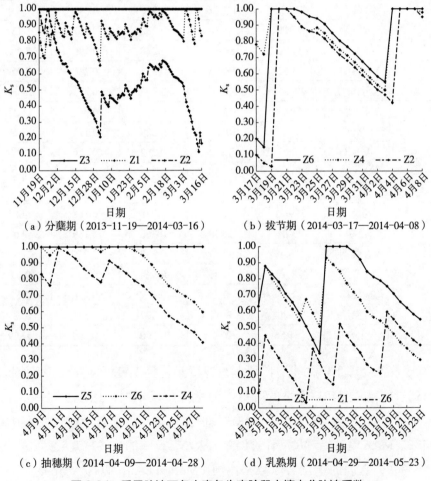

图 3.24　受旱胁迫下冬小麦各生育阶段土壤水分胁迫系数

对比图 3.22、图 3.24 可以发现：图 3.24 中 4 个生育阶段不同受旱胁迫下的 K_s 变化均与对应图 3.22 中 ET$_c$ 的变化一致；图 3.24（a）中，分蘖期轻旱 Z1、中旱 Z2 的 K_s 值明显小于 Z3（$K_s=1$），且 Z2 的减小幅度大于 Z1，这与图 3.24（a）中 3 种处理下蒸发蒸腾量的变化一致，说明不同程度的受旱胁迫对冬小麦蒸发蒸腾的影响均可通过 K_s 表现；图 3.24（b）中，拔节期均中旱，分蘖期中旱 Z2 的 K_s 值小于轻旱 Z4，这与图 3.24（b）中 2 种处理下蒸发蒸腾量的变化也是一致的，说明前期受旱对之后蒸发蒸腾的累积效应亦可通过 K_s 反映。综上，K_s 通过逐日水量平衡计算较好地描述了不同受旱胁迫下冬小麦蒸发蒸腾量的变化过程，充分体现了双作物系数法的优势，计算所得 K_s 与实测 ET$_c$ 具有较强的一致性，表明本研究基于双作物系数和遗传算法的受旱胁迫下冬小麦蒸发蒸腾量估算方法合理、可靠。

3.6　基于双作物系数法的受旱胁迫下玉米蒸发蒸腾量估算

夏玉米是淮河流域主要的粮食作物之一，也是最重要的饲料作物，其生育期主要集中在 6—9 月，此期间平均气温较高，作物蒸发蒸腾量大，如遭遇干旱年份，土壤极易出现水分胁迫。淮河流域位于南北气候、高低纬度和海陆相 3 种过渡带的交会地带，受季风及地形地貌等多重因素影响，其降水时空分布极不均衡。这种特定的气候条件、地理环境和流域特征，以及人类活动的干预，共同导致淮河流域历史上频繁遭受干旱灾害的侵袭，对流域的粮食生产安全和社会稳定构成严重威胁（赵文双等，2007；段红东，2001）。掌握玉米在受旱胁迫下的蒸发蒸腾规律，准确估算受旱胁迫下的蒸发蒸腾量，对制定合理灌溉制度，提高水分利用效率，保证淮北平原玉米的高产稳产具有重要意义（冯禹等，2016；石小虎等，2015；王维等，2015）。本节设置不同组合受旱试验方案，开展玉米受旱胁迫专项灌溉试验，对不同受旱胁迫下玉米蒸发蒸腾规律进行分析。

3.6.1 试验与方法

（1）试验区概况

试验于 2017 年 6—10 月在安徽省水利科学研究院新马桥农水综合试验站进行。

（2）试验设计

依托新马桥农水灌溉试验站内 6 台大型称重式蒸渗仪开展玉米受旱胁迫下蒸发蒸腾试验。试验玉米品种为隆平 206，于 2017 年 6 月 16 日播种，当年 10 月 8 日收获，全生育期 115 d，结合试验玉米实际生长记录，将全生育期划分为苗期（6 月 16 日—7 月 18 日，共 33 d）、拔节期（7 月 19 日—8 月 3 日，共 16 d）、抽雄吐丝期（8 月 4—21 日，共 18 d）和灌浆成熟期（8 月 22 日—10 月 8 日，共 48 d）4 个生育阶段。试验控制因素为生育阶段的土壤含水率，设置不同的土壤含水率下限，根据试验站多年受旱胁迫灌溉试验确定不旱、轻旱和中旱 3 个水平土壤含水率下限，分别为 70%、55% 和 45%，具体试验实施情况见表 3.19。每个蒸渗仪小区内施复合肥 300 g、尿素 120 g，玉米种植密度为 20 株 / 坑，每个测坑分 4 行。为贴近真实灌溉场景，试验小区的土壤含水率降至预设的下限，立即进行适量的灌溉，直至达到田间持水率。同时，在所有的处理措施中，除水分管理之外，其他的管理措施都是统一的，以确保玉米的正常生长和发育，不受任何病虫害的干扰。

表 3.19　玉米受旱胁迫下蒸发蒸腾试验实施情况　　　　单位：%

处理方案编号	各生育阶段土壤含水率下限				备注
	苗期	拔节期	抽雄吐丝期	灌浆成熟期	
T1	55	45	45	60	苗期轻旱，拔节期、抽雄吐丝期中旱
T2	55	55	55	45	苗期、拔节期、抽雄吐丝期轻旱，灌浆成熟期中旱
CK	65	65	70	60	对照组，全生育期不受旱

（3）基于双作物系数的玉米蒸发蒸腾量估算

①基础作物系数确定。

FAO 建议先将玉米整个生育期划分为初始生长期、快速发育期、生育中期和成熟期 4 个生育阶段，再分别计算初始生长期、生长中期和成熟期 3 个阶段的 K_c 单点值，即 $K_{c\,ini}$、$K_{c\,mid}$ 和 $K_{c\,end}$，中间值采用线性插值得到。根据相关研究并结合本试验玉米实际生长状况，确定各生育阶段长度见表 3.20，FAO-56 推荐的标准状况下玉米各生育阶段的基础作物系数分别为 $K_{c\,ini}=0.15$，$K_{c\,mid}=1.15$，$K_{c\,end}=0.50$。

表 3.20 FAO 生育阶段划分及各阶段 u_2、RH_{min} 和 h 的平均值

生育阶段	初始生长期	快速发育期	生育中期	成熟期
阶段天数 /d	18	32	37	28
2 m 高处的平均风速 u_2/（m/s）	1.07	0.91	0.7	0.82
最低相对湿度 RH_{min}/%	62.71	64.08	57.76	57.02
玉米平均株高 h/m	0.365	1.059	2.082	2.219

②土壤水分胁迫系数、土面蒸发系数计算以及基于遗传算法的作物系数率定方法同 3.5 节。

3.6.2 结果与分析

（1）无受旱胁迫下玉米蒸发蒸腾量估算结果

由图 3.25 可以看出，玉米苗期前半段的蒸发蒸腾量较小，苗期后半段开始显著增加，拔节期和抽雄吐丝期均保持在一个较高的水平，灌浆成熟期逐渐降低，日蒸发蒸腾量峰值出现在拔节期后期和抽雄吐丝期。苗期、拔节期、抽雄吐丝期、灌浆成熟期的日平均蒸发蒸腾量分别为 2.130 mm/d、4.024 mm/d、5.373 mm/d 和 2.726 mm/d。蒸发蒸腾变化过程符合玉米实际生长过程，苗期后期、拔节期、抽雄吐丝期和灌浆成熟期前期是玉米营养生长和生殖生长最旺盛的时期，对水分需求量大，灌浆成熟期后期玉米的叶开始萎蔫变黄，蒸腾强度显著降低，日蒸发蒸腾量不断减少。

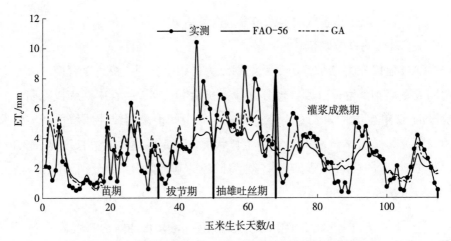

图 3.25　无受旱胁迫下玉米全生育期实测和估算蒸发蒸腾量

由图 3.25 可以看出，两种方法估算的玉米全生育期内蒸发蒸腾量变化趋势与实测结果基本一致，但 GA 估算的蒸发蒸腾量明显大于 FAO-56。结合表 3.21 中无受旱胁迫下玉米各生育阶段及全生育期蒸发蒸腾量实测与估算结果，FAO-56 各生育阶段蒸发蒸腾量的估算误差，除苗期外其他生育阶段 RMSE、MAE 均大于 GA，GA 全生育期 RMSE 和 MAE 分别为 1.39 mm/d 和 0.97 mm/d，分别比对应的 FAO-56 小 6.74% 和 8.23%，说明 GA 的估算结果比 FAO-56 更接近实测值，以 GA 优化得到的作物系数进行双作物系数法估算与实际情况的拟合效果更好。

表 3.21　无受旱胁迫下双作物系数法估算玉米蒸发蒸腾量拟合误差

生育阶段	实测值 / mm	估算值 /mm		RMSE/（mm/d）		MAE/（mm/d）	
		FAO-56	GA	FAO-56	GA	FAO-56	GA
苗期	70.29	92.42	102.41	1.24	1.57	0.92	1.11
拔节期	64.38	56.06	63.01	2.03	1.66	1.35	1.09
抽雄吐丝期	96.72	74.63	86.92	1.77	1.27	1.31	0.91
灌浆成熟期	130.84	117.43	134.31	1.30	1.18	0.97	0.81
全生育期	362.23	340.54	386.64	1.49	1.39	1.06	0.97

对比 FAO-56 推荐并经试验站气候条件调整和 GA 优化后的 $K_{c\,ini}$、$K_{c\,mid}$、

$K_{c\,end}$、$K_{c\,max}$ 作物系数值，FAO-56 分别为 0.150、1.058、0.413 和 1.119，GA 分别为 0.150、1.090、0.152 和 1.400。可以看出，调整后的基础作物系数 K_{cb} 与 FAO-56 推荐值（0.150、1.150、0.500）相比变化很小。与 FAO-56 相比，GA 得到的 $K_{c\,mid}$ 和 $K_{c\,max}$ 均明显增大，$K_{c\,end}$ 则出现明显减小，$K_{c\,ini}$ 无变化，但 GA 的双值法作物系数 K_c 明显较大，这与图 3.26 中无受旱胁迫下实测和估算的双值法作物系数变化一致，计算得到的蒸发蒸腾量较大，说明 FAO-56 推荐的作物系数比当地玉米实际情况小。综上，GA 优化得到的作物系数更加符合当地玉米的实际生长情况，在此基础上采用双作物系数法可更精确地估算玉米蒸发蒸腾量。

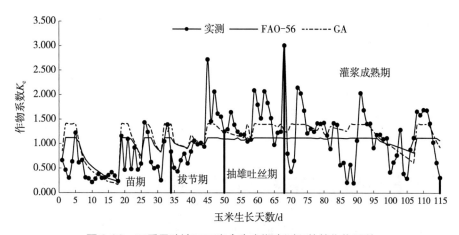

图 3.26　无受旱胁迫下玉米全生育期实测和估算作物系数

（2）受旱胁迫下玉米蒸发蒸腾量估算结果

以率定的 4 个作物系数运用双作物系数法估算两种受旱胁迫下玉米蒸发蒸腾量，并与 FAO-56 推荐值的估算结果进行对比，见表 3.22。由表 3.22 可以看出，两种受旱处理全生育期蒸发蒸腾估算量均低于实测值，其中 T2 更为明显，除苗期外其余各阶段均低于实测值，全生育期比实测减少 8.46%，说明本试验估算方法总体低估了玉米蒸发蒸腾量。用于验证的 2 个处理全生育期 RMSE、MAE 均值分别为 1.60 mm/d 和 1.18 mm/d，但是全生育期 MRE 分别为 4.99% 和 8.46%，整体估算效果虽然没有无受旱胁迫下的好，但仍优于 FAO-56 推荐值的估算结果。但是遗传算法能否提升受旱胁迫下玉米蒸发蒸腾量估算精度，尚需长序列的试验数据进行验证。

表 3.22　受旱胁迫下双作物系数法估算玉米蒸发蒸腾量验证误差

处理方案编号	生育阶段	实测值/mm	估算值/mm	RMSE/（mm/d）	MAE/（mm/d）	MRE/%
T1	苗期	70.22	61.47	1.960	1.370	12.458
	拔节期	55.14	53.31	1.291	0.989	3.314
	抽雄吐丝期	72.89	78.21	1.062	0.904	7.302
	灌浆成熟期	105.04	95.17	1.119	0.890	9.392
	全生育期	303.29	288.17	1.358	1.039	4.985
T2	苗期	70.29	93.78	1.395	1.055	33.414
	拔节期	61.89	52.93	2.176	1.387	14.472
	抽雄吐丝期	96.72	74.96	2.407	1.888	22.500
	灌浆成熟期	107.82	86.58	1.373	0.981	19.701
	全生育期	336.72	308.25	1.838	1.328	8.456

3.7　基于典型作物试验的作物对地下水利用公式确定

作物的地下水利用量的计算是进行农田水量平衡的计算中的一个重要研究内容（王晓红等，2008；Costelloe et al.，2014），这对资源可持续管理（Costelloe et al.，2014；杨学兵，2008；Danielopol et al.，2003）和灌区灌溉排水的设计（Sepaskhah et al.，2003）具有重要意义。地下水利用量是指作物生长条件下的潜水向包气带输送的水分（杨学兵，2008），即潜水蒸发量（王晓红等，2008；闫华等，2002），其中一部分用于作物蒸腾，另一部分用于棵间蒸发。朱梅等（2013）采用有作物的潜水蒸发量减去无作物潜水蒸发量作为地下水利用量，这样计算出的将是仅作物不包括棵间蒸发的地下水利用量，无法去计算农田总的地下水耗水量；而且对于成熟期的作物由于生长趋缓，作物遮蔽抑制棵间蒸发，导致算出的地下水利用量为负值（朱梅等，2013）。由于作物在利用地下水时，必然涉及棵间蒸发，对地下水的利用效率无法达到 100%，所以为了克服计算方式上的不足，本研究将棵间蒸发量和作物对地下水的利用量之和作为地下水利用量。

前人已进行了地下水利用量计算的探索，而地下水利用量计算包括在潜水蒸发计算中，所以学者首先对无作物下的潜水蒸发计算进行了探索，一方面，以阿维里扬诺夫（1985）为首的学者建立了地下水埋深、水面蒸发能力与潜水蒸发的阿氏经验公式，之后国内又出现了叶水庭指数型公式（叶水庭等，1982）、双曲线型公式（胡顺军等，2004）、清华大学公式（雷志栋等，1988）等；另一方面，Torres 等（1989）和 Feddes 等（1978）从土壤水动力学角度建立了数值模拟公式，从机理上加以研究（王振龙等，2009）。其中，经验公式由于结构简单，计算方便，并能够为数值模拟的计算提供一条验证的途径，成为研究潜水蒸发的重要途径（罗玉峰等，2013）。对于有作物条件下的潜水蒸发，部分学者应用裸地潜水蒸发公式直接计算，但由于作物生长是影响潜水蒸发的重要因素之一（程先军，1993），二者机理上存在差异，所以直接移用存在一定问题（杨学兵，2008）。于是，毛晓敏等（1999）、朱秀珍等（2002）在原有潜水蒸发公式的基础上加入新的参数（朱秀珍等，2002；毛晓敏等，1999）或改变参数值（朱秀珍等，2002）来计算有作物条件下的潜水蒸发，罗玉峰等（2013）进一步建立了有作物生长条件下的潜水蒸发公式中的参数与作物生长期的关系，以反映作物不同生长期对潜水蒸发量的影响，但公式中裸地蒸发与作物的影响参数都可以通过作物蒸发蒸腾量反映出来，在原有潜水蒸发公式中加入新的作物影响参数将使公式进一步复杂化。Grismer 等（1988）、李法虎等（1992）和 Sepaskhah 等（2003）建立了地下水利用量占作物需水量的比值与地下水埋深的线性关系式，而未借鉴无作物潜水蒸发公式的非线性关系式的精华，仍有进一步提高计算精度的空间，Karimov 等（2014）在此基础上用曲线拟合了地下水对作物蒸发蒸腾量的贡献比例与地下水埋深的散点，但未直接给出关系式。为此，通过借鉴无作物潜水蒸发公式，构造出 3 种类型的地下水利用量公式，根据地下水利用量和地下水埋深的实测数据以及计算出的作物蒸发蒸腾量数据，采用构造出的3 种公式拟合地下水埋深 - 作物蒸发蒸腾量 - 地下水利用量的散点，运用加速遗传算法优化其中参数，最终得到能够较好拟合散点的地下水利用量公式。

3.7.1 作物地下水利用量公式

目前，潜水蒸发公式中主要利用大气蒸发能力和地下水埋深来计算潜水蒸发量，潜水蒸发公式包括阿维里扬诺夫公式、叶水庭型公式、幂函数型公式等（王振龙等，2009），其中阿维里扬诺夫公式应用最为广泛（周丹等，2015）。对于有作物条件下的潜水蒸发的计算，为了同时反映作物蒸腾和土壤水分蒸发对潜水蒸发的影响（王晓红等，2008），故将潜水蒸发公式中的大气蒸发能力改为作物蒸发蒸腾，同时为了消除量纲影响，将公式中的地下水埋深替换为埋深与地下水利用量为 0 时的地下水埋深的比值。

为了便于进行农田水量平衡的计算，本研究将潜水蒸发称为地下水利用量（闫华等，2002）。

通过借鉴潜水蒸发公式，目前主要可以得到如下公式：

（1）阿维里扬诺夫型公式

$$E_g = \text{ET}_c \left(1 - \frac{H}{H_{max}} \right)^n \tag{3.31}$$

（2）叶水庭型公式

$$E_g = \text{ET}_c \cdot e^{-a\frac{H}{H_{max}}} \tag{3.32}$$

（3）幂函数型公式

$$E_g = a \cdot \text{ET}_c \left(\frac{H}{H_{max}} \right)^{-b} \tag{3.33}$$

式中，E_g 为单日地下水利用量，mm/d；ET_c 为单日作物蒸发蒸腾量，mm/d；H 为地下水埋深，m；H_{max} 为地下水利用量为 0 时的地下水埋深，m；n、a、b 为经验常数。

采用试验站 1991—2015 年的记录数据，采用式（3.31）～式（3.33）对地下水利用量数据进行拟合并验证，确定最终采用的计算公式，以期为淮北平原地下水利用量的计算提供指导。

3.7.2　数据关系分析

（1）作物蒸发蒸腾量与地下水利用量的二维散点图

整理 1991—2005 年小麦、大豆生长环境下的日照时数、相对湿润度、风速、最高温度和最低温度的数据，计算出逐日作物蒸发蒸腾量。同时整理出 1991—2005 年小麦、大豆在 0.2 m、0.4 m、0.6 m、0.8 m、1.0 m、1.5 m、2 m、3 m、4 m 9 种地下水埋深下的地下水利用量。由于作物生长发育阶段是地下水利用量的主要影响因素之一（罗玉峰等，2013；王晓红等，2008），故在分析其间关系时，需要根据不同的生育期进行分析。小麦和大豆的各生育期见表 3.23。

表 3.23　作物不同生育期对应时间一览表

小麦生育期	苗期	拔节期	抽穗期	成熟期
时间	10 月 15 日—3 月 15 日	3 月 16 日—4 月 15 日	4 月 16 日—5 月 15 日	5 月 16 日—5 月 30 日
大豆生育期	苗期	分枝期	花荚期	成熟期
时间	6 月 10 日—7 月 10 日	7 月 11 日—7 月 31 日	8 月 1 日—8 月 31 日	9 月 1 日—9 月 30 日

首先绘出了小麦、大豆在不同生育期、不同地下水埋深下作物蒸发蒸腾量与地下水利用量间的散点图，以便分析二者之间的关系，如图 3.27～图 3.35 所示。

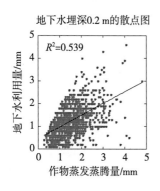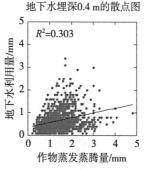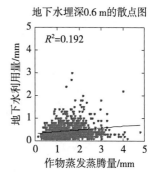

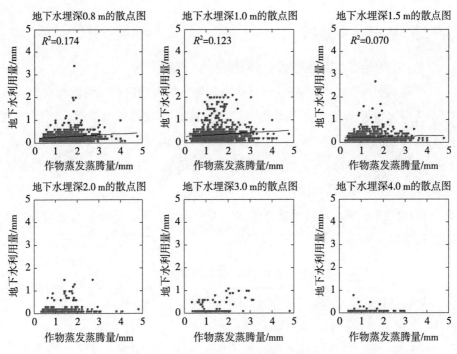

图 3.27　小麦苗期在不同地下水埋深下作物蒸发蒸腾量与地下水利用量散点图

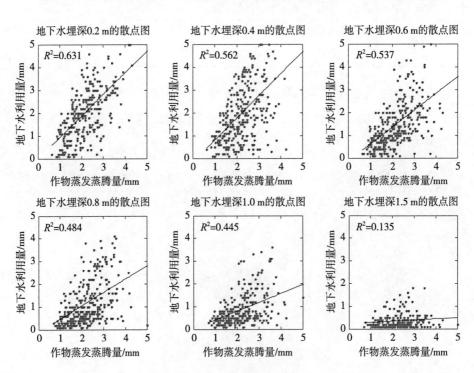

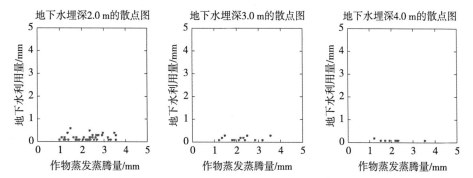

图 3.28 小麦拔节期在不同地下水埋深下作物蒸发蒸腾量与地下水利用量散点图

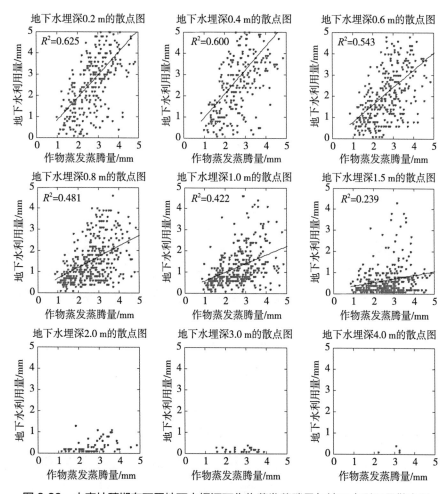

图 3.29 小麦抽穗期在不同地下水埋深下作物蒸发蒸腾量与地下水利用量散点图

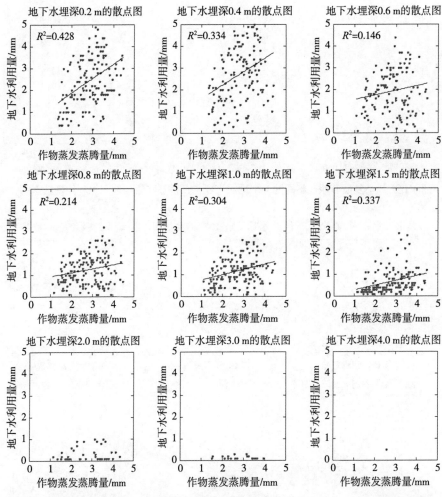

图 3.30 小麦成熟期在不同地下水埋深下作物蒸发蒸腾量与地下水利用量散点图

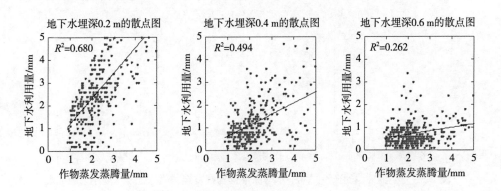

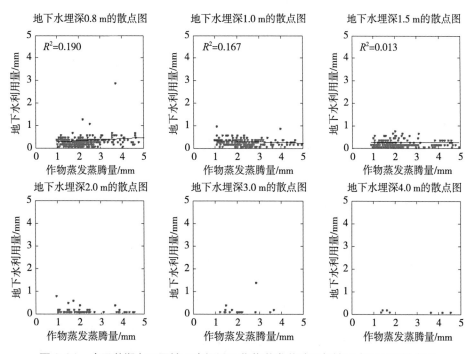

图 3.31　大豆苗期在不同地下水埋深下作物蒸发蒸腾量与地下水利用量散点图

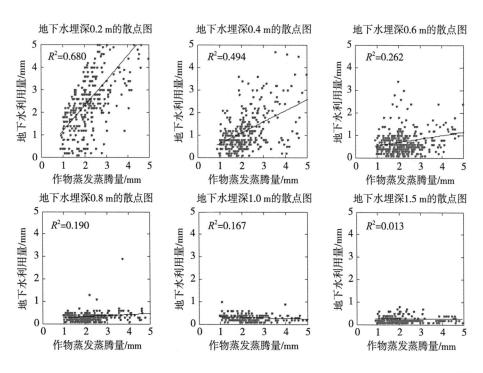

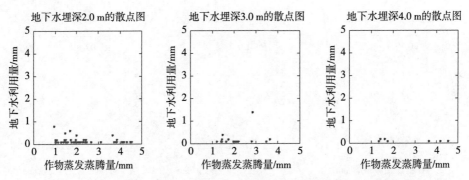

图 3.32　大豆分枝期在不同地下水埋深下作物蒸发蒸腾量与地下水利用量散点图

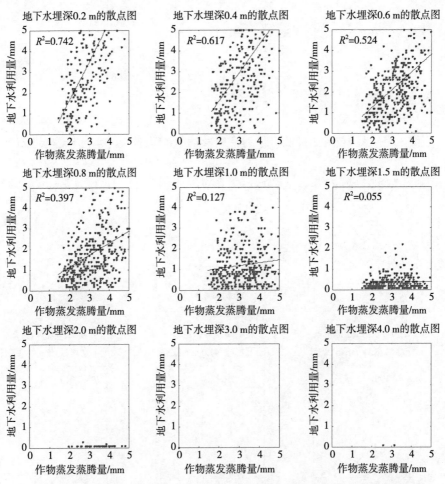

图 3.33　大豆花荚期在不同地下水埋深下作物蒸发蒸腾量与地下水利用量散点图

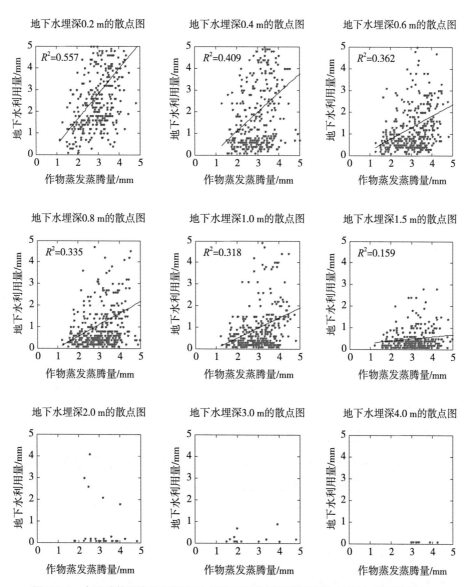

图 3.34　大豆成熟期在不同地下水埋深下作物蒸发蒸腾量与地下水利用量散点图

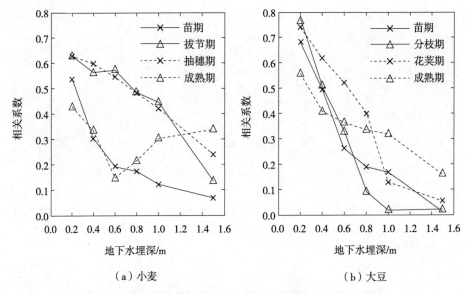

（a）小麦 　　　　　　　（b）大豆

图 3.35　小麦和大豆不同生育期蒸发蒸腾量与地下水利用量
相关系数随埋深的变化折线图

从图 3.27～图 3.35 可以看出：

①地下水利用量与作物蒸发蒸腾量：地下水利用量随着作物蒸发蒸腾量
的增加而增加，这主要是作物蒸发蒸腾量有一部分由地下水提供。

②地下水利用量与地下水埋深：随着地下水埋深的增加，拟合直线的斜
率逐渐下降，作物的蒸发蒸腾量与地下水利用量的相关关系也随着地下水
埋深的增加而逐渐减弱。这说明随着地下水埋深的增加，作物从地下水吸
收的水量逐渐减少，二者依赖程度逐渐降低。这也可以从散点的数量得到
验证。

③地下水利用量与作物蒸发蒸腾的相关系数：从图 3.35 中可以看出，
地下水利用量与作物蒸发蒸腾的相关系数并未达到 1，这主要是因为作物蒸
发蒸腾来自土壤含水率，土壤含水率其中一部分来自地下水，还有部分来自
地表径流补给和降水，所以作物蒸发蒸腾并不是全部来自地下水利用量，故
相关系数未达到 1。

④地下水利用量与作物不同生育期：从图 3.35 中可以看出，小麦在
0.2 m、0.4 m、0.6 m、0.8 m、1.0 m 的同一地下水埋深下，从苗期到拔节

期，相关系数增大，再到抽穗期，相关系数略有变化，最后到成熟期，相关系数下降。这说明小麦对地下水的利用在苗期和成熟期较小，在拔节期和抽穗期较大。小麦在苗期根系较浅，叶面积指数较小（罗玉峰等，2013；Luo et al.，2008），蒸发蒸腾量较小，导致地下水利用量较小，随着小麦的生长，其在拔节期和抽穗期生长旺盛，根系逐渐长长，叶面积指数增大，蒸发蒸腾量增加，导致根系吸水增加，使非饱和带的土壤水势增加，从而增大了潜水面到非饱和带的水势梯度（罗玉峰等，2013；Luo et al.，2010），进而加快了潜水蒸发速率，最终表现为地下水利用量较大，在成熟期，作物生长趋缓，用水较少，导致地下水利用量减小。大豆在 0.2 m、0.4 m、0.6 m 的同一地下水埋深下，从苗期到分枝期，相关系数增大，再到花荚期，除了 0.2 m 埋深相关系数略有下降，其余相关系数增大，最后到成熟期，相关系数下降。这说明大豆对地下水的利用在苗期和成熟期较小，在分枝期和花荚期较大。大豆在苗期根系较浅，叶面积指数较小（Luo et al.，2008），蒸发蒸腾量较小，导致地下水利用量较小，随着大豆的生长，其在分枝期和花荚期生长旺盛，根系逐渐长长，叶面积指数增大，蒸发蒸腾量增加，导致地下水利用量较大，在成熟期，作物生长趋缓，用水较少，导致地下水利用量减少。

⑤地下水利用量在不同作物间的比较：通过比较小麦和大豆的相关系数可以发现，小麦在拔节期和抽穗期地下水埋深为 1 m 处的相关系数仍可以大于 0.4，而大豆在分枝期和花荚期地下水埋深为 0.8 m 处相关系数已小于 0.4。从图 3.35 中还可以看出，小麦的相关系数随深度的增加下降速度比大豆要慢，说明大豆主要的地下水利用量来自较浅埋深的地下水，而小麦对地下水可利用的深度大于大豆，这主要是由于小麦根系比大豆发达，得以利用更深的地下水水量。

（2）地下水埋深 - 作物蒸发蒸腾量 - 地下水利用量的三维散点图

为了更直观地展现地下水埋深 - 作物蒸发蒸腾量 - 地下水利用量三者之间的关系，绘制小麦、大豆地下水埋深 - 作物蒸发蒸腾量 - 地下水利用量的三维散点图，如图 3.36 和图 3.37 所示。

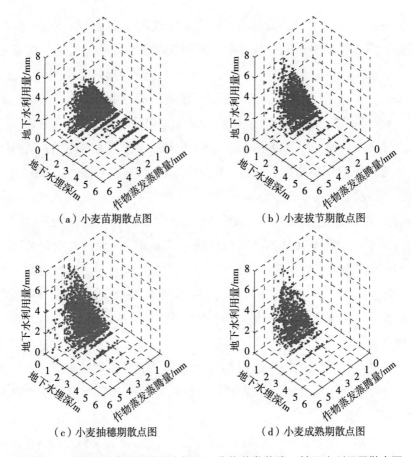

（a）小麦苗期散点图 　　　　　（b）小麦拔节期散点图

（c）小麦抽穗期散点图 　　　　　（d）小麦成熟期散点图

图 3.36　小麦不同生育期地下水埋深 – 作物蒸发蒸腾 – 地下水利用量散点图

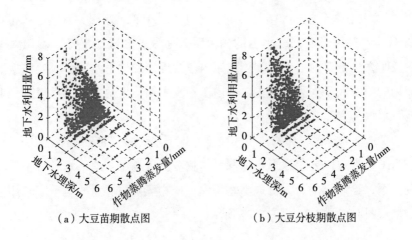

（a）大豆苗期散点图 　　　　　（b）大豆分枝期散点图

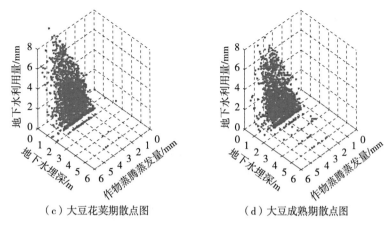

（c）大豆花荚期散点图　　　　　（d）大豆成熟期散点图

图 3.37　大豆不同生育期地下水埋深－作物蒸发蒸腾－地下水利用量散点图

从图 3.37 中可以更加直观地看到随着地下水埋深的增加，作物蒸发蒸腾量减少，地下水利用量也在逐渐减少。其中，当小麦的地下水埋深达到 3 m，大豆的地下水埋深达到 2.5 m 时，地下水利用量基本为 0，所以对于式（3.30）～式（3.32）中地下水利用量为 0 时的地下水埋深 H_{max}，小麦 H_{max} 取为 3 m，大豆 H_{max} 取为 2.5 m。小麦从苗期到拔节期再到抽穗期，地下水利用量逐渐增大，到成熟期时，地下水利用量减少。大豆从苗期到分枝期再到花荚期，地下水利用量逐渐增大，到成熟期时，地下水利用量逐渐减少。同时，小麦对地下水的利用深度比大豆要深。

3.7.3　数据关系公式拟合验证

为了建立并验证地下水埋深、作物蒸发蒸腾量和地下水利用量三者之间的关系式，分别采用小麦和大豆的有关数据进行计算。

公式拟合与验证的结果采用 3 个统计指标进行评价：

平均相对误差（Mean Percent Error，MPE）（毕吉耀，1994）：

$$\text{MPE} = \frac{\sum_{i=1}^{m} \frac{|x_i - y_i|}{y_i}}{m} \tag{3.34}$$

均方根相对误差（Root Mean Square Percent Error，RMSPE）：

$$\mathrm{RMSPE} = \left(\frac{1}{m}\sum_{i=1}^{m}\left[\frac{|x_i - y_i|}{y_i}\right]^2\right)^{0.5} \tag{3.35}$$

相关系数 R：

$$R = \frac{\sum_{i=1}^{m}(x_i - \bar{x})(y_i - \bar{y})}{\sqrt{\sum_{i=1}^{m}(x_i - \bar{x})^2}\sqrt{\sum_{i=1}^{m}(y_i - \bar{y})^2}} \tag{3.36}$$

式中，i 为样本序数，$i=1,2,\cdots,m$；m 为地下水利用量样本总个数；x_i 为第 i 天地下水利用量计算值，mm（以下各地下水利用量单位若无特殊规定均为 mm）；y_i 为第 i 天地下水利用量实测值；$\bar{x}$ 为地下水利用量计算值的平均值；$\bar{y}$ 为地下水利用量实测值的平均值。

（1）数据关系拟合

①小麦

根据 1991—2002 年的小麦地下水埋深、作物蒸发蒸腾量和地下水利用量数据，分别用式（3.31）～式（3.33）对数据进行拟合，采用加速遗传算法（金菊良等，2001）优化其中参数，以阿维里扬诺夫型公式为例，求解以下优化问题：

$$\left.\begin{aligned}\min(1-r^2) &= \min\frac{\sum_{i=1}^{m}(x_i - y_i)^2}{\sum_{i=1}^{m}(y_i - \bar{y})^2}\\ n_{\min} &\leqslant n \leqslant n_{\max}\end{aligned}\right\} \tag{3.37}$$

$$x_i = \mathrm{ET}_{ci}(1 - \frac{H_i}{H_{\max}})^n \tag{3.38}$$

式中，r^2 表示拟合优度；$n_{\min}$、$n_{\max}$ 分别表示在优化阿维里扬诺夫型公式时 n 可以取到的最小值和最大值。

经过加速遗传算法（金菊良等，2001）的优化和统计指标的计算，最终得到表 3.24。根据 3.7.2.2 节分析，H_{max} 取 3 m。

表 3.24　各公式拟合小麦数据的结果及统计指标值

公式	参数	苗期	拔节期	抽穗期	成熟期	平均值
阿维里扬诺夫型公式	n	5.126	1.925	1.517	2.143	2.678
	RME	0.701	1.044	1.053	1.034	0.958
	RMSPE	1.064	1.979	2.203	2.458	1.926
	R	0.677	0.721	0.708	0.638	0.686
叶水庭型公式	a	5.000	2.330	1.886	2.605	2.955
	RME	0.763	1.139	1.169	1.098	1.042
	RMSPE	1.239	2.128	2.421	2.495	2.071
	R	0.658	0.714	0.702	0.632	0.676
幂函数型公式	a	0.064	0.251	0.292	0.231	0.210
	b	0.922	0.529	0.515	0.522	0.622
	RME	0.647	1.318	1.338	1.320	1.155
	RMSPE	1.053	2.467	2.791	2.734	2.261
	R	0.696	0.667	0.664	0.587	0.653

②大豆

根据 1991—2002 年的大豆地下水埋深、作物蒸发蒸腾量和地下水利用量数据，分别用式（3.31）～式（3.33）对数据进行拟合，采用加速遗传算法优化参数，最终得到表 3.25。根据 3.7.2.2 节分析，H_{max} 取 2.5 m。

表 3.25　各公式拟合大豆数据的结果及统计指标值

公式	参数	苗期	分枝期	花荚期	成熟期	平均值
阿维里扬诺夫型公式	n	3.534	2.312	1.506	2.354	2.426
	RME	0.968	1.433	1.489	1.361	1.313
	RMSPE	1.675	2.592	3.018	2.429	2.429
	R	0.778	0.755	0.739	0.604	0.719

续表

公式	参数	苗期	分枝期	花荚期	成熟期	平均值
叶水庭型公式	a	4.052	2.725	1.908	2.854	2.884
	RME	0.984	1.599	1.748	1.450	1.445
	RMSPE	1.733	2.776	3.415	2.514	2.610
	R	0.775	0.755	0.736	0.612	0.719
幂函数型公式	a	0.041	0.115	0.221	0.166	0.136
	b	1.326	0.983	0.723	0.695	0.932
	RME	0.752	1.490	1.818	1.523	1.396
	RMSPE	1.514	2.675	3.617	2.594	2.600
	R	0.848	0.768	0.718	0.611	0.736

通过比较各公式拟合结果的评价指标，可以得到表 3.26。

表 3.26　公式拟合的评价指标汇总分析

数据来源	公式名称	阿维里扬诺夫型公式	叶水庭型公式	幂函数型公式
小麦	RME	0.958	1.042	1.155
	排名	1	2	3
	RMSPE	1.926	2.071	2.261
	排名	1	2	3
	R	0.686	0.676	0.653
	排名	1	2	3
大豆	RME	1.313	1.445	1.396
	排名	1	3	2
	RMSPE	2.429	2.61	2.6
	排名	1	3	2
	R	0.719	0.719	0.736
	排名	2	2	1
平均排名		1.2	2.3	2.3

从表 3.26 中可以看到，阿维里扬诺夫型公式的平均排名最高，说明其拟合效果较好，其次是叶水庭型公式和幂函数型公式。从汇总表的结果来看，推荐使用阿维里扬诺夫型公式。

（2）数据关系验证

通过 3.7.2 节可以初步得到各公式在本次实验中的基本形式。为了验证公式的正确性，利用另一部分数据验证计算。

①小麦

采用 2002—2004 年的数据进行验证，首先采用其间的蒸发蒸腾量和地下水埋深值分别代入式（3.31）～式（3.33），计算出地下水利用量的计算值 x_i，同时收集到地下水利用量的实测值 y_i，分别代入式（3.34）～式（3.36），即可得到各公式的验证结果的评价值。计算结果见表 3.27。

表 3.27　各公式对小麦数据的地下水利用量验证结果

公式	参数	苗期	拔节期	抽穗期	成熟期	平均值
阿维里扬诺夫型公式	RME	0.822	1.121	1.060	0.373	0.844
	RMSPE	1.422	2.059	1.981	0.525	1.497
	R	0.629	0.598	0.738	0.715	0.670
叶水庭型公式	RME	0.973	1.138	1.084	0.416	0.903
	RMSPE	1.680	2.064	2.019	0.571	1.584
	R	0.606	0.596	0.735	0.699	0.659
幂函数型公式	RME	0.798	1.155	1.135	0.482	0.892
	RMSPE	1.374	2.078	2.144	0.666	1.565
	R	0.650	0.625	0.744	0.660	0.670

②大豆

采用 2004—2005 年的数据进行验证，首先采用其间的蒸发蒸腾量和地下水埋深值分别代入式（3.31）～式（3.33），计算出地下水利用量的计算值 x_i，同时收集到地下水利用量的实测值 y_i，分别代入式（3.34）～式（3.36），即可得到各公式的验证结果的评价值。计算结果见表 3.28。

表 3.28　各公式对大豆数据的地下水利用量验证结果

公式	参数	苗期	分枝期	花荚期	成熟期	平均值
阿维里扬诺夫型公式	RME	0.796	1.445	1.018	1.470	1.182
	RMSPE	1.472	2.860	2.467	2.639	2.360
	R	0.773	0.679	0.693	0.647	0.698
叶水庭型公式	RME	0.852	1.482	1.096	1.518	1.237
	RMSPE	1.532	2.862	2.693	2.667	2.438
	R	0.768	0.680	0.686	0.651	0.696
幂函数型公式	RME	0.766	1.475	1.154	1.478	1.218
	RMSPE	1.524	3.057	2.758	2.548	2.472
	R	0.768	0.720	0.671	0.666	0.706

（3）通过比较分析表 3.27 和表 3.28 可以得到表 3.29

表 3.29　公式验证的评价指标汇总分析

数据来源	公式名称	阿维里扬诺夫型公式	叶水庭型公式	幂函数型公式
小麦	RME	0.844	0.903	0.892
	排名	1	3	2
	RMSPE	1.497	1.584	1.565
	排名	1	3	2
	R	0.67	0.659	0.67
	排名	1	2	1
大豆	RME	1.182	1.237	1.218
	排名	1	3	2
	RMSPE	2.36	2.438	2.472
	排名	1	2	3
	R	0.698	0.696	0.706
	排名	2	3	1
平均排名		1.3	2.7	1.7

从表 3.29 中可以看出，阿维里扬诺夫型公式平均排名最高，为 1.3 名，其他公式验证精度从高到低排序依次是幂函数型公式、叶水庭型公式。阿维

里扬诺夫型公式简洁，仅有一个优化参数，且精度高，故选择此公式作为最终的计算公式。

在图 3.38 和图 3.39 的基础上，根据阿维里扬诺夫型公式画出该公式对应的拟合散点的三维图。

从图 3.38 和图 3.39 中可以看出，拟合曲面基本贯穿地下水埋深－作物－地下水利用量的点据，便于将公式应用到作物地下水利用量的计算中。

三维图相较二维图，包含了更加丰富的内容，可以对任意两维进行比较，同时可以综观三维，从整体的角度去观察其中的变化趋势。从图 3.38 和图 3.39 的拟合曲面可以看出，随着地下水埋深的减小和作物蒸发蒸腾量的增大，地下水利用量在逐渐增大。总体来看，拟合曲面是一个朝着作物蒸发蒸腾量轴正方向倾斜的曲面。

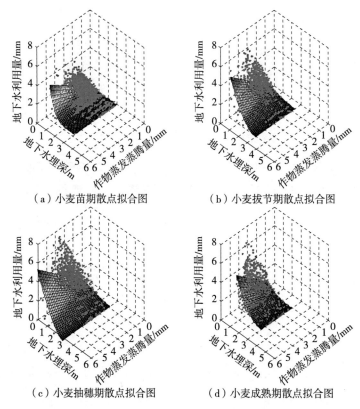

（a）小麦苗期散点拟合图　　　　（b）小麦拔节期散点拟合图

（c）小麦抽穗期散点拟合图　　　　（d）小麦成熟期散点拟合图

图 3.38　小麦各生育期地下水埋深－作物蒸发蒸腾量－地下水利用量散点拟合图

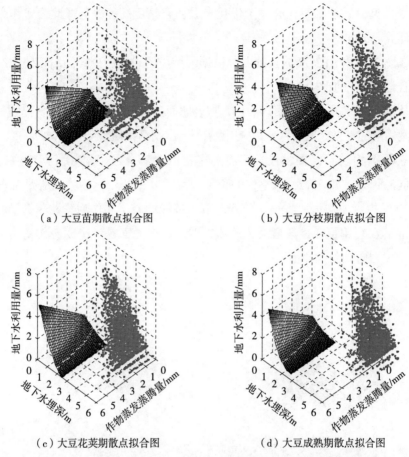

（a）大豆苗期散点拟合图　　　　　　（b）大豆分枝期散点拟合图

（c）大豆花荚期散点拟合图　　　　　　（d）大豆成熟期散点拟合图

图 3.39　大豆各生育期地下水埋深－作物蒸发蒸腾量－地下水利用量散点拟合图

不同时期三维曲面的比较。从小麦苗期到拔节期再到抽穗期，其蒸发蒸腾量和地下水利用量逐渐增大，之后在成熟期开始下降。从小麦苗期到拔节期再到抽穗期，同一地下水利用量其对应的地下水埋深逐渐加深，之后在成熟期逐渐变浅。对比小麦 4 个生育期的拟合曲面图，可以发现抽穗期曲面的平均曲率较小，之后分别是拔节期和成熟期，最后是苗期。这说明苗期相对于抽穗期，随着地下水埋深的增加和作物蒸发蒸腾量的减小，地下水利用量下降较快。这与公式中的 n 值有关，抽穗期的 n 值最小，之后分别是拔节期和成熟期，苗期的 n 值最大。大豆的地下水埋深－作物蒸发蒸腾量－地下水利用量散点的拟合三维图也有相同的规律。这与作物的生长阶段有关，苗期作物根系较短，可吸收的地下水水量主要限于较浅埋深的地下水，而生长中期，作物生长旺盛，根系较长，可吸收的地下水水量可以延伸至更深的地下水，故此时随着地下水埋深的增加和作物蒸发蒸腾量的减少，地下水利用量下降较慢，而到成熟期时，作物生长趋缓，虽然根系较长，但需水量明显减少，致使地下水利用量随着地下水埋深的增加和作物蒸发蒸腾量的减少下降较快。同样，这又可以用公式中的 n 值来进行解释。所以，n 值与作物的生长特性和对地下水的利用程度有关，n 值越大，则说明作物对浅埋深处的地下水的利用程度越大。

3.8　小结

本章依托新马桥农水综合试验站长序列作物受旱胁迫试验数据，分析了受旱胁迫下的作物蒸发蒸腾规律，利用智能优化算法优化率定了 Angstrom 公式参数及作物系数，提高了作物蒸发蒸腾量估算精度，构建阿维里扬诺夫型地下水利用量模型，提高了作物地下水利用量计算精确度。

（1）受旱胁迫下作物蒸发蒸腾响应规律

①苗期轻旱对玉米生长当期和后期生长均不造成明显影响，苗期和拔节期连续轻旱对玉米生长的影响亦不明显，受旱处理下的玉米蒸发蒸腾量相对不旱会有所减少，且中旱处理的减少程度比较显著，说明水分亏缺会减小玉米蒸发蒸腾量，缺水越多减小越严重。拔节期和抽雄吐丝期连续受旱较重时会严重减少玉米的蒸发蒸腾量，且其对玉米生长的抑制作用不只影响其处理当期，后期恢复正常灌溉后抑制作用依然存在，说明拔节期和抽雄吐丝期连续中度受旱已对玉米生长造成永久胁迫。

②在小麦前期受旱胁迫相同的情况下，受旱处理下的冬小麦蒸发蒸腾量相对不旱会明显减少，且中旱处理的减少程度更显著，说明水分亏缺会减少冬小麦蒸发蒸腾量，缺水越多减少越严重。在受旱胁迫条件下，冬小麦水分状况改变，导致所有其他环境因素及其生态作用发生变化，必然引起"土壤-植物-大气"水分传输系统内的水力梯度调整及冬小麦其他生理功能变化，如叶气孔开度减小和关闭、叶面积生长受阻等，冬小麦蒸发蒸腾量减少。

③小麦前期轻微的水分亏缺可能不会严重破坏或改变其生理机能,并且还会刺激其适应性机能,受旱胁迫结束,恢复充分灌溉后,其适应性机能发挥作用使得各项生理功能恢复正常,蒸发蒸腾量恢复甚至超越正常水平,但较为严重的水分亏缺会明显减弱其适应性机能的发挥。因此,合理的水分亏缺范围是保证冬小麦适应能力得到充分发挥的重要因素。

④在小麦当期受旱胁迫相同的情况下,前期受过旱的冬小麦蒸发蒸腾量会明显比未受过旱的小,且前期受旱越严重减小越显著,说明水分亏缺不仅会使冬小麦当期的蒸发蒸腾量减少,而且会产生累积效应,将这种胁迫影响传递到之后的生育阶段,前期缺水越多对后期受旱的冬小麦蒸发蒸腾量影响越大,即土壤水分若得不到及时补充,则会进一步加剧受旱胁迫作用对冬小麦生理机能的破坏或改变。冬小麦生育阶段连续受旱,对生理机能的不利影响更大。

⑤受旱胁迫使得生育期耗水量减少,且受旱程度越重减少比例越大,相比 CK,大豆苗期、分枝期、花荚期和鼓粒成熟期轻旱处理耗水量分别减少 35.60%、34.89%、35.39% 和 38.35%,重旱处理耗水量分别减少 62.01%、69.19%、57.83% 和 83.50%。各生育期不旱和轻旱处理下日耗水强度均值表现为花荚期>鼓粒成熟期>分枝期>苗期。各生育期重旱处理下鼓粒成熟期日耗水强度最小,不同生育期日耗水强度均值表现为花荚期>分枝期>苗期>鼓粒成熟期。

（2）淮北平原 Angstrom 公式参数校正及太阳总辐射时空特征

① FAO 建议的经典参数 a、b 值并不适用于安徽省淮北平原,其较大估计了太阳总辐射及参考作物蒸发蒸腾量;通过遗传算法率定得出的 a、b 值可有效提高 R_s 和 ET_0 计算的准确性;但由于新马桥试验站位于淮北平原南部,因而单以此数据率定所得 a、b 值并不能精确覆盖整个淮北平原,后期还需在平原北部和中部地区的灌溉试验站增设自动气象站,以此扩大淮北平原太阳总辐射数据的观测范围并提高率定精度。

② 1955—2014 年,淮北平原 60 年内的 R_s 从北到南总体上呈逐渐降低的趋势,且北部下降幅度明显低于平原南部,1980 年为主要转折年,1980 年之前安徽省淮北平原 R_s 年际下降趋势不明显,1980 年之后年日均 R_s 下降趋势

明显。

③淮北平原 R_s 总体空间分布主要受纬度影响，呈现北高南低的趋势，局部变化受海拔因素影响明显。4 个季节中 R_s 的大小依次为夏季＞春季＞秋季＞冬季，春季 R_s 从北到南依次降低，主要受纬度因素影响；秋冬季变化趋势与年变化趋势一致，纬度和海拔均对其有显著影响；夏季主要受纬度因素影响，但其他因素对其也有明显影响，因此其局部变化趋势无明显规律。

④安徽省淮北平原 R_s 年内变化趋势呈现为单峰型分布，最大峰值出现在 6 月，12 月最低；7 月、8 月较 6 月阴雨天气增多，日照时数减少，因此 7 月、8 月 R_s 小于 6 月。

（3）基于单作物系数和遗传算法的受旱胁迫下大豆蒸发蒸腾量估算

① GA 优化计算的作物系数分别为 $K_{c\,ini}=0.853$、$K_{c\,mid}=1.418$、$K_{c\,end}=0.695\,9$，相比 FAO 推荐的调整作物系数，GA 的 $K_{c\,ini}$ 偏小，$K_{c\,ini}$ 和 $K_{c\,end}$ 均较大，基于 GA 优化得到的作物系数更符合大豆实际生长情况，初步验证了用 GA 优化计算的作物系数在安徽淮北平原的适用性。

②以 GA 优化计算的作物系数为基础，运用单作物系数法对无受旱胁迫下大豆蒸发蒸腾量进行估算，GA 方法估算蒸发蒸腾量全生育期的平均绝对误差（MAE）、均方根误差（RMSE）和平均相对误差（ARE）较小。同时以无受旱胁迫下另一重复处理作为验证，全生育期的 MAE、RMSE 和 ARE 分别为 0.38 mm/d、0.22 mm/d、11.75%，验证结果较好，说明基于单作物系数和遗传算法的无受旱胁迫下蒸发蒸腾量估算方法合理、可靠，可准确估算大豆蒸发蒸腾量。

③对 14 种不同受旱胁迫下大豆全生育期逐日蒸发蒸腾量进行估算，它们的 MAE 为 0.43～0.74 mm/d，RMSE 为 0.53～0.88 mm/d，ARE 为 16.16%～22.63%，三者均值分别为 0.56 mm/d、0.67 mm/d、19.31%，估算结果较好。这说明基于单作物系数和遗传算法的受旱胁迫下大豆蒸发蒸腾量估算方法合理、可靠。

（4）基于双作物系数法的受旱胁迫下冬小麦蒸发蒸腾量估算

①冬小麦苗期均不旱，分蘖期轻旱、中旱与不旱相比，整个分蘖期的蒸发蒸腾量分别减少 52.10% 和 9.84%；前期受旱相同，拔节期轻旱、中旱与不

旱相比，整个拔节期分别减少 16.44%、13.97%，水分亏缺会减少冬小麦蒸发蒸腾量，缺水越多减少越严重。

②冬小麦苗期不旱，分蘖期、拔节期轻旱，抽穗期不旱，整个抽穗期的蒸发蒸腾量为 70.00 mm，仅比 4 个阶段均不旱的减少 3.25%；苗期不旱，分蘖期、拔节期、抽穗期中旱，乳熟期不旱，整个乳熟期蒸发蒸腾量为 97.19 mm，比 5 个阶段均不旱的减少 9.02%，轻微的水分亏缺可能会刺激冬小麦适应性机能，复水后各项生理功能恢复正常，但较为严重的水分亏缺会明显减弱适应能力，合理的水分亏缺范围是保证冬小麦适应能力得以充分发挥的重要因素。

③冬小麦抽穗期均轻旱，拔节期中旱相比轻旱，整个抽穗期的蒸发蒸腾量减少 10.53%；乳熟期均中旱，抽穗期轻旱相比不旱，整个乳熟期减少 23.17%，水分亏缺不仅会使冬小麦当期的蒸发蒸腾量减少，而且会产生累积效应，将这种胁迫影响传递到之后的生育阶段，前期缺水越多越会加剧后期受旱胁迫，生育阶段连续受旱，对冬小麦生理机能的不利影响更大。

④以双作物系数估算无受旱胁迫下冬小麦蒸发蒸腾量为基础，采用遗传算法率定得到基础作物系数 $K_{c\,ini}$、$K_{c\,mid}$、$K_{c\,end}$ 以及作物系数上限 $K_{c\,max}$ 分别为 0.253、1.385、0.303 和 1.393，以此作物系数运用双作物系数法估算无受旱胁迫下全生育期蒸发蒸腾量的均方根误差（RMSE）、平均绝对误差（MAE）和平均相对误差（MRE）分别为 0.053 mm/d、0.303 mm/d 和 9.85%，分别比对应的 FAO-56 推荐值估算结果减小 72.11%、44.55% 和 24.69%；5 种受旱胁迫下全生育期蒸发蒸腾量的 RMSE、MAE、MRE 平均值分别为 0.278 mm/d、0.211 mm/d 和 16.48%，且计算的土壤水分胁迫系数与实测蒸发蒸腾量变化一致，基于双作物系数和遗传算法的受旱胁迫下冬小麦蒸发蒸腾量估算方法合理、可靠。

（5）基于大型蒸渗仪和遗传算法的受旱胁迫下玉米蒸发蒸腾量估算

①玉米营养生长期内连续的轻微受旱胁迫可能会刺激玉米适应性机能，复水后各项生理功能恢复正常，但较为严重的水分亏缺会明显减弱适应能力，合理的水分亏缺范围是保证玉米适应能力得以充分发挥的重要因素。

②较重的受旱胁迫不仅会使玉米当期的蒸发蒸腾量减少，而且会产生累

积效应，将这种胁迫影响传递到之后的生育阶段，相同受旱程度对玉米生殖生长阶段影响更为明显，且随着胁迫程度的加重更易造成永久胁迫。

③通过遗传算法率定得出的 a、b 值可有效提高 ET_0 计算的准确性，但由于新马桥试验站位于淮北平原南部，因而单以此数据率定所得 a、b 值并不能精确覆盖整个淮北平原，后期还需在平原北部和中部地区的灌溉试验站增设自动气象站，以此扩大淮北平原太阳总辐射数据的观测范围并提高率定精度。

④以双作物系数估算无受旱胁迫下玉米蒸发蒸腾量为基础，采用遗传算法率定得到基础作物系数 $K_{c\,ini}$、$K_{c\,mid}$、$K_{c\,end}$ 以及作物系数上限 $K_{c\,max}$ 分别为 0.150、1.090、0.152 和 1.400，以此作物系数运用双作物系数法估算无受旱胁迫下全生育期蒸发蒸腾量的均方根误差（RMSE）和平均绝对误差（MAE）分别为 1.39 mm/d 和 0.97 mm/d，比对应的 FAO-56 推荐值估算结果分别减小 6.74% 和 8.23%，说明 GA 的估算结果比 FAO-56 更接近实测值，以 GA 优化得到的作物系数进行双作物系数法估算与实际情况的拟合效果更好；受旱胁迫下全生育期蒸发蒸腾量估算精度要差于未受旱的估算结果，遗传算法能否提升受旱胁迫下玉米蒸发蒸腾量估算精度，尚需长序列的试验数据做进一步的验证。

（6）基于典型作物试验的作物对地下水利用公式确定

①为了克服地下水利用量为负值的不足，并考虑到作物蒸发蒸腾对地下水利用量的影响，通过借鉴无作物潜水蒸发公式，构造出 3 种地下水利用公式：阿维里扬诺夫型公式、叶水庭型公式、幂函数型公式。

②计算整理出 1991—2005 年小麦、大豆逐日不同地下水埋深下的地下水利用量及作物蒸发蒸腾量数据，分析作物不同生育期不同地下水埋深下作物蒸发蒸腾量与地下水利用量的二维及三维散点图，发现地下水利用量随着地下水埋深的降低、作物蒸发蒸腾量的增加而逐渐增加，作物的蒸发蒸腾量与地下水利用量的相关系数在苗期和成熟期较小，在其他时期较大，因为其他时期作物对地下水的利用程度较大，大豆主要的地下水利用量与小麦相比来自较浅埋深的地下水。

③运用 1991—2005 年部分年份的小麦、大豆逐日不同地下水埋深下的地下水利用量及作物蒸发蒸腾量数据对地下水利用量公式中的参数采用加速

遗传算法进行率定，并采用后两年的数据对拟合出的计算公式进行验证，应用平均相对误差、均方根相对误差和相关系数对验证效果进行了评价和排序，发现阿维里扬诺夫型公式拟合和验证效果较好，故推荐此公式作为地下水利用量的计算公式。观察阿维里扬诺夫型公式的拟合曲面，发现其是朝着作物蒸发蒸腾量轴正方向倾斜的曲面，并且阿维里扬诺夫型公式中的 n 值越大，作物对浅埋深处的地下水的利用程度越高。

④作物的地下水利用量公式对于灌区灌溉排水设计和农田水量平衡的计算具有一定指导意义，但在研究过程中发现还存在三方面不足：第一，由于计算蒸发蒸腾时使用了彭曼－蒙特斯公式，此公式假定充分灌溉条件，本试验未能完全保证此条件的成立，而试验中不同地下水埋深下蒸发蒸腾量都采用相同的数据进行计算，导致同一天的数据，虽然地下水埋深不同，但蒸发蒸腾量始终是相同的，这显然与实际不符，因为随着地下水埋深的增加，如果其他条件不变，蒸发蒸腾量将逐渐下降（Shih et al.，1984），所以下一步需要实测出不同地下水埋深下的蒸发蒸腾量。第二，浅埋深下的作物可能受到渍害的影响，0.2 m 和 0.4 m 的地下水埋深下的作物部分已经凋零，地下水利用效率较低，故与其他地下水埋深下的作物地下水利用量不具有可比性，所以最小的地下水埋深还需要重新进行论证。第三，有作物条件下的潜水蒸发先补给土壤含水率，之后土壤含水率才将水分输送给作物或用于棵间蒸发，所以潜水蒸发与地下水利用之间存在滞后的过程，可能第一天的潜水蒸发到第二天才被完全用于地下水利用，故本试验忽略了其中的滞后效应。杨学兵（2008）指出，单依靠试验来总结经验公式计算潜水蒸发大小的方法，是潜水蒸发研究过程中的一个过渡，并非科学发展的方向，但是这可以与数值模拟方法相结合或与数值模拟进行相互验证，而且便于在规划设计时进行初步的计算。

参考文献

阿维里扬诺夫 . 1985. 防治灌溉土地盐渍化的水平排水设施 [M]. 北京：中国工业出版社，56-61.

毕吉耀 .1994. 中国宏观经济计量模型：结构分析·政策模拟·经济预测 [M]. 北京：北京大

学出版社，161.

曹雯，申双和 . 2008. 我国太阳日总辐射计算方法的研究 [J]. 南京气象学院学报，31(4):587-591.

曾燕，邱新法，刘昌明，等 . 2007. 1960—2000 年中国蒸发皿蒸发量的气候变化特征 [J]. 水科学进展，18(3): 311-318.

陈凤，蔡焕杰，王健，等 . 2006. 杨凌地区冬小麦和夏玉米蒸发蒸腾和作物系数的确定 [J]. 农业工程学报，22(5): 191-193.

程先军 . 1993. 有作物生长影响和无作物时潜水蒸发关系的研究 [J]. 水利学报，(6): 37-42.

崔日鲜 . 2014. 山东省太阳总辐射的时空变化特征分析 [J]. 自然资源学报，(10): 1780-1791.

段红东 . 2001. 21 世纪淮河治理规划应重点思考的几个问题 [J]. 水利规划与设计，(2): 24-27.

樊引琴，蔡焕杰 . 2002. 单作物系数法和双作物系数法计算作物需水量的比较研究 [J]. 水利学报，(3): 50-54.

冯禹，崔宁博，龚道枝，等 . 2016. 基于叶面积指数改进双作物系数法估算旱作玉米蒸散 [J]. 农业工程学报，32(9): 90-98.

何军，李飞，刘增进 . 2013. 单、双作物系数法计算夏玉米需水量对比研究 [J]. 安徽农业科学，41(33): 12830-12831，12910.

胡庆芳，杨大文，王银堂，等 . 2010. Angstrom 公式参数对 ET_0 的影响及 FAO 建议值适用性评价 [J]. 水科学进展，21(5) :644-652.

胡顺军，康绍忠，宋郁东，等 . 2004. 塔里木盆地潜水蒸发规律与计算方法研究 [J]. 农业工程学报，(2): 49-53.

胡永翔，李援农，张莹 . 2012. 黄土高原区滴灌枣树作物系数和需水规律试验 [J]. 农业机械学报，43(11): 87-91.

金菊良，杨晓华，丁晶 . 2001. 标准遗传算法的改进方案——加速遗传算法 [J]. 系统工程理论与实践，21(4):8-13.

金菊良，张浩宇，陈梦璐，等 . 2019. 基于灰色关联度和联系数耦合的农业旱灾脆弱性评价和诊断研究 [J]. 灾害学，34(1): 1-7.

鞠晓慧，屠其璞，李庆祥 . 2005. 我国太阳总辐射气候学计算方法的再讨论 [J]. 大气科学学报，28(4):516-521.

雷志栋，杨诗秀，谢森传 . 1988. 土壤水动力学 [M]. 北京：清华大学出版社 .

李法虎，傅建平，孙雪峰 . 1992. 作物对地下水利用量的试验研究 [J]. 地下水，14(4): 197-202.

李远华，张明炷，谢礼贵，等 . 1995. 非充分灌溉条件下水稻需水量计算 [J]. 水利学报，26(2): 64-68.

刘钰，Pereira L S. 2000. 对 FAO 推荐的作物系数计算方法的验证 [J]. 农业工程学报，16(5): 26-30.

卢燕宇，田红，鲁俊，等 . 2016. 近 50 年安徽省太阳总辐射的时空变化特征 [J]. 气象科技，44(5) :770-775.

罗玉峰，毛怡雷，彭世彰，等．2013. 作物生长条件下的阿维里扬诺夫潜水蒸发公式改进 [J]. 农业工程学报，29(4): 102-109.

马金玉，罗勇，申彦波，等．2012. 近 50 年中国太阳总辐射长期变化趋势 [J]. 中国科学：地球科学，42(10):1597-1608.

买苗，火焰，曾燕，等．2012. 江苏省太阳总辐射的分布特征 [J]. 气象科学，32(3):269-274.

毛晓敏，雷志栋，尚松浩，等．1999. 作物生长条件下潜水蒸发估算的蒸发面下降折算法 [J]. 灌溉排水，18(2): 26-29.

慕彩芸，马富裕，郑旭荣，等．2005. 北疆春小麦蒸散规律及蒸散量估算研究 [J]. 干旱地区农业研究，23(4): 53-57.

裴浩，范一大，乌日娜．1999. 利用卫星遥感监测土壤含水量 [J]. 干旱区资源与环境，13(1): 73-76.

彭世彰，丁加丽，茆智，等．2007. 用 FAO-56 作物系数法推求控制灌溉条件下晚稻作物系数及验证 [J]. 农业工程学报，23(7): 30-34.

祁宦，朱延文，王德育，等．2009. 淮北地区农业干旱预警模型与灌溉决策服务系统 [J]. 中国农业气象，30(4): 596-600.

申孝军，孙景生，张寄阳，等．2007. 非充分灌溉条件下冬小麦耗水规律研究 [J]. 人民黄河，29(11): 68-70.

石小虎，蔡焕杰，赵丽丽，等．2015. 基于 SIMDualKc 模型估算非充分灌水条件下温室番茄蒸发蒸腾量 [J]. 农业工程学报，31(22): 131-138.

时学双，李法虎，闫宝莹，等．2015. 不同生育期水分亏缺对春青稞水分利用和产量的影响 [J]. 农业机械学报，46(10): 144-151，265.

宿梅双，李久生，饶敏杰．2005. 基于称重式蒸渗仪的喷灌条件下冬小麦和糯玉米作物系数估算方法 [J]. 农业工程学报，21(8): 25-29.

孙洪亮，孙月丽，孙晓丽．2009. 安徽淮北地区大豆长期低产原因及对策 [J]. 中国种业，(6): 27-28.

孙景生，熊运章，康绍忠．1994. 农田蒸发蒸腾的研究方法与进展 [J]. 灌溉排水，13(4): 36-38.

孙爽，杨晓光，李克南，等．2013. 中国冬小麦需水量时空特征分析 [J]. 农业工程学报，29(15): 72-82.

王维，王鹏新，解毅．2015. 基于动态模拟的作物系数优化蒸散量估算研究 [J]. 农业机械学报，46(11): 129-136.

王晓红，侯浩波．2008. 有作物的潜水蒸发规律试验研究和理论分析 (1)——有作物生长条件下的潜水蒸发规律试验研究 [J]. 水力发电学报，27(4): 60-65.

王笑影．2003. 农田蒸散估算方法研究进展 [J]. 农业系统科学与综合研究，19(2):81-84.

王雅婕，黄耀，张稳．2009. 1961—2003 年中国大陆地表太阳总辐射变化趋势 [J]. 气候与环境研究，14(4):405-413.

王振龙，刘淼，李瑞 . 2009. 淮北平原有无作物生长条件下潜水蒸发规律试验 [J]. 农业工程学报，25(6): 26-32.

王子申，蔡焕杰，虞连玉，等 . 2016. 基于 SIMDualKc 模型估算西北旱区冬小麦蒸散量及土壤蒸发量 [J]. 农业工程学报，32(5): 1226-1236.

闫华，周顺新 . 2002. 作物生长条件下潜水蒸发的数值模拟研究 [J]. 中国农村水利水电，(9): 15-18.

严菊芳，杨晓光 . 2010. 关中地区夏大豆蒸发蒸腾及作物系数的确定 [J]. 节水灌溉，(3): 19-22.

杨贵羽，王知生，王浩，等 . 2009. 海河流域 ET_0 演变规律及灵敏度分析 [J]. 水科学进展，20(3) :409-415.

杨静敬 . 2009. 作物非充分灌溉及蒸发蒸腾量的试验研究 [D]. 杨凌：西北农林科技大学 .

杨学兵 . 2008. 农作物种植条件下浅层地下水利用研究进展 [J]. 安徽农业科学，(22): 9650-9651，9673.

叶水庭，施鑫源，苗晓芳 . 1982. 用潜水蒸发经验公式计算给水度问题的分析 [J]. 水文地质工程地质，(4): 45-48.

袁宏伟，崔毅，蒋尚明，等 . 2018. 基于大型蒸渗仪和遗传算法的受旱玉米蒸发蒸腾量估算 [J]. 农业机械学报，49(10):326-335.

张强，王文玉，阳伏林，等 . 2015. 典型半干旱区干旱胁迫作用对春小麦蒸散及其作物系数的影响特征 [J]. 科学通报，60(15): 1384-1394.

赵丽雯，吉喜斌 . 2010. 基于 FAO-56 双作物系数法估算农田作物蒸腾和土壤蒸发研究——以西北干旱区黑河流域中游绿洲农田为例 [J]. 中国农业科学，43(19): 4016-4026.

赵娜娜，刘钰，蔡甲冰 . 2010. 夏玉米作物系数计算与耗水量研究 [J]. 水利学报，41(8): 953-959.

赵文双，商彦蕊，黄定华，等 . 2007. 农业旱灾风险分析研究进展 [J]. 水科学与工程技术，(6): 1-5

赵勇，王玉坤，多岩松 . 2005. 作物腾发量计算中的一些问题的探讨 [J]. 南水北调与水利科技，3(1): 57-59.

郑珍，蔡焕杰，虞连玉，等 . 2016. CERES-Wheat 模型中两种蒸发蒸腾量估算方法比较研究 [J]. 农业机械学报，47(8): 179-191.

周丹，沈彦俊，陈亚宁，等 . 2015. 西北干旱区荒漠植被生态需水量估算 [J]. 生态学杂志，34(3): 670-680.

周晋，吴业正，晏刚 . 2006. 中国太阳总辐射的日照类估算模型 [J]. 哈尔滨工业大学学报，38(6):925-927.

朱梅，王振龙 . 2013. 淮北平原农作物对地下水利用量实验研究 [J]. 地下水，35(5): 46-48.

朱秀珍，崔远来，李远华，等 . 2002. 豫东平原潜水蒸发试验研究 [J]. 中国农村水利水电，(3): 1-2，8.

左大康，王懿贤，陈建绥.1963.中国地区太阳总辐射的空间分布特征 [J].气象学报，(1): 78-96.

ALLEN R G, PEREIRA L S, SMITH M, et al. 2005. FAO-56 dual crop coefficient method for estimating evaporation from soil and application extensions[J]. Journal of Irrigation and Drainage Engineering, 131(1): 2-13.

ALLEN R G, PEREIRAL L S, RAES D, et al. 1998. Crop Evapotranspiration: Guidelines for computing crop water requirements[M].

ALLEN R, PEREIRA L, RAES D, et al. 1998. Crop Evapotranspiration: Guidelines for Computing Crop water Requirements [M].Rome: FAO Irrigation and Drainage Paper 56.

BEKELE S, TILAHUN K. 2007. Regulated deficit irrigation scheduling of onion in a semiarid region of ethiopia[J]. Agricultural Water Management, 89(1-2): 148-152.

COSTELLOE J F, IRVINE E C, WESTERN A W. 2014. Uncertainties around modelling of steady-state phreatic evaporation with field soil profiles of δ 18O and chloride[J]. Journal of Hydrology, 511: 229-241.

CUI YI, JIANG SHANGMING, FENG PING, et al. 2018. Winter wheat evapotranspiration estimation under drought stress during several growth stages in Huaibei Plain[J]. China Water, 10(9): 1208.

DANIELOPOL D L, GRIEBLER C, GUNATILAKA A, et al. 2003. Present state and future prospects for groundwater ecosystems [J]. Environmental Conservation, 30(2): 104-130.

DEJONGE K C, ASCOUGH J C, ANDALES A A, et al. 2012. Improving evapotranspiration simulations in the CERES-Maize model under limited irrigation[J]. Agricultural Water Management, 115(12): 92-103.

DUCHEMIN B, HADRIA R, ERRAKI S, et al. 2006. Monitoring wheat phenology and irrigation in Central Morocco: On the use of relationships between evapotranspiration, crops coefficients, leaf area index and remotely-sensed vegetation indices[J]. Agricultural Water Management, 79(1): 1-27.

FEDDES R A, KOWALIK P J, ZARADNY H.1978. Simulation of field water use and crop yield[M]. New York: John Wiley and Sons.

GIRONA J, MATA M, FERERES E, et al. 2002. Evapotranspiration and soil water dynamics of peach trees under water deficits[J]. Agricultural Water Management, 54(2): 107-122.

GRISMER M E, GATE T K. 1988. Estimating saline water table contribution to crop water use [J]. Calif Agric, 43: 23-24.

KARAM F, LAHOUD R, MASAAD R. 2007. Evapotranspiration, seed yield and water use efficiency of drip irrigated sunflower under full and deficit irrigation conditions[J]. Agricultural Water Management, 90(3): 213-223.

KARIMOV A K, ŠIMŮNEK J, HANJRA M A, et al. 2014. Effects of the shallow water table on water use of winter wheat and ecosystem health: Implications for unlocking the potential of groundwater in the Fergana Valley (Central Asia) [J]. Agricultural Water Management, 131: 57-69.

KASHYAP P S, PANDA P K. 2001. Evaluation of evapotranspiration estimation methods and development of crop coefficient for potato crop in a sub-humid region[J]. Agricultural Water Management, 50(1): 9-25.

LUO Y, HE C, SOPHOCLEOUS M, et al. 2008. Assessment of crop growth and soil water modules in SWAT2000 using extensive field experiment data in an irrigation district of the Yellow River Basin [J]. Journal of Hydrology, 352(1-2): 139-156.

LUO Y, SOPHOCLEOUS M. 2010. Seasonal groundwater contribution to crop-water use assessed with lysimeter observations and model simulations [J]. Journal of Hydrology, 389(3-4): 325-335.

MANUEL W T, FRANCESC I C. 2000. Simplifying diurnal evapotranspiration estimates over short full-canopy crops[J]. Agronomy Journal, 92(4): 628-632.

MARTINS J D, RODRIGUES G C, PAREDES P, et al. 2013. Dual crop coefficients for maize in southern Brazil: Model testing for sprinkler and drip irrigation and mulched soil[J]. Biosystems Engineering, 115(3): 291-310.

MONTEITH J L. 1965. Evaporation and environment[J]. Symposia of the Society for Experimental Biology, 19(19): 205-234.

MORIASI D N, ARNOLD J G, LIEW M W V, et al. 2007. Model evaluation guidelines for systematic quantification of accuracy in watershed simulations[J]. Transactions of the Asabe, 50(3): 885-900.

RAY S S, DADHWAL V K. 2001. Estimation of crop evapotranspiration of irrigation command area using remote sensing and GIS[J]. Agricultural Water Management, 49(3): 239-249.

RICHARD W T, STEVEN R E, TERRY A H. 2000. The Bowen ratio-energy balance method for estimating latent heat flux of irrigated alfalfa evaluated in semi-arid,advective environment[J]. Agricultural and Forest Merteorology, 103(4): 335-348.

SANTOS T P, LOPES C M, RODRIGUES M L. 2007. Effects of deficit irrigation strategies on cluster microclimate for improving fruit composition of Moscatel field-grown grapevines[J]. Scientia Horticulturae, 112(3): 321-330.

SEPASKHAH A R, KANOONI A, GHASEMI M M. 2003. Estimating water table contributions to corn and sorghum water use [J]. Agricultural Water Management, 58(1): 67-79.

SHIH S F, RAHI G S. 1984. Evapotranspiration of lettuce in relation to water table depth [J]. Transactions of the American Society of Agricultural Engineers, 27(4): 1074-1080.

TORRES J S, HANKS R J. 1989. Modeling water table contribution to crop evapotranspiration [J]. Irrigation Science, 10(4): 265-279.

ZHANG B, LIU Y, XU D, et al. 2013. The dual crop coefficient approach to estimate and partitioning evapotranspiration of the winter wheat-summer maize crop sequence in North China Plain[J]. Irrigation Science, 31(6): 1303-1316.

第 4 章　旱灾系统敏感性的试验分析

4.1　作物蒸发蒸腾量与土层土壤含水率的关系

作物需水量是指作物在适宜的土壤水分和肥力水平下，经过正常生长发育，获得高产时的植株蒸腾、棵间蒸发以及构成株体的水量之和（佟玲等，2006）。由于构成株体的水分只占总蒸发蒸腾量中很微小的一部分（一般小于 1%），在实际计算中认为作物需水量在数量上等于高产水平条件下的农田蒸发蒸腾量（佟玲等，2006；陈玉民等，1995）。农田蒸发蒸腾不仅是农田水分平衡的重要组成部分，而且是制订灌溉计划以及评价气候资源和水分供应状况的前提，在农业生产中具有重要作用。农田灌溉管理、作物产量估算、土壤水分动态预报和水资源评价及合理开发利用等均需农田作物蒸发蒸腾成果（陈凤等，2006；王健等，2004；康绍忠等，1996；P Singh et al.，1990）。因此，农田蒸发蒸腾的科学合理确定历来受到国内外学者的关注（樊引琴等，2002；刘钰等，2000；Tyagi N K et al.，2000；Allen R G，2000）。试验依托新马桥农水综合试验站，利用大型称重式蒸渗仪测定冬小麦和夏玉米全生育期的作物蒸发蒸腾量，分析全生育期内的蒸发蒸腾变化规律，探寻作物蒸发蒸腾量与土层土壤含水率以及 LAI 之间的关系，为淮北平原大田粮食作物灌溉计划的制订以及水资源合理开发利用评价提供理论依据。

4.1.1　试验与方法

试验于 2013 年 6 月—2014 年 5 月在安徽省水利科学研究院新马桥农水综合试验站进行。夏玉米播种时间为 2013 年 6 月 16 日，品种为隆平 206，当年 10 月 9 日收获；冬小麦播种时间为 2013 年 10 月 17 日，品种为山农 20，次年 5 月 23 日收获。蒸渗仪布设有防雨棚，小区内土壤水分完全由人工

灌水控制，地下水位埋藏较深，向上补给量可忽略。根据《农业干旱等级》
（GB/T 32136—2015），小麦及玉米全生育期基本保持耕作层土壤水分为65%
以上（占田间持水率%），保证作物无水分亏缺。试验夏玉米生育期划分见
表4.1，冬小麦生育期划分见表4.2。

表4.1　2013年夏玉米生育期划分

日期	生育阶段	天数/d
6月16日—6月22日	播种—出苗	7
6月23日—7月22日	出苗—拔节	31
7月23日—8月6日	拔节—抽雄吐丝	16
8月7日—8月22日	抽雄吐丝—灌浆	17
8月23日—10月9日	灌浆—成熟	19
6月16日—10月9日	全生育期	116

表4.2　2013—2014年冬小麦生育期划分

日期	生育阶段	天数/d
10月17日—10月23日	播种—出苗	7
10月24日—11月19日	出苗—分蘖	27
11月20—3月18日	分蘖—拔节	119
3月19日—4月8日	拔节—抽穗灌浆	21
4月9日—4月30日	抽穗灌浆—乳熟	22
5月1日—5月23日	乳熟—黄熟	23
10月17日—5月23日	全生育期	219

注：本次试验将分蘖至拔节之间的时间段简单概括为一个生育阶段进行分析。

（1）试验主要观测项目

气象数据由站内的气象场每日观测所得。大型称重式蒸渗仪可用来测定
作物的实际蒸发蒸腾量，蒸渗仪面积为（2×2）m²，深2.3 m，重15.0 t 左

右，测量精度为 0.02 mm。数据用数据采集系统自动收集和记录，时间间隔
为 1 h。40 cm、60 cm、80 cm 土层土壤含水率数据由蒸渗仪内埋设的土壤水
分传感器测定。40 cm 以上土壤含水率由人工取土观测。作物叶面积指数由英
国 Delta-T 公司生产的 SunScan Canopy Analysis System 测得（图 4.1）。

图 4.1 农作物蒸渗仪测坑灌溉试验

（2）参考作物蒸发蒸腾量的计算

参考作物蒸发蒸腾量采用 FAO 彭曼－蒙特斯（Penman-Monteith）公式
计算。

$$ET_0 = \frac{0.408\Delta(R_n - G) + \gamma \dfrac{900}{T + 273} u_2 (e_s - e_a)}{\Delta + \gamma (1 + 0.34 u_2)} \tag{4.1}$$

式中，ET_0 为参考作物蒸发蒸腾量，mm/d；R_n 为作物表面的净辐射量，
MJ/（$m^2 \cdot d$）；G 为土壤热通量，MJ/（$m^2 \cdot d$）；T 为平均气温，℃；u_2 为
2 m 高处的平均风速，m/s；e_s 为饱和水汽压，kPa；e_a 为实际水汽压，kPa；
Δ 为饱和水汽压与温度曲线的斜率，kPa/℃；γ 为干湿表常数。

4.1.2 结果与分析

由图 4.2 可以看出，0～60 cm 土层土壤含水率随时间变化有较大波动，
且其波动幅度与土层深度密切相关，土层越浅，土壤含水率波动幅度越大，
其中表层 0～10 cm 土壤含水率变化幅度最大，60 cm 土层土壤含水率变化幅

度最小；80 cm 土层土壤含水率随时间变化基本无明显变化。0～40 cm 土层土壤含水率与冬小麦 ET 变化趋势一致。以上分析说明，冬小麦蒸发蒸腾量受0～60 cm 土层土壤含水率的影响较大，尤其是 0～40 cm 土层土壤含水率对冬小麦蒸发蒸腾量影响显著。80 cm 以下土层土壤含水率基本对作物蒸发蒸腾量无明显影响，土壤对作物生长的供水主要集中在 0～40 cm 的耕作层。

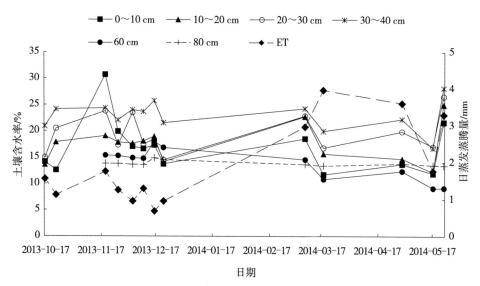

图 4.2　冬小麦蒸发蒸腾量与分层土壤含水率的关系

由图 4.3 可以看出，0～60 cm 土层土壤含水率与夏玉米 ET 变化趋势基本一致，其中 0～40 cm 土层土壤含水率变化幅度较大，60 cm 土层土壤含水率变化幅度平缓，80 cm 土层土壤含水率随时间变化无明显变化。由图 4.4 可以看出，ET 与 LAI 的变化趋势部分一致，其中 8 月 1 日以前（苗期—拔节中期）两者之间无明显关系，8 月 1 日之后（拔节后期及其他生育期）的一段变化趋势一致。以上分析表明，全生育期内夏玉米 ET 受 0～60 cm 土层土壤含水率的影响较大，尤其是 0～40 cm 土层土壤含水率对作物蒸发蒸腾量影响显著；80 cm 以下土层土壤含水率基本对作物蒸发蒸腾量无明显影响。拔节期中期以前作物覆盖度低，LAI 对 ET 影响小；到夏玉米拔节期后期，随着作物覆盖度的增大，LAI 对蒸发蒸腾量的影响显著。

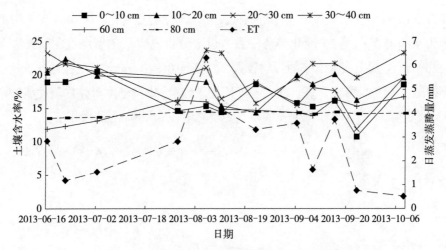

图 4.3　夏玉米 ET 与分层土壤含水率的关系

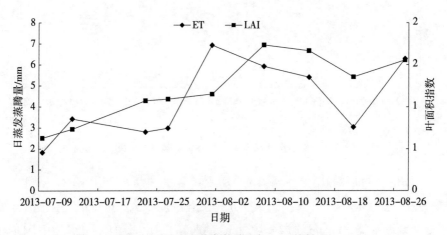

图 4.4　夏玉米蒸发蒸腾量与 LAI 的关系

4.2　蒸发蒸腾与地上部干物质的响应关系

农业旱灾是当今全球发生频繁、持续时间长、影响范围广的重大自然灾害之一（罗党等，2020；Dalezios et al，2014），严重威胁着国家粮食安全和社会稳定。近年来，随着气候变化和人类活动影响的加剧，农业旱灾的发生频率、致灾强度和影响范围显著增大，已成为制约许多国家和地区社会经济持续发展的因素之一（金菊良等，2016）。受旱胁迫下植株蒸发蒸腾与生物量积累之间的定量响应关系是从作物生长过程角度解析农业旱灾损失形成机制、揭示农业干旱致灾机理的基础（Cui et al.，2019；Gajić et al.，2018）。

目前，研究较多的是作物蒸发蒸腾量与产量之间关系的表达式，其中以作物全生育期总蒸发蒸腾量与产量之间的二次函数（韩娜娜等，2010；郑健等，2009；汤广民等，2006）和各生育阶段蒸发蒸腾量与产量之间的 Jensen 模型较为常见（Yue et al.，2020；蒋磊等，2019；Cheng et al.，2016）。总体来看，在适宜的土壤水分条件下，作物蒸发蒸腾量与产量基本呈线性关系，随着耗水量从正反两个方向超越适宜土壤水分区间，两者之间的关系形式发生变化，但整体上呈抛物线函数。然而，作物生长和产量形成对干旱胁迫的响应是一个十分复杂的物理化学过程（Khakwani et al.，2013），当干旱胁迫达到一定程度后，胁迫影响先传递到作物生理过程，再传递到作物生长过程，最终导致生物产量的减少（纪瑞鹏等，2019）。因此，仅依据蒸发蒸腾量与产量之间的响应关系并不能完全解析作物从受旱胁迫到生长指标受损最终到产量减少的旱灾损失成因过程，需要建立受旱胁迫下作物各生育阶段蒸发蒸腾量与生长指标之间的定量关系，为从作物生长全过程角度揭示作物旱灾损失物理机制提供重要转换环节。

研究表明，作物产量的形成与植株干物质的积累与运转关系密切。马小龙等（2016）对农户的小麦生产情况进行调研发现，小麦生物量每增加 1 000 kg/hm²，籽粒产量增加 430 kg/hm²。此外，作物在遭受干旱胁迫后，生物量和产量构成等指标相比充分灌溉均会发生不同程度的抑制。高宏云等（2020）通过土柱试验发现，在棉花吐絮期，与充分灌溉相比，蕾花铃干物质在轻度和中度受旱胁迫下分别减少 30.44% 和 52.22%，营养器官干物质分别降低 16.61% 和 42.20%。Werf 等（2007）构建 Yield-SAFE 模型时指出，作物地上部干生物量与作物蒸发蒸腾量呈线性关系。苏涛等（2010）分析土壤水分与作物地上部生物量之间关系发现，作物蒸腾消耗的水分质量与同期作物积累的干物质质量之比在一定时期是定值，蒸腾消耗的水分越多，积累的干生物量就越多。魏永霞等（2019）通过水稻耗水试验发现，抽穗开花期蒸发蒸腾量与阶段最大干物质积累量呈显著正相关。仝锦等（2020）采用小麦试验发现，播种期—拔节期、拔节期—开花期阶段蒸发蒸腾量与花前干物质积累量显著或极显著相关，开花—成熟阶段蒸发蒸腾量与花后干物质积累量显著相关。蔡福等（2021）运用 WOFOST 模型模拟作物生长过程发现，高温促进作物维持呼吸速率的增大，导致用于呼吸的同化物消耗增大，从而使地上生物量减少。然而，由于受旱胁迫下作物生长过程中存在大量的不确定性，其相关研究一直是自然灾害学界的前沿和难点（金菊良等，2016）。目前多数研究主要关注的是作物受旱当期蒸发蒸腾量与最终产量或当期生长指标之间的关系，而对于作物受旱后各生育阶段蒸发蒸腾量与生物积累量之间的定量响应关系研究尚很少，这严重限制了作物旱灾损失形成过程的物理解析，亟须展开研究。因此，有必要结合典型农业干旱区域作物受旱试验，量化不同受旱胁迫下（受旱当期和受旱后期）作物各生育阶段蒸发蒸腾量与生物积累量之间的响应关系。

大豆是中国重要的粮食和油料作物之一，随着人口的增长和生活水平的提高，大豆产品的消费需求日益增加（侯志强等，2018）。淮北平原是高蛋白质大豆的主产区，以夏播为主，种植面积常年在 70 万～80 万 hm^2（崔毅等，2017）。淮北平原夏大豆以雨养为主，但该区域地处典型的半干旱半湿润季风气候过渡区（Cui et al.，2019），降水年际、年内分布不均，且夏季气温较高，再加上近年来气候变化引起的降水、温度异常，导致大豆生育期内旱灾频发，严重影响了大豆产量。因此，准确识别大豆在不同受旱条件下各生育阶段蒸发蒸腾量与生物积累量之间的定量关系，对诊断淮北平原夏大豆旱灾损失形成薄弱环节，制定科学的灌溉策略具有重要意义。基于此，本研究根据淮北平原两季夏大豆盆栽受旱试验，分别建立受旱当期和受旱后期大豆各生育阶段蒸发蒸腾量与地上部生物积累量之间的定量关系，以期更精细、完整地从作物地上部生长全过程角度解析农业旱灾损失成因机理，为保证淮北平原夏大豆高产稳产奠定基础。

4.2.1 试验与方法

（1）试验概况

夏大豆盆栽受旱试验在安徽省水利科学研究院新马桥农水综合试验站进

行，两季试验期均为 2015 年和 2016 年的 6—9 月，其间试验站实测气象要素
如图 4.5 所示。

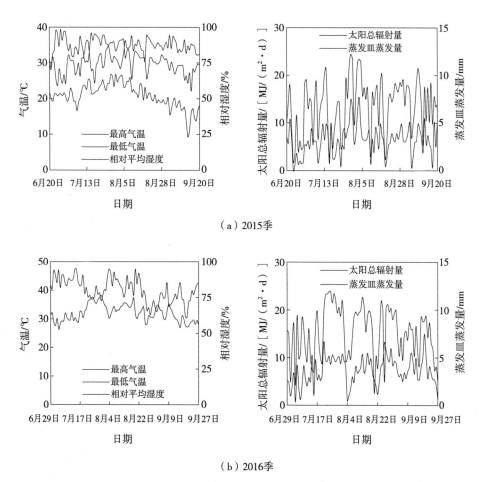

（a）2015季

（b）2016季

图 4.5　两季夏大豆受旱试验期间试验站实测逐日气象要素

（2）作物管理

两季盆栽大豆均种植在塑料桶中，2015 季桶上部内径 28 cm，底部内径
20 cm，高 27 cm，每个空桶装入风干土 15 kg；2016 季桶上部内径 31 cm，底
部内径 23 cm，高 27 cm，每桶装入风干土 17 kg。所有空桶在装土前测定重
量。供试土壤采自试验站大田耕作层，为安徽省淮北平原地区典型的砂姜黑
土。为保证豆种萌发，播种前将各盆栽土壤灌溉至田间持水量，且每桶随灌

溉施入复合肥 4 g（N 15%，P_2O_5 15%，K_2O 15%）。所有盆栽均放置在开放环境中，布设有移动雨棚，用以隔绝降水。盆栽中的土壤水分仅由人工灌溉补充。对于所有盆栽样本，试验期间除水分管理外，其他作物管理措施均完全一致，保证植株正常生长发育，不受病虫害影响。供试大豆品种为中黄 13，2015 季试验于 2015 年 6 月 20 日播种，7 月 3 日出苗整齐，7 月 4 日起开始试验处理，9 月 20 日收获，2016 季试验期为 7 月 15 日（开始试验处理）至 9 月 27 日（收获）。

根据安徽省淮北平原地区夏大豆的大田种植密度，本试验中每桶定苗长势均匀的大豆幼苗 3 株。结合试验站多年的夏大豆实际生长记录和相关研究（Dogan et al.，2007；Desclaux et al.，2000）中对大豆生育阶段的划分，本书将大豆全生育期划分为苗期、分枝期、花荚期和鼓粒期 4 个生育阶段。

（3）试验设计

两季大豆盆栽试验中均设置 9 种试验处理，包括 1 种充分灌溉处理和 8 种受旱处理，具体试验设计见表 4.3。为评估和比较大豆不同生育阶段受旱对蒸发蒸腾与地上部生长之间响应关系的影响，本试验仅对单一生育阶段设置受旱胁迫，且试验处理的每个生育阶段结束后均进行破坏试验，测定该阶段内植株的地上部生物积累量。本试验控制因素为大豆不同生育阶段的盆栽土壤含水率，即通过控制大豆各生育阶段盆栽土壤含水率的下限设置不同试验处理。结合试验站多年作物受旱试验和相关研究（Patanè et al.，2010；Sincik et al.，2008；Desclaux et al.，2000）中的灌溉试验设计，本试验中共设置 3 个土壤含水率下限，分别为田间持水量的 75%、55% 和 35%，分别对应无受旱胁迫、轻度受旱胁迫和重度受旱胁迫 3 种胁迫水平。具体地，两季试验均分别在大豆苗期、分枝期、花荚期和鼓粒期 4 个生育阶段设置轻度和重度受旱 2 种胁迫水平、其他生育阶段无受旱胁迫，分别对应受旱处理 T1～T8；另设大豆全生育期无受旱胁迫，对应充分灌溉处理 CK，即对照组。9 种试验处理中大豆 4 个生育阶段的土壤含水率控制下限如表 4.3 所示。

表 4.3　两季夏大豆受旱胁迫试验设计

处理方案编号	各生育阶段土壤含水率下限（占田间持水量的百分比）/%				各生育阶段土壤含水率达到下限所需平均天数 /d				各生育阶段土壤含水率达到下限平均次数 / 次				试验处理说明
	苗期	分枝期	花荚期	鼓粒期	苗期	分枝期	花荚期	鼓粒期	苗期	分枝期	花荚期	鼓粒期	
T1	55	75	75	75	6	2	1	1	3	11	13	25	苗期轻度受旱
T2	35	75	75	75	11	3	1	1	1	10	14	23	苗期重度受旱
T3	75	55	75	75	2	4	2	1	8	8	12	22	分枝期轻度受旱
T4	75	35	75	75	2	9	3	1	8	2	11	20	分枝期重度受旱
T5	75	75	55	75	2	1	3	1	7	13	8	19	花荚期轻度受旱
T6	75	75	35	75	2	1	7	2	8	12	3	17	花荚期重度受旱
T7	75	75	75	55	2	1	1	3	8	12	14	11	鼓粒期轻度受旱
T8	75	75	75	35	2	1	1	7	8	13	13	3	鼓粒期重度受旱
CK	75	75	75	75	2	1	1	1	9	13	14	25	全生育期充分灌溉，对照组

本试验中，为测定各处理下大豆每个生育阶段内的地上部生物积累量，

各阶段结束后均进行破坏试验。为此，两季试验中各处理在苗期、分枝期、花荚期和鼓粒期结束后均设置5个盆栽样本进行破坏试验（2016季CK在鼓粒期结束后设置15个盆栽样本），测定各阶段内植株地上部生物量（图4.6）。两季试验均采用完全随机试验设计。

图4.6　盆栽大豆破坏试验

（4）测定项目及方法

①盆栽重量

大豆出苗后第 j 天的盆栽重量用 W_j 表示（kg），通过电子天平测定（型号YP30KN）。豆种萌发至植株收获的试验期间，每日18:00前后测定所有大豆盆栽样本重量。

②土壤含水率

大豆盆栽的土壤含水率根据称重数据计算得到，并由重量含水率（kg/kg）转换为体积含水率（cm^3/cm^3）。

③灌溉量

大豆出苗后第 j 天的灌溉量 I_j（mm）由盆栽土壤含水率和该盆栽试验处理对应的土壤含水率下限共同确定。当大豆出苗后第（$j-1$）天末的盆栽土壤含水率低于试验处理对应下限时，第 j 天盆栽灌溉至田间持水量的90%。每日7:00前后实施灌溉，水量通过量杯和量筒精确控制。

④蒸发蒸腾量

大豆盆栽实际水分消耗量可通过盆栽重量和灌溉量由式（4.2）计算

得到：

$$\mathrm{ET}_{c,j} = W_{j-1} + I_j - W_j \qquad （4.2）$$

式中，$\mathrm{ET}_{c,j}$ 表示盆栽大豆出苗后第 j 天的蒸发蒸腾量，mm。

⑤地上部生物量

待每个生育阶段结束后，取盆栽进行破坏试验。具体地，将每个盆栽中的 3 株完整大豆地上、地下部分离，取地上部（茎、叶、豆荚和籽粒）进一步分离后用水浸泡，洗净后用吸水纸擦干，置于烘箱中 105℃杀青 30 min，75℃恒温烘干至恒重，放入干燥器中冷却，再用电子天平（型号 TD30K-0.1）称得 3 株地上部干物质量总和，即为植株地上部生物量。大豆某一生育阶段内的地上部生物积累量为该阶段末与上一阶段末地上部生物量之差：

$$B_{a,m} = \begin{cases} B_m, & m=1 \\ B_m - B_{m-1}, & m=2,3,4 \end{cases} \qquad （4.3）$$

式中，$B_{a,m}$ 表示大豆第 m 个生育阶段的地上部生物积累量，g；B_m、B_{m-1} 分别表示大豆第 m 和（m-1）个生育阶段末的地上部生物量，g；m=1,2,3,4，分别表示大豆苗期、分枝期、花荚期和鼓粒期。

4.2.2　结果与分析

（1）受旱当期大豆蒸发蒸腾与地上部生长之间的响应关系

2015 季和 2016 季所有试验处理（T1～T8 和 CK）下大豆收获时地上部生物量的样本均值和相应籽粒产量之间的关系如图 4.7 所示。由图 4.7 可以看出，两季试验不同受旱条件下大豆收获时地上部生物量和最终籽粒产量之间均具有明显的正相关关系，说明大豆籽粒产量与其各生育阶段不断积累的地上部总生物量存在某种定量转化关系，不同试验处理下植株各生育阶段的地上部生物积累量不同，造成收获时地上部总生物量及其最终转化的籽粒产量差异较大，这为定量解析受旱胁迫下大豆生理生长损失形成过程提供了思路。具体地，可先识别某一受旱胁迫下大豆各生育阶段地上部生长的定量响应，确定各阶段植株地上部生物积累量和收获时地上部总生物量，再依据地上部总生物量向籽粒产量的转化关系（收获系数），逐步解析该胁迫下大豆地上部生长到最终产量损失形成的复杂过程。

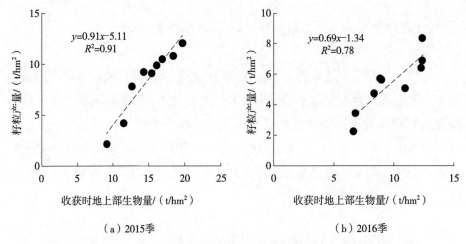

（a）2015季　　　　　　　　　　　（b）2016季

图 4.7　不同受旱条件下大豆收获时地上部生物量和籽粒产量之间的关系

　　另外，需要进一步探析受旱胁迫下大豆各生育阶段植株地上部生长对相应阶段蒸发蒸腾的响应，构建当期蒸发蒸腾量和当期地上部生物积累量之间的定量关系，再结合植株地上部总生物量向籽粒产量的转化关系，可初步揭示受旱胁迫下大豆从各阶段蒸发蒸腾量到地上部生长最终形成籽粒产量损失的复杂过程。

　　（2）受旱当期大豆蒸发蒸腾量与地上部生长之间的响应关系

　　大豆各单生育阶段受旱当期植株蒸发蒸腾量与地上部生物积累量之间的响应关系如图 4.8 所示。由图 4.8 可知，两季大豆不同阶段受旱当期蒸发蒸腾量与地上部生物积累量之间均呈显著正相关关系，相关系数均高于 0.75，且花荚期［图 4.8(c)］的相关系数最大（2015 季、2016 季分别为 0.93 和 0.92）、苗期［图 4.8（a）］最小（2015 季、2016 季分别为 0.83 和 0.78）。这说明大豆某一生育阶段受旱植株地上部生长过程与该阶段的蒸腾作用密切相关，当期受旱越严重，植株蒸发蒸腾量越少，导致当期地上部生物积累量越少，且这种相关关系在花荚期更为明显。

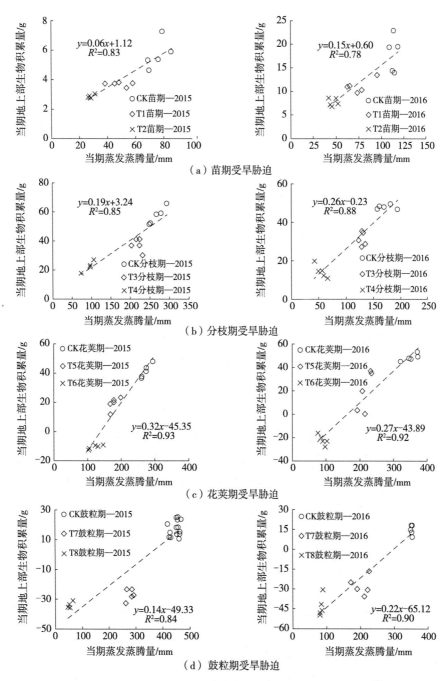

（a）苗期受旱胁迫

（b）分枝期受旱胁迫

（c）花荚期受旱胁迫

（d）鼓粒期受旱胁迫

图4.8　受旱当期大豆各生育阶段不同试验处理下蒸发蒸腾量
与地上部生物积累量之间的关系

　　两季大豆 4 个生育阶段在不同受旱条件下当期植株蒸发蒸腾量与地上部生物积累量之间线性函数的斜率从大到小的顺序一致，均为花荚期（2015 季、2016 季分别为 0.32 和 0.27）>分枝期>鼓粒期>苗期（2015 季、2016 季分别为 0.06 和 0.15），说明大豆花荚期受旱当期地上部生长过程对蒸腾作用的响应最为敏感，苗期最不敏感，即 4 个生育阶段分别受旱、减少相同的蒸发蒸腾量，花荚期受旱造成的当期地上部生物积累量相对充分灌溉的损失值最大，苗期最小。花荚期是大豆生长发育的关键时期，营养和生殖生长并行，需水量大，这时植株遭受干旱胁迫对蒸腾机制和地上部生长的不利影响均相对较大，因此有必要保证这一阶段的水分供应。

　　由图 4.8 可知，大豆某一生育阶段受旱使得该阶段的蒸发蒸腾量和地上部生物积累量相对无受旱胁迫均发生减少，且减少量均与该阶段的受旱程度成正比；此外，植株蒸发蒸腾减少量与地上部生物积累减少量呈显著正相关，说明大豆当期受旱直接影响其当期的蒸腾作用，并通过植株生长机制传递影响当期的地上部物质积累过程。因此，可结合大豆各生育阶段受旱当期蒸发蒸腾量与地上部生物积累量之间的定量关系，进一步从受旱使得当期蒸发蒸腾量减少到当期生物积累量下降最终到籽粒产量降低的角度深入解析大豆旱灾损失形成过程。

　　（3）受旱后期大豆蒸发蒸腾量与地上部生长之间的响应关系

　　大豆某一生育阶段受旱结束后各阶段植株蒸发蒸腾量与地上部生物积累量之间的关系如图 4.9 所示。由图 4.9 可知，两季大豆在遭受干旱胁迫之后复水的各生育阶段蒸发蒸腾量与地上部生物积累量之间均存在一定的相关关系，但相关程度随生育阶段的进行而不断降低：两季大豆在苗期受旱后恢复充分供水，分枝期、花荚期和鼓粒期植株蒸发蒸腾量与地上部生物积累量之间的相关程度逐渐减弱（图 4.9 中各阶段线性函数相关系数逐渐减小，两季分枝期、花荚期和鼓粒期的相关系数平均值分别为 0.61、0.58、0.12）；在分枝期受旱后复水，鼓粒期蒸发蒸腾量与生物积累量之间的相关性明显低于花荚期[图 4.9（b）中鼓粒期的相关系数小于花荚期，两季花荚期和鼓粒期的相关系数平均值为 0.87、0.27]；在花荚期受旱后复水，鼓粒期两者之间的相关程度仍较高[图 4.9（c）中两季鼓粒期的相关系数平均值为 0.59]。这说明大豆某一生育阶段受旱对后续阶段植株蒸发蒸腾量与地上部生长过程这两者造成的影响之间具有一定的相关性，但距受旱时期越远的生育阶段两者之间的相关性越弱。

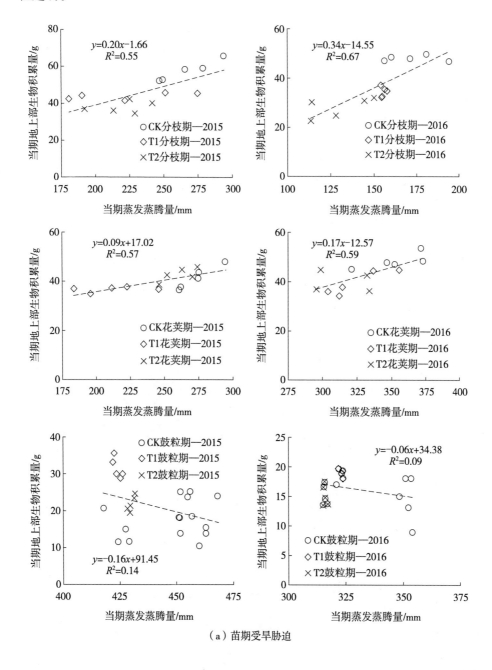

（a）苗期受旱胁迫

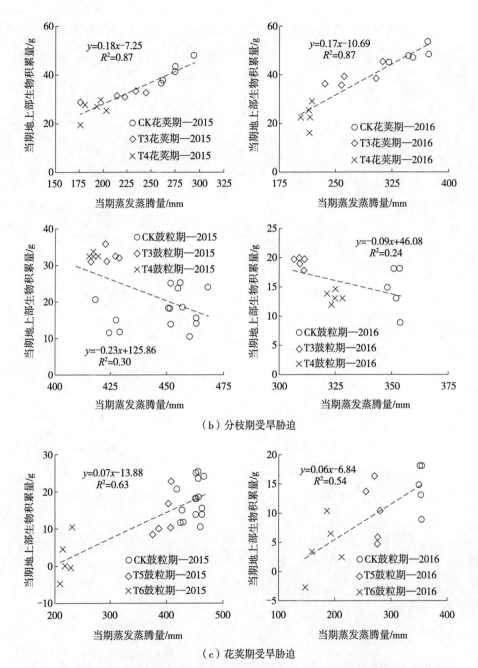

$y=0.18x-7.25$
$R^2=0.87$

○CK花荚期—2015
◇T3花荚期—2015
×T4花荚期—2015

$y=0.17x-10.69$
$R^2=0.87$

○CK花荚期—2016
◇T3花荚期—2016
×T4花荚期—2016

○CK鼓粒期—2015
◇T3鼓粒期—2015
×T4鼓粒期—2015

$y=-0.23x+125.86$
$R^2=0.30$

$y=-0.09x+46.08$
$R^2=0.24$

○CK鼓粒期—2016
◇T3鼓粒期—2016
×T4鼓粒期—2016

（b）分枝期受旱胁迫

$y=0.07x-13.88$
$R^2=0.63$

○CK鼓粒期—2015
◇T5鼓粒期—2015
×T6鼓粒期—2015

$y=0.06x-6.84$
$R^2=0.54$

×CK鼓粒期—2016
◇T5鼓粒期—2016
×T6鼓粒期—2016

（c）花荚期受旱胁迫

图 4.9　大豆不同试验处理后各生育阶段蒸发蒸腾量与地上部生物积累量之间的关系

由图 4.9 可知，大豆在苗期和分枝期受旱后复水，鼓粒期植株蒸发蒸腾量与地上部生物积累量之间均呈现较弱的负相关关系［图 4.9（a）和图 4.9（b）中两季鼓粒期线性函数的斜率均为负值］，且前期受旱（轻旱和重旱）的植株蒸发蒸腾量仍低于无受旱胁迫，而地上部生物积累量却高于无受旱胁迫。这说明大豆在生长前期（营养生长阶段）遭受干旱胁迫后恢复充分供水，后续生育阶段中受损的植株蒸腾作用仍未恢复至正常状态，而鼓粒期植株的地上部生长机制已恢复正常，甚至出现生长补偿效应，使得该阶段地上部生物积累量超过对应充分灌溉下的值，且这种地上部生长补偿效应在前期轻度受旱后复水的鼓粒期（T1 鼓粒期和 T3 鼓粒期）更为显著。

结合图 4.8 和图 4.9 可知，大豆某一生育阶段蒸发蒸腾量与地上部生物积累量之间的响应关系并不一定是简单的线性函数，该响应关系与植株在该阶段当前和之前的受旱情况密切相关，研究时需分别考虑某一阶段当前受旱和之前受旱两种情况下蒸发蒸腾量与地上部生物积累量之间的关系，这反映出大豆受旱胁迫复杂的响应机制和旱灾损失形成过程中的不确定性。此外，大豆在某一生育阶段遭受干旱胁迫不仅造成该阶段蒸发蒸腾量和地上部生物积累量的损失，且会产生后效影响，使得受旱之后多个阶段的蒸发蒸腾量和地上部生物积累量相对充分灌溉也出现减少。然而，不同受旱胁迫下大豆各生育阶段蒸发蒸腾量与地上部生物积累量之间的定量关系，是解析其从蒸发蒸腾到地上部生长再到籽粒产量形成农业干旱致灾全过程的基础。因此，有必要在解析大豆受旱当期蒸发蒸腾量与地上部生物积累量之间关系的基础上，进一步探究受旱后复水各阶段两者之间的响应关系。

4.3 受旱胁迫对作物生长发育的影响

干旱对作物的影响涉及作物生理代谢、生长发育及产量形成等各个方面。任何发育阶段发生干旱，均会对作物生长造成显著影响。作物的受旱与干旱强度、干旱持续时间、作物所处发育期以及作物品种等密切相关。相关研究表明（袁宏伟等，2019），干旱胁迫影响了作物各器官的生长发育，使叶面积和叶绿素含量降低，影响了一系列生理代谢功能，使光合产物减少，并进一步限制植株的生长，最终导致减产。

4.3.1 试验与方法

试验在安徽省水利科学研究院新马桥农水综合试验站进行，基于 26 组有底测坑和 6 组大型称重式蒸渗仪共同开展小麦和玉米受旱胁迫专项试验，小麦和玉米分别进行了两季试验（2015—2017 年），具体试验方案如表 4.4 和表 4.5 所示。基于蒸渗仪与测坑的作物受旱胁迫专项试验如图 4.10 所示。

表 4.4　小麦受旱胁迫专项试验方案（蒸渗仪与测坑）

处理方案编号（测坑编号）	生育阶段				备注
	分蘖期	拔节孕穗期	抽穗开花期	乳熟期	
处理 1	45（12.6%）	45（12.6%）	45（12.6%）	45（12.6%）	全生育期中旱
处理 2	55（15.4%）	55（15.4%）	55（15.4%）	55（15.4%）	全生育期轻旱
处理 3	35（9.8%）	35（9.8%）	35（9.8%）	35（9.8%）	全生育期重旱
处理 4	65（18.2%）	55（15.4%）	70（19.6%）	60（16.8%）	拔孕期轻旱
处理 5	65（18.2%）	35（9.8%）	70（19.6%）	60（16.8%）	拔孕期重旱
处理 6	65（18.2%）	65（18.2%）	55（15.4%）	60（16.8%）	抽开期轻旱
处理 7	65（18.2%）	65（18.2%）	35（9.8%）	60（16.8%）	抽开期重旱
CK	65（18.2%）	70（19.6%）	70（19.6%）	65（18.2%）	不受旱对照

注：1. 表中数值为试验控制的 40 cm 土层的土壤水分下限，占田间持水量的百分比，苗期各处理的土壤水分下限均为 65% 左右；

2. 各处理的土壤水分到达控制下限即应灌至田间持水量的 90%（田间持水量为 28%，占干土重）。下同。

表 4.5　玉米受旱胁迫专项试验方案（蒸渗仪与测坑）

处理方案编号（测坑编号）	生育阶段				备注
	苗期	拔节期	抽雄吐丝期	灌浆成熟期	
处理 1	45（12.6%）	45（12.6%）	45（12.6%）	45（12.6%）	全生育期中旱
处理 2	55（15.4%）	55（15.4%）	55（15.4%）	55（15.4%）	全生育期轻旱
处理 3	65（18.2%）	55（15.4%）	70（19.6%）	60（16.8%）	拔节期轻旱
处理 4	65（18.2%）	35（9.8%）	70（19.6%）	60（16.8%）	拔节期重旱
处理 5	65（18.2%）	65（18.2%）	55（15.4%）	60（16.8%）	抽雄吐丝期轻旱
处理 6	65（18.2%）	65（18.2%）	35（9.8%）	60（16.8%）	抽雄吐丝期重旱
CK	65（18.2%）	65（18.2%）	70（19.6%）	60（16.8%）	不受旱对照

图 4.10　基于蒸渗仪与测坑的作物受旱胁迫专项试验

4.3.2　结果与分析

（1）受旱胁迫对作物株高的影响

图 4.11 中四组处理在小麦苗期和分蘖期均为受旱，可以看出在拔节期之前四组处理间株高无明显差别。进入拔节期后各处理间株高出现差别，各处理间株高大小顺序为处理四（轻旱）＞处理五（中旱）＞处理九（重旱）＞处理一（对照），拔节期后期轻旱处理与对照处理间株高差为 6.34 cm，表明适宜轻度水分胁迫反而会促进小麦植株的营养生长。

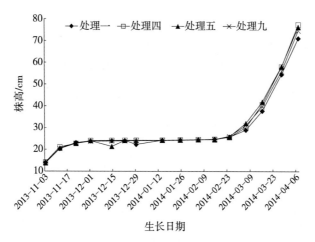

图 4.11　小麦拔节期受旱株高动态变化

由表 4.6 数据分析可得，苗期各处理间株高有所差别，大小顺序为处理三（中旱）＞处理一（对照）＞处理二（轻旱），苗期前期处理二和处理三之间有显著性差异，中期之后各处理间无显著性差异，表明不同受旱处理在苗期对株高有一定影响，但影响作用不显著。

表 4.6　玉米苗期株高数据

处理方案编号		显著性			均值 /cm		
		前期	中期	后期	前期	中期	后期
处理一	处理二	0.177	0.704	0.548	33.99	56.06	82.99
	处理三	0.107	0.302	0.195			
处理二	处理一	0.177	0.704	0.548	32.11	55.47	81.95
	处理三	0.020*	0.230	0.114			
处理三	处理一	0.107	0.302	0.195	36.3	57.7	85.3
	处理二	0.020*	0.230	0.114			

注：* 表示显著性水平为 0.05。

由表 4.7 不同程度受旱胁迫对拔节期玉米株高均有影响，株高总体表现为处理一（对照）>处理五（轻旱）>处理六（中旱）>处理八（重旱），表明拔节期玉米植株生长速度随着受旱程度的增加而减少，干旱程度越大，抑制作用越强。

表 4.7　玉米拔节期株高数据

处理方案编号		显著性			均值 /cm		
		前期	中期	后期	前期	中期	后期
处理一	处理五	0.34	0.27	0.35	112.45	140.63	165.63
	处理六	0.68	0.49	0.26			
	处理八	0.33	0.44	0.17			
处理五	处理一	0.34	0.27	0.35	106.60	131.73	154.31
	处理六	0.23	0.61	0.98			
	处理八	0.95	0.71	0.75			
处理六	处理一	0.68	0.49	0.26	114.57	136.00	154.05
	处理五	0.23	0.61	0.98			
	处理八	0.22	0.90	0.74			
处理八	处理一	0.33	0.44	0.17	107.02	135.01	150.15
	处理五	0.95	0.71	0.75			
	处理六	0.22	0.90	0.74			

综合以上分析结果表明（袁宏伟等，2019），受旱胁迫程度、阶段不同对作物株高的影响也不同。在作物营养生长前期，植株株高增长较为缓慢，受旱胁迫对株高影响较小，而且随着受旱胁迫的解除，植株可迅速恢复正常生长状态；在作物营养生长中后期，植株株高增长速度较快，受旱胁迫对株高影响较大，重旱胁迫明显抑制植株生长，且易造成永久胁迫，轻旱胁迫对株高抑制作用较小，有时反而对植株生长有促进作用。在作物生殖生长阶段，因株高已基本定型，因此受旱胁迫对其基本无影响。

（2）受旱胁迫对作物分蘖的影响

相关试验研究表明，受旱胁迫对农作物的分蘖或者分枝有抑制作用，并最终影响作物的产量，其抑制作用主要体现在营养生长阶段，生殖生长阶段影响不明显。

分蘖期不同受旱处理的 3 组处理［处理一（对照）、处理二（轻旱）、处理三（中旱）］的分蘖数动态变化见图 4.12。由图可知，分蘖期中旱处理的分蘖数明显高于其他两组处理，不受旱处理与轻旱处理间无明显区别。结果表明，分蘖期轻旱对小麦分蘖的正常生长无明显抑制，适度干旱可促进分蘖期小麦分蘖的生长发育。

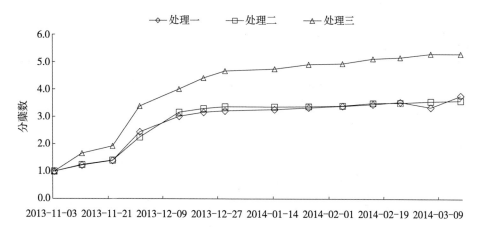

图 4.12　小麦分蘖期受旱分蘖动态变化

（3）受旱胁迫对作物叶面积的影响

水分胁迫对作物地上部分影响的最敏感部位是叶片。大量研究表明，不同生育期受旱会使叶片生长缓慢，为有效利用土壤中的有限水分保证植物的生长，作物下部叶片先发生早衰，功能减弱，其后逐步向上部扩展，造成绿叶数和叶面积指数的下降以减少水分的蒸腾。叶面积的下降和叶绿素含量的降低直接影响到光合作用，进而影响作物的生长发育（宋利兵等，2016；王秋玲等，2015；刘永辉，2013；肖俊夫等，2011；白莉萍等，2004）。

　　表 4.8 为苗期中期和后期的 LAI 数据。由表 4.8 可知，苗期不同受旱处理对 LAI 影响不同；苗期中旱处理 LAI 增长幅度最小，轻旱处理 LAI 增长幅度远大于对照，说明苗期干旱胁迫达到一定程度会抑制玉米叶片的生长，而适度轻微干旱却能促进玉米叶片的生长。

表 4.8　玉米苗期叶面积指数（LAI）

处理方案编号		显著性		均值	
		苗期中期	苗期后期	苗期中期	苗期后期
处理一	处理二	0.365	0.430	0.38（0%）	0.79（81.6%）
	处理三	0.323	0.827		
处理二	处理一	0.365	0.430	0.30（0%）	0.84（180%）
	处理三	0.124	0.397		
处理三	处理一	0.323	0.827	0.47（0%）	0.77（63.8%）
	处理二	0.124	0.397		

　　表 4.9 为玉米拔节中期及后期采集的 LAI 数据。由表 4.9 可知，LAI 总体表现为处理一（对照）＞处理五（轻旱）＞处理六（中旱）＞处理八（重旱），拔节中期对照组与中旱、重旱组间有显著差异，拔节后期对照组只与重旱组间有显著差异。各受旱处理中重旱 LAI 降低幅度最大，轻旱和中旱的 LAI 降低幅度反而小于对照组，表明拔节期不同受旱胁迫均对玉米叶片生长产生抑制，受旱程度越大，抑制作用越强。轻度和中度干旱胁迫不只抑制玉米叶片的生长，同时在延缓老叶的衰老，进而延长了玉米的拔节期；重度受旱对玉米 LAI 抑制作用显著，而且加速了老叶的衰退进程，易对植株造成永久胁迫。

表 4.9　玉米拔节期叶面积指数（LAI）

处理方案编号		显著性		均值	
		拔节中期	拔节后期	拔节中期	拔节后期
处理一	处理五	0.227	0.398	1.96（0%）	1.4（-28.6%）
	处理六	0.019*	0.135		
	处理八	0.031*	0.034*		
处理五	处理一	0.227	0.398	1.68（0%）	1.25（-25.6%）
	处理六	0.377	0.663		
	处理八	0.430	0.276		
处理六	处理一	0.019*	0.135	1.47（0%）	1.17（-20.4%）
	处理五	0.377	0.663		
	处理八	0.947	0.435		
处理八	处理一	0.031*	0.034*	1.48（0%）	1.03（-30.4%）
	处理五	0.430	0.276		
	处理八	0.947	0.435		

注：* 表示显著性水平为 0.05。

表 4.10 为玉米抽雄吐丝中期和后期采集的 LAI 数据。抽雄吐丝期有三组处理，分别为对照（处理一）、轻旱（处理二）、中旱（处理三）。由表中数据可以看出，抽雄吐丝期处理中中旱处理 LAI 降低幅度最大，对照降低幅度最小。这表明抽雄吐丝期不同程度受旱胁迫均对叶片生长有抑制作用，而且会加速老叶的衰老脱落，受旱胁迫程度越大，老叶衰退速度越快。

表 4.10　玉米抽雄吐丝期叶面积指数（LAI）

处理方案编号		显著性		均值	
		抽雄吐丝中期	抽雄吐丝后期	抽雄吐丝中期	抽雄吐丝后期
处理一	处理四	0.570	0.613	1.91（0%）	1.47（-23.0%）
	处理十	0.426	0.613		
处理四	处理一	0.570	0.613	1.87（0%）	1.40（-25.1%）
	处理十	0.258	1.000		
处理十	处理一	0.426	0.613	1.97（0%）	1.40（-28.9%）
	处理四	0.258	1.000		

（4）受旱胁迫对作物光合特性的影响

光合作用、气孔导度、蒸腾作用等植物气体交换参数指标对水分胁迫的响应是植物生理生态学研究的重要内容，对于探讨植物光合作用和生长发育对土壤水分胁迫的反应具有重要意义。干旱对光合作用的影响主要包括两个方面：气孔限制和非气孔限制。气孔限制是指干旱导致叶片气孔关闭，引起气孔导度下降，使得叶片表面 CO_2 扩散受阻，胞间 CO_2 浓度降低，光合速率下降。非气孔限制是指由于气孔关闭导致的 CO_2 供应减少，诱发了活性氧自由基代谢失调，损害了光合器官的结构与功能，使得光合磷酸化下降，Rubisco（用于固碳反应）酶活性降低，RuBP（用于固碳反应）再生能力减弱，导致光合系统同化能力不足，光合速率下降。研究表明，作物生殖生长期的干旱胁迫对光合速率的影响较大，营养生长期相对较小（袁宏伟，2019；卜令铎等，2010；李耕等，2009；吕金印等，2003）。

作物受旱胁迫专项试验中，在玉米的生育期内分别选取拔节期（7月26日）和抽雄吐丝期（8月5日），进行光合日变化的测定。拔节期测定了7:30—18:30的光合变化；抽雄吐丝期测定时由于仪器故障，只观测记录到6:00—13:00的光合变化，如图4.13～图4.16所示。

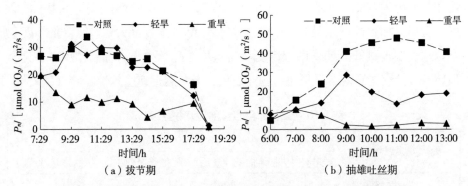

（a）拔节期　　　　　　　　　　（b）抽雄吐丝期

图 4.13　拔节与抽雄吐丝期不同受旱程度处理玉米 P_n 日变化过程

①受旱胁迫对净光合速率（P_n）的影响

净光合速率是分析作物光合情况的重要依据，农作物叶片光合速率随水分胁迫加强而不断下降是农作物受害减产的主要原因。叶片光合速率日变化反映植株一天中光合作用的持续能力，研究其变化特征对分析作物光合生产力和产量形成具有理论和实践意义。

拔节期与抽雄吐丝期不同受旱程度处理玉米 P_n 日变化过程见图 4.13。两生育期各处理条件下玉米净光合速率 P_n 日间变化规律基本一致，呈先上升后降低的趋势。但各处理间峰值出现的时间有所不同：拔节期对照组峰值出现时间为 10:30，轻旱为 9:30，轻旱为 7:30；抽雄吐丝期对照组峰值出现时间为 11:00，轻旱为 9:00，重旱为 7:00。这表明受旱胁迫造成了玉米叶片 P_n 日变化中峰值的提前现象，光温对受旱胁迫玉米叶片光合的影响更敏感，受旱程度越大，叶片对光照的利用率越低。

由图 4.13 及表 4.11 可以看出，拔节期与抽雄吐丝期玉米不同受旱均导致了叶片净光合速率 P_n 不同程度的降低。轻旱处理条件下拔节期玉米 P_n 变化较小，抽雄吐丝期玉米 P_n 有显著变化；重旱处理对拔节期和抽雄吐丝期玉米 P_n 均造成显著影响，其中抽雄吐丝期玉米 P_n 变化更为明显，表明相同受旱程度条件下抽雄吐丝期叶片对水分亏缺的响应更为敏感。

表 4.11　拔节期与抽雄吐丝期不同受旱程度处理玉米 P_n 对比分析表

生育期	拔节期			抽雄吐丝期		
处理水平	CK	轻旱	重旱	CK	轻旱	重旱
$P_n / [\, \mu mol\ CO_2 / (m^2/s)\,]$	23.52	21.62	9.53	33.13	16.46	4.45
变化率 /%	0.00	-8.05	-59.48	0.00	-50.30	-86.58

②受旱胁迫对蒸腾速率（T_r）的影响

由图 4.14 可以看出，拔节期与抽雄吐丝期玉米蒸腾速率 T_r 日变化规律有所不同。拔节期对照处理组玉米 T_r 日间基本呈现单峰变化，表明主要受温度影响，轻旱和重旱处理组玉米 T_r 在 12:30 时出现峰值，然后有所降低，15:30 时出现短暂回升后持续下降；抽雄吐丝期对照与轻旱处理组玉米 T_r 在 12:00 时出现峰值，然后有所降低，重旱处理组 7:00 时出现峰值，后期持续降低。这表明受旱胁迫下高温会导致玉米叶片气孔关闭，造成 T_r 下降；气孔关闭度随着受旱胁迫程度的增加而增加，气孔闭合时间随着干旱胁迫程度的增加而提前及延长。

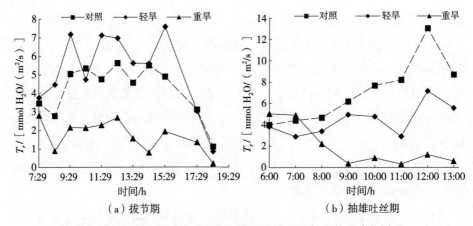

图 4.14　拔节期和抽雄吐丝期不同受旱处理玉米 T_r 的日变化过程

由表 4.12 可以看出，重旱对拔节期和抽雄吐丝期玉米 T_r 均造成显著影响，重旱处理下玉米 T_r 显著下降；轻旱处理下拔节期玉米 T_r 反而高于对照，抽雄吐丝期玉米 T_r 则明显低于对照。这表明拔节期适度轻旱对玉米 T_r 无抑制作用，抽雄吐丝期 T_r 对受旱胁迫更为敏感。

表 4.12　拔节期和抽雄吐丝期不同受旱处理玉米 T_r 对比分析表

生育期	拔节期			抽雄吐丝期		
处理水平	CK	轻旱	重旱	CK	轻旱	重旱
$T_r / [\, mmol\ H_2O/(m^2/s)\,]$	4.20	5.18	1.71	7.11	4.43	1.94
变化率 /%	0.00	23.26	-59.41	0.00	-37.69	-72.74

③受旱胁迫对气孔导度（G_s）和细胞间 CO_2 浓度（C_i）的影响

研究表明，非气孔限制光合，主要是指在植物长期受到比较严重的水分胁迫时，光合作用代谢过程发生抑制和损伤变化，如叶绿素荧光强度和表观量子产额明显降低。气孔限制是指干旱引起气孔导度下降，使得叶片表面 CO_2 扩散受阻，胞间 CO_2 浓度降低，光合速率下降。气孔限制有长时间和短时间之分，长时间的气孔限制方面如旱生植物，其气孔导度明显决定了其光合作用的能力和生物产量，短时间的气孔限制如光合午休现象，主要是叶片水势下降，导致气孔限制在短时间内的光合能力下降，如果叶片水势恢复，气孔限制就减弱或消失。

由图 4.15 和图 4.16 可以看出，拔节期和抽雄吐丝期各处理下 G_s 日变化规律相似于净光合速率 P_n 的日变化；两个生育期内各处理下 C_i 日变化规律均大致呈 U 形变化。各处理 G_s 主要受光温及气孔的影响，前期随着气温的上升及光照的增强叶片气孔逐步打开，G_s 和 P_n 增大，CO_2 同化速度远高于叶片细胞间气体交换速度，C_i 降低；午间受高温影响，叶片气孔不同程度闭合，叶片 P_n 和 G_s 短时间内下降，CO_2 同化速度降低与叶片细胞间气体交换速度无较大差异，C_i 变化较小；后期随着气温的下降及光照的减弱叶片气孔逐步闭合，G_s 和 P_n 减小，叶片光合作用减弱，呼吸作物逐渐增强，C_i 升高。

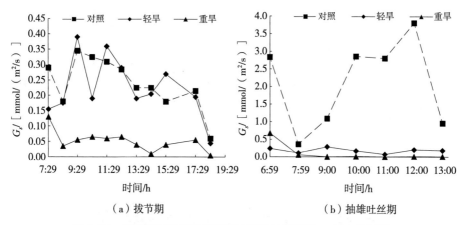

（a）拔节期　　　　　　　　（b）抽雄吐丝期

图 4.15　拔节期和抽雄吐丝期不同受旱处理玉米 G_s 日变化过程

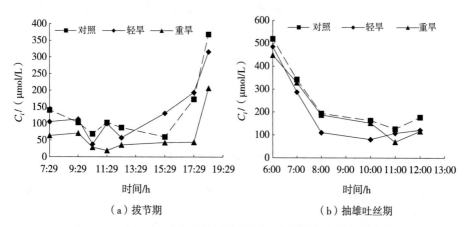

（a）拔节期　　　　　　　　（b）抽雄吐丝期

图 4.16　拔节期和抽雄吐丝期不同受旱处理玉米 C_i 日变化过程

由表 4.13 可以看出，拔节期和抽雄吐丝期不同受旱处理对玉米 G_s 和 C_i 均有抑制作用。拔节期 G_s 和 C_i 同步降低，表明拔节期不同受旱胁迫下玉米光合主要受气孔限制；抽雄吐丝期 G_s 和 C_i 轻旱与重旱处理的降低幅度有所不同，表明抽雄吐丝期不同受旱胁迫下玉米不止受气孔限制，另有非气孔限制因素对其造成影响。上述情况表明抽雄吐丝期玉米对受旱胁迫更为敏感，更易造成玉米生理上的损伤，造成永久胁迫。

表 4.13 拔节期和抽雄吐丝期不同受旱处理对玉米 G_s 和 C_i 对比分析表

生育期	拔节期			抽雄吐丝期		
处理水平	CK	轻旱	重旱	CK	轻旱	重旱
G_s/[mmol/(m²/s)]	0.24	0.22	0.05	2.10	0.18	0.11
变化率 /%	0.00	−6.63	−78.79	0.00	−91.30	−94.63
C_i/(μmol/L)	138.19	131.75	64.06	253.58	198.75	216.75
变化率 /%	0.00	−4.66	−53.64	0.00	−21.62	−14.53

4.4　受旱胁迫对作物产量及水分利用效率的影响

干旱对作物的影响涉及作物生理代谢、生长发育及产量形成等各个方面。在干旱胁迫条件下，作物会在株高、茎叶、根系、叶片形态等方面发生一系列形态上的变化。干旱胁迫对作物并不总是表现为负面效应，相反，植物在有限的干旱胁迫时会表现出一定的补偿效应，在某些情况下不仅不会降低产量，反而能增加产量、提高水分利用效率。作物产生的补偿效应是受旱胁迫条件下作物能够保持较高产量甚至超过正常水平的主要原因之一。因此，研究受旱胁迫对作物产量形成及水分利用效率的影响不仅对提高作物水分利用效率、发展节水农业具有重要理论价值和现实意义，而且对实现社会、经济和生态的可持续发展都具有重要的理论和实践意义。

4.4.1　受旱胁迫对小麦产量及水分利用效率的影响

安徽省淮北平原区为位于安徽省淮河以北的全部省域，冬小麦是该地区主要粮食作物。淮北平原区夏秋多雨，春季少雨，尤其在冬小麦拔节孕穗、抽穗开花等需水关键时期普遍降水较少，干旱缺水已成为影响小麦安全生产的主要因素（杜云等，2013）。鉴于淮北平原地区气温逐渐升高和农业灌溉水资源日趋短缺的严峻形势（袁宏伟等，2019；袁新田等，2012），探讨不同气候条件下冬小麦干旱胁迫对株高、耗水规律、产量和水分利用效率的影响，对节约水资源和提升冬小麦产量具有重要的现实意义。

冬小麦生长发育及产量主要受水分和温度的影响（姜东燕等，2007；李永庚等，2003），越干旱的地区外部供水作用越显著（任新庄等，2018）。作物在不同生育期对水分亏缺的响应不同，特定生育期的合理水分亏欠不仅能减少作物的无效耗水量，还可能增加产量，从而实现提高水分利用效率和节水稳产的目的（於俐等，2004；张喜英等，1999）。冬小麦的产量与温度显著相关，高温是冬小麦减产的主要因素之一（史印山等，2008），日平均温度的增加对冬小麦产量存在一定程度的负效应，已有研究表明，冬小麦产量与全生育期日均最高温呈显著负相关（逯玉兰等，2020）。然而，针对该问题已有的研究主要集中在温度或者水分单一变化对冬小麦产量的影响，并且大部分仅关注小麦全生育期气候变化对其生长和产量的影响，对于单个生育期气候变化对小麦产量的影响尚未有深入研究。为此，本研究于 2017 年和 2018 年开展冬小麦盆栽受旱胁迫试验，探讨不同生育期气候变化和不同程度水分胁迫对冬小麦生长发育和产量影响，研究成果可为小麦生产调控、产量预测、降低小麦旱灾风险和优化灌溉制度提供技术支撑。

4.4.1.1　试验与方法

（1）试验区概况

试验于 2016 年 10 月—2018 年 5 月在安徽省水利部淮河水利委员会水利科学研究院下属新马桥农水综合试验站进行，2017 年和 2018 年冬小麦不同生育期的气象数据见表 4.14。

表 4.14　2017 年和 2018 年冬小麦不同生育期的气象资料

年份	分蘖期			拔节孕穗期			抽穗开花期			灌浆成熟期		
	日最高气温平均值/℃	日最低气温平均值/℃	日照时数/h	日最高气温平均值/℃	日最低气温平均值/℃	日照时数/h	日最高气温平均值/℃	日最低气温平均值/℃	日照时数/h	日最高气温平均值/℃	日最低气温平均值/℃	日照时数/h
2017	11.46	0.19	462.8	16.59	6.39	111.9	25.6	11.83	185.3	27.54	15.98	134.7
2018	9.16	−1.30	445.8	20.13	7.66	154.2	24.75	11.91	162.2	26.62	16.48	82.3

（2）试验设计

试验以盆栽种植小麦为对象开展研究，小麦品种为烟农 19，盆栽塑料桶上口直径 28 cm，桶高 27 cm，下底直径 20 cm，盆栽土壤来自试验站玉米收获后 0～20 cm 土层，经晒干过筛去除杂草与石块后填装，每盆干土重 16 kg。两年各生育期截止时间如表 4.15 所示。小麦盆栽及大田受旱胁迫试验如图 4.17 所示。

表 4.15　2017 年和 2018 年盆栽小麦各生育阶段起止日期及大田 ETC

年份	分蘖期			拔节孕穗期			抽穗开花期			灌浆成熟期		
	起止日期	时间/d	ETC/mm	起止日期	时间/d	ETC/mm	起止日期	时间/d	ETC/mm	起止日期	时间/d	ETC/mm
2017	12月5日—3月12日	76	118.11	3月13日—4月11日	30	70.05	4月12日—5月4日	21	95.36	5月5日—5月24日	20	65.65
2018	11月25日—3月12日	86	113.59	3月13日—4月8日	27	69.15	4月9日—5月2日	20	85.19	5月3日—5月20日	18	50.63

图 4.17 小麦盆栽及大田受旱胁迫试验

以土壤水分含量为控制因子,在小麦分蘖期、拔节孕穗期、抽穗开花期和灌浆成熟期分别设置轻旱和重旱两种受旱胁迫水平以及全生育期不旱对照方案(CK),共 9 个土壤水分处理方案。CK、轻旱、重旱对应的土壤水分占田间持水率的重量百分比下限分别为 75%、55%、35%,上限为 95%,每个处理重复 5 次。盆栽置于防雨棚中,全生育期管理方式和农艺措施完全按照大田相同方式,具体试验方案见表 4.16。

表 4.16 试验设计方案   单位:%

处理方案编号	各生育期土壤含水率下限				备注
	分蘖期	拔节孕穗期	抽穗开花期	灌浆成熟期	
T1	55	75	75	75	分蘖期轻旱
T2	35	75	75	75	分蘖期重旱
T3	75	55	75	75	拔节孕穗期轻旱
T4	75	35	75	75	拔节孕穗期重旱
T5	75	75	55	75	抽穗开花期轻旱
T6	75	75	35	75	抽穗开花期重旱
T7	75	75	75	55	灌浆成熟期轻旱
T8	75	75	75	35	灌浆成熟期重旱
CK	75	75	75	75	全生育期不旱

大田小麦蒸发蒸腾量计算公式采用 FAO 推荐的作物计算公式:

$$\mathrm{ET_c} = K_c \mathrm{ET_0} \tag{4.4}$$

式中，ET_c 为作物蒸发蒸腾量，mm；K_c 为作物系数；ET_0 为参考作物蒸发蒸腾量，mm。

用标准 FAO Penman-Monteith 公式计算 ET_0：

$$ET_0 = \frac{0.408\Delta(R_n - G) + \gamma \dfrac{900}{T + 273} u_2(e_s - e_a)}{\Delta + \gamma(1 + 0.34u_2)} \quad (4.5)$$

式中，R_n 为净辐射，$MJ/(m^2 \cdot d)$；Δ 为温度与饱和水汽压关系曲线在 T 处的切线斜率，$kPa/℃$；G 为土壤热通量 $[MJ/(m^2 \cdot d)]$；T 为平均气温，$℃$；u_2 为 2 m 高处的平均风速，m/s；e_s 为饱和水汽压，kPa；e_a 为实际水汽压，kPa；γ 为干湿表常数，$kPa/℃$。

K_c 根据安徽省小麦需水量等值线图研究成果与 FAO 推荐的 84 种作物的作物系数和修正公式及安徽省水利科学研究院新马桥农水综合试验站近年的灌溉试验资料确定的（表4.17）。

表4.17　安徽省水利科学研究院新马桥农水综合试验站小麦 K_c

月份	1	2	3	4	5	6	7	8	9	10	11	12
K_c	1.131	1.140	1.066	1.164	0.865					1.177	1.151	1.245

（3）试验方法

①盆栽小麦浇水由每天 17:00 用电子秤称盆栽小麦的重量（型号 YP30KN，精度为 1 g）得到，当重量低于表 4.17 中不同生育期对应的土壤含水率下限时，根据计算得出灌水量，于第二天 8:00 准时灌水，使用量杯精准量测，使其精确达到土壤含水率上限。本试验通过每日称重来计算盆栽小麦蒸发蒸腾量，试验中当天初始土壤含水率以前一天傍晚称取盆栽质量时的土壤含水率加上当天灌水量计算得到，当天傍晚称取盆栽质量时土壤含水率作为当天末尾含水率，计算方法如式（4.6）所示：

$$ET_{c,i} = 10\gamma H(W_{i-1} - W_i) + M + P + K - C \quad (4.6)$$

式中，$ET_{c,i}$ 为第 i 天小麦实际蒸发蒸腾量，mm；W_{i-1} 为盆栽第 $i-1$ 天的土壤含水率；W_i 为盆栽第 i 天的土壤含水率；γ 为土壤干容重，g/cm^3；H 为土壤厚度，cm；M 为盆栽第 i 天灌水量，mm；P 为时段内的降水量，mm；K 为时段内的地下水补给量，mm；C 为时段内的排水量，mm。本试验中 P、K、C 均为 0。

②作物生长发育过程观测：生育期调查，根据茎和叶生长状况以及生育期特点判断生育期划分时间。

③在每个生育期结束时，每桶随机选取 20 株测量株高然后取平均值，然后总体取平均值。

④作物产量及产量构成因子测定：测量小麦的穗长、有效穗数、无效穗数、千粒重以及每盆最终晒干后的产量。

⑤水分利用效率（WUE）（g/mm）= 单个盆栽小麦产量 / 该盆栽全生育期总耗水量。

4.4.1.2　结果与分析

（1）不同生育期受旱对冬小麦产量的影响

2017 年和 2018 年冬小麦 9 个处理的各生育期耗水量和产量如表 4.18 所示。由表 4.18 可知，每个生育期受旱不仅会影响单个生育期，对后期生育期也会产生连续影响。2017 年冬小麦分蘖期重旱（T2 处理）导致耗水量比 CK 组减少 60.4%，后期还造成拔节孕穗期耗水量比 CK 组减少 17.9%，抽穗开花期和灌浆成熟期耗水量与 CK 组相差不大；拔节孕穗期重旱（T4 处理）导致耗水量减少 55.1%，后期还造成抽穗开花期耗水量比 CK 组减少 17.9%，灌浆成熟期耗水量与 CK 组在同一水平；抽穗开花期重旱导致耗水量减少 48.5%，后期还造成灌浆成熟期耗水量比 CK 组减少 34.1%。

表 4.18　2017 年和 2018 年小麦受旱试验各生育期、全生育期耗水量及产量

年份	处理方案编号	分蘖期 / mm	拔节孕穗期 /mm	抽穗开花期 /mm	灌浆成熟期 /mm	全生育期总耗水 /mm	每盆产量 / g
2017	T1	177.34 ± 9.51	218.53 ± 24.23	427.86 ± 25.75	184.85 ± 18.83	1 008.57 ± 67.43	124.32 ± 14.69
	T2	95.64 ± 11.84	196.21 ± 12.20	381.30 ± 24.94	204.69 ± 16.02	877.85 ± 33.66	109.28 ± 11.62

续表

年份	处理方案编号	分蘖期 /mm	拔节孕穗期 /mm	抽穗开花期 /mm	灌浆成熟期 /mm	全生育期总耗水 /mm	每盆产量 /g
2017	T3	234.76 ± 7.81	223.88 ± 16.89	411.29 ± 10.10	146.20 ± 12.70	1 016.13 ± 14.75	117.96 ± 6.77
	T4	229.17 ± 15.03	122.32 ± 3.26	325.53 ± 16.34	133.96 ± 10.43	810.99 ± 24.25	75.16 ± 22.76
	T5	235.53 ± 11.36	253.54 ± 8.72	340.56 ± 17.37	170.16 ± 16.62	999.79 ± 32.49	110.91 ± 17.22
	T6	255.92 ± 22.15	270.27 ± 28.53	204.29 ± 14.27	102.59 ± 15	833.07 ± 54.96	80.03 ± 15.57
	T7	224.57 ± 22.95	241.67 ± 19.21	405.42 ± 23.30	142.64 ± 18.39	1 014.30 ± 60.65	115.28 ± 14.89
	T8	232.14 ± 25.80	253.31 ± 28.04	401.91 ± 22.33	73.98 ± 10.85	961.34 ± 58.84	92.74 ± 18.13
	CK	241.48 ± 15.47	272.32 ± 12.95	396.51 ± 4.77	155.57 ± 27.96	1 065.88 ± 16.09	119.75 ± 11.52
2018	T1	133.34 ± 6.49	229.88 ± 22.56	278.92 ± 42.22	93.79 ± 7.24	735.92 ± 73.45	102.01 ± 4.83
	T2	59.24 ± 5.10	204.19 ± 46.45	335.04 ± 24.00	143.61 ± 21.70	742.07 ± 44.75	100.18 ± 9.61
	T3	158.94 ± 6.58	177.20 ± 14.73	246.03 ± 19.34	91.84 ± 6.09	674.02 ± 29.44	65.67 ± 8.03
	T4	163.72 ± 13.23	89.95 ± 5.93	154.20 ± 38.66	98.56 ± 13.65	506.42 ± 60.04	19.96 ± 6.07
	T5	165.45 ± 12.71	245.15 ± 19.53	252.50 ± 30.30	90.79 ± 22.79	753.88 ± 68.80	93.58 ± 7.21
	T6	168.45 ± 14.54	251.63 ± 31.24	142.85 ± 4.20	36.72 ± 6.73	599.65 ± 49.47	59.24 ± 5.63
	T7	157.11 ± 9.54	221.41 ± 17.19	299.71 ± 17.51	79.74 ± 6.17	757.97 ± 36.63	89.64 ± 10.46
	T8	158.72 ± 10.64	239.19 ± 21.20	289.41 ± 16.08	77.29 ± 3.74	764.61 ± 39.42	89.82 ± 6.64
	CK	157.13 ± 4.58	259.08 ± 20.19	316.40 ± 39.56	100.24 ± 11.46	832.84 ± 54.82	103.19 ± 10.31

注：表中数据为平均值 ± 标准差。

　　两年产量分别是分蘖期轻旱（T1 处理）和 CK 最大，拔节孕穗期重旱（T4 处理）最小。2017 年各处理产量为 75.16～124.32 g，2018 年产量为 19.96～103.19 g，2017 年产量总体较 2018 年产量偏大。2017 年分蘖期产量轻旱比 CK 组高 3.8%，说明受旱不仅只能使作物减产，还可能使其增产，分蘖期轻旱会促进根部的生长，这是作物的自适应过程，后期正常供水后，短时间甚至超过正常水平，补偿在缺水时候的损失。2018 年分蘖期不同受旱水平减产率为 1.1%～2.9%；拔节孕穗期不同受旱水平减产率为 36.4%～80.7%；抽穗开花期不同受旱水平减产率为 9.3%～42.6%；灌浆成熟期不同受旱水平减产率为 13%～13.1%。小麦分蘖期受旱对产量影响较小，这一时期小麦植株较小，气温较低、日照较弱，小麦耗水量少且以蒸发为主，受旱会轻微抑制小麦生长，不会出现死苗现象，后期覆水又能正常生长；拔节孕穗期是水分最敏感的时期，是小麦株高和营养生长的关键生育期，这时期小麦生长较快，同时气温相对较高，蒸发蒸腾较大，要保证灌水，受旱会大幅减产甚至绝收。抽穗开花期是小麦生长发育最旺盛的阶段，这是小麦生殖生长和营养生长的重要时间，此时气温较高，作物蒸腾强度大，需要大量的水分供小麦正常生长，要保证充足的水分供应来维持小麦正常生长；灌浆成熟期冬小麦植株不再生长，作物蒸腾变小，气温较高，日照时间长，蒸发是小麦耗水的主要方式。

　　两年的气候差异是造成耗水量和产量区别较大的原因，2017 年拔节孕穗期轻旱和重旱产量分别下降 1.5%、37.2%；2018 年拔节孕穗期轻旱和重旱（T3 处理和 T4 处理）产量分别下降 36.4%、80.7%，2018 年拔节孕穗期受旱较 2017 年拔节孕穗期受旱产量下降显著，两年的 ET_c 相差不大，2018 年日最高气温平均值和日照时间均大于 2017 年，相关研究表明，高温不仅会对光合器官造成损坏，降低光合速率，对产量也会产生不利的影响。作物的生长发育过程是一个细胞不断分裂和扩张生长从而使其组织器官和植株体积不断增长的过程，拔节孕穗期是需水关键期，缺水会导致叶片增长缓慢，植株矮小，水分过度缺失加上气温较高日照时间长，会导致叶片枯黄甚至部分植株死亡，从而导致减产甚至绝收。

（2）不同生育期受旱对冬小麦水分利用效率的影响

水分利用效率是农田灌溉的重要指标，两年小麦不同处理的 WUE 如图 4.18 所示。由图 4.18 可知，2017 年和 2018 年 WUE 分别是分蘖期重旱和轻旱最高，拔节孕穗期重旱最低。2017 年分蘖期轻旱和重旱 WUE 分别比对照组高 9.5%、10.9%；2018 年分蘖期轻旱和重旱 WUE 分别比对照组高 12.4%、8.9%。两年分蘖期轻旱和重旱水分利用效率均比对照组高，说明分蘖期适当受旱不仅会减少用水量，而且对产量也影响较小，是一种比较经济的灌溉模式。

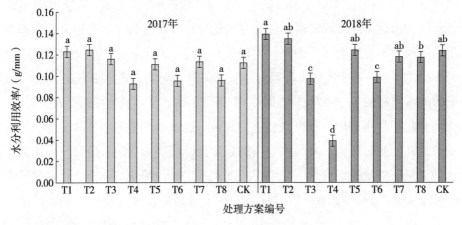

图 4.18　2017 年和 2018 年冬小麦不同生育期受旱胁迫下的水分利用效率
注：同一年份中不同字母表示 $p < 0.05$ 水平差异显著。

两年拔节孕穗期受旱胁迫 WUE 差距较大，2017 年拔节孕穗期轻旱（T3 处理）WUE 比对照组高 3.4%，2018 年相同处理 WUE 比对照组低 21.3%，两年相同处理 WUE 差距明显，现有研究对受旱胁迫对 WUE 的提高有积极作用尚存有争议。2017 年和 2018 年拔节孕穗期重旱（T4 处理）WUE 比 CK 组分别减少 17.4%、68.3%，拔节孕穗期重旱耗水较少，小麦因严重缺水导致麦苗生长缓慢、枯黄叶片数量增加、植株高度降低、叶面积指数减小，干旱持续时间较长则会导致部分幼茎及早衰亡，从而使小麦减产严重，因此导致 WUE 较低。抽穗开花期不同受旱处理两年 WUE 区别不大，轻旱与 CK 组在同一水平，这是由于抽穗开花期轻旱会节约少量用水，但是也会因为缺水造成轻微减产；2017 年和 2018 年抽穗开花期重旱（T6 处理）WUE 分别比 CK 组低 14.9%、20.2%，抽穗开花期是冬小麦对水分反应最为敏感时期，此时幼穗分化进入四分体期，水分胁迫的生理生化试验研究表明此时发生水分胁迫，会引起一部分花粉不育和胚珠不孕，使不育小花比例增加，穗粒数较少，减产较明显。灌浆成熟期受旱处理 WUE 均与 CK 组相差甚微，灌浆成熟期叶片开始衰老变黄凋落，作物蒸腾强度逐渐减小，2017 年灌浆成熟期日照时间较长，造成蒸发较大，重旱直接影响到籽粒的增重；2018 年灌浆成熟期日照时间短，阴雨天较多，造成蒸发蒸腾少，土壤含水率下降缓慢，轻旱和重旱处理原有的土壤含水率已基本够籽粒的生长，因此减产较少。

4.4.2　受旱胁迫对玉米产量及水分利用效率的影响

作物产量即作物产品的数量，通常分为生物产量和经济产量。生物产量是指作物一生中，即全生育期内通过光合作用和吸收作用，通过物质和能量的转化所生产和累积的各种有机物的总量，计算生物产量时通常不包括根系（块根作物除外）。经济产量是指栽培目的所需要的产品的收获量，即一般所指的产量。水分胁迫使作物的生长环境发生改变，作物对环境变化的适应能力以及对光、水的利用率也发生了变化，作物生长发育状况受到影响，进而影响最终产量。

4.4.2.1　试验与方法

基于 26 组有底测坑和 6 组大型称重式蒸渗仪共同开展 2011—2023 年玉米受旱胁迫专项试验，具体试验方案见表 4.19。

表 4.19　玉米受旱胁迫试验设计方案（蒸渗仪与测坑）

处理方案编号（测坑号）	生育阶段				备注
	苗期	拔节期	抽雄吐丝期	灌浆成熟期	
处理一（Z1, Z4, S1, S3, S8）	75（21%）	75（21%）	80（22.4%）	70（19.6%）	全生育期过量
处理二（Z2, Z5, S2, S5, S7）	55（15.4%）	55（15.4%）	55（15.4%）	55（15.4%）	全生育期轻旱

处理方案编号（测坑号）	生育阶段				备注
	苗期	拔节期	抽雄吐丝期	灌浆成熟期	
处理三（X3，X11，X13）	65（18.2%）	55（15.4%）	70（19.6%）	60（16.8%）	拔节期轻旱
处理四（X2，X4，X16）	65（18.2%）	35（9.8%）	70（19.6%）	60（16.8%）	拔节期重旱
处理五（X5，X7，X10）	65（18.2%）	65（18.2%）	55（15.4%）	60（16.8%）	抽雄吐丝期轻旱
处理六（X6，X8，X14）	65（18.2%）	65（18.2%）	35（9.8%）	60（16.8%）	抽雄吐丝期重旱
处理七（Z3，Z6，S4，S6，X1，X12，X15）	65（18.2%）	65（18.2%）	70（19.6%）	60（16.8%）	不受旱对照

注：1. X、Z、S 分别表示为需水（18）、蒸渗仪（6）、新建砂姜黑土测坑（8）。

2. 表中数值为设计土壤水分下限（括号内为实际含水率），占田间持水量的百分比；田间持水量取 28.0%；湿润层深度取 40 cm。

图 4.19　测坑玉米受旱胁迫试验

4.4.2.2　结果与分析

对新马桥试验站 2011—2023 年连续 13 年开展的测坑玉米受旱试验的产量及需耗水量进行了汇总分析，详见表 4.20。全生育期连续受旱均会造成玉米产量的明显减产，相对产量随着受旱程度的增大而降低，减产幅度为

22.51%～53.36%；各生育期连续受中旱、轻旱影响，其水分利用效率会有明显降低，但在各生育期连续受旱的情况下，某一生育阶段或几个生育阶段出现重旱时，其水分利用效率与对照则无明显差异，反而会出现略高于对照组的现象。单生育期受旱条件下，抽雄吐丝期和灌浆成熟期轻旱即会同时造成产量及水分利用率明显减小，说明这两个生育阶段是玉米的需水关键期，在抽雄吐丝期和灌浆成熟期随着受旱程度的增加，其产量减产幅度增大，但同时水分利用效率反而有明显上升；苗期、拔节期轻旱对玉米产量和水分利用效率无明显影响，但苗期重旱会造成玉米产量和水分利用效率的显著降低，苗期重旱对玉米造成的永久胁迫要明显大于拔节期重旱，说明玉米营养生长阶段的初期对干旱的响应更为敏感。玉米拔节期和抽雄吐丝期连续受旱程度低于连续中旱的情况下，其产量减产幅度均在 10% 以内，且其水分利用效率均高于对照组，玉米营养生长中期适度干旱对产量及水分利用效率的抑制作用较小，而且可以提高玉米生殖生长阶段对干旱的耐受性。

表 4.20　玉米各生育阶段受旱与产量及水分利用率的关系

受旱处理方式	玉米生育期内受旱情况	相对水分利用率 /%	相对产量 /%
单生育阶段受旱	苗期重旱	61.65	67.45
	拔节期轻旱	96.34	95.70
	拔节期中旱	103.93	84.90
	拔节期重旱	115.49	87.80
	抽雄吐丝期轻旱	89.05	79.40
	抽雄吐丝期中旱	72.65	64.30
	抽雄吐丝期重旱	108.26	48.10
	灌浆成熟期轻旱	86.96	80.70
	灌浆成熟期中旱	104.31	93.16
	灌浆成熟期重旱	105.47	94.90
2 个生育阶段连续受旱	苗期、拔节期中旱	95.63	81.47
	拔节、抽雄吐丝期轻旱	87.67	63.14
	拔节、抽雄吐丝期重旱	24.17	14.47

续表

受旱处理方式	玉米生育期内受旱情况	相对水分利用率 /%	相对产量 /%
2个生育阶段连续受旱	拔节期中旱 + 抽雄吐丝期中旱	99.98	94.82
	拔节期重旱 + 抽雄吐丝期轻旱	77.27	67.21
	抽雄吐丝期重旱 + 灌浆成熟期轻旱	39.24	35.46
	抽雄吐丝、灌浆成熟期轻旱	117.51	110.28
	抽雄吐丝期中旱 + 灌浆成熟期轻旱	104.65	105.97
3个生育阶段连续受旱	拔节、抽雄吐丝期中旱 + 灌浆成熟期轻旱	67.46	65.82
	拔节期轻旱, 抽雄吐丝、灌浆成熟期中旱	118.54	90.64
	拔节、灌浆成熟期中旱, 抽雄吐丝期轻旱	119.21	91.11
全生育期连续受旱	灌浆成熟重旱 + 其他阶段轻旱	89.54	76.33
	苗期轻旱, 拔节期中旱, 抽雄吐丝、灌浆成熟期重旱	98.03	77.49
	苗期轻旱, 拔节期、抽雄吐丝、灌浆成熟期中旱	64.40	46.64
	苗期、抽雄吐丝期轻旱, 拔节、灌浆成熟期中旱	89.52	70.37
	苗期、抽雄吐丝、灌浆成熟轻旱, 拔节期重旱	90.80	58.77
	苗期轻旱, 拔节、抽雄吐丝、灌浆成熟期重旱	106.09	56.36
	全生育期轻旱	82.44	77.13

4.4.3 受旱胁迫对大豆产量及水分利用效率的影响

夏大豆生长发育期内耗水量大、灌水频繁且对水分反应敏感, 干旱胁迫会破坏植株体内正常的新陈代谢, 不利于蛋白质的合成, 降低酶活性, 并影响碳氮代谢等, 因此科学合理的水分管理对大豆产量和品质十分关键（Tan Y et al., 2006; Asha S et al., 2002）。鉴于淮北平原地区农业灌溉水资源日趋短缺的严峻形势, 迫切需要探讨大豆受旱胁迫下耗水规律、对作物产量和水分利用效率的影响, 为淮北平原地区发展农业水资源高效利用提供理论依据。

精确控制土壤水分是研究干旱胁迫对作物生长发育的影响的基础, 前人分别研究了不同灌溉制度下不同作物（冬小麦、黄瓜、番茄等）的耗水规律、产量与水分的关系，为建立最优灌溉制度提供了理论依据（崔毅等，2015；翟胜等，2005；刘增进等，2004）。王海霞等（2010）以不同品种的冬小麦为试验对象，研究了不同灌溉制度对产量和水分利用效率的影响。闫春娟等（2013）对不同生育期干旱胁迫对大豆根系和产量的影响进行了研究。申孝军等（2014）探讨了水分调控对麦茬棉产量和水分利用效率的影响。刘梅先等（2012）、刘浩等（2011）认为不同时期、不同程度的水分胁迫均会影响棉花的生长和产量以及品质的形成。上述研究虽对作物耗水规律进行了分析，但试验数据多以一年的为基础，忽视了气候变化和年际间的影响，所得出的规律结论尚不全面。虽然对多种作物水分调控已有大量研究报道，但不同地区的气候条件和作物品种对受旱胁迫的反应不同，而对淮北平原半湿润地区大豆不同生育期受旱胁迫响应分析的研究鲜有报道。因此，非常有必要对淮北平原大豆耗水规律和不同受旱胁迫程度对大豆产量和的 WUE 影响进行研究，有助于建立适宜本地区的大豆灌溉制度。为此，2015 年和 2016 年在安徽省水利科学研究院新马桥农水综合试验站开展夏大豆盆栽受旱胁迫试验，对淮北平原夏大豆不同生育期不同受旱胁迫程度下的耗水规律及其对产量和 WUE 的影响进行分析，以期为降低大豆旱灾减产风险和灌溉制度的优化制定提供一定参考。

4.4.3.1　试验与方法

（1）试验区概况

试验于 2015 年和 2016 年在安徽省水利科学研究院新马桥农水综合试验站进行，2015 年和 2016 年气象数据见表 4.21。

表 4.21　2015 年和 2016 年气象数据

年份	苗期		分枝期		花荚期		鼓粒成熟期	
	日最高气温平均值 /℃	日照时数 /h	日最高气温平均值 /℃	日照时数 /h	日最高气温平均值 /℃	日照时数 /h	日最高气温平均值 /℃	日照时数 /h
2015	30.9	30.3	32.2	71.8	31.5	89.7	28.9	224.9
2016	34.2	82.6	33.4	103.8	32.6	154.4	30.7	177.2

（2）试验设计

盆栽试验作物为大豆（中黄 13 号），盆栽土壤来自试验站大田 0～20 cm 土层，晒干过筛去除杂草与石块，每盆装土 17 kg，每盆保苗 3 株（图 4.20）。结合大豆生长发育特征将其全生育期划分为苗期、分枝期、花荚期和鼓粒成熟期，两年大豆各生育阶段起止日期及时间如表 4.22 所示。

图 4.20　大豆盆栽受旱胁迫试验

表 4.22　2015 年和 2016 年盆栽大豆各生育阶段起止日期及时间

年份	苗期		分枝期		花荚期		鼓粒成熟期	
	日期	时间/d	日期	时间/d	日期	时间/d	日期	时间/d
2015	7 月 4 日—7 月 14 日	11	7 月 15 日—8 月 3 日	20	8 月 4 日—8 月 20 日	17	8 月 21 日—9 月 20 日	31
2016	7 月 16 日—7 月 27 日	12	7 月 28 日—8 月 10 日	14	8 月 11 日—8 月 31 日	21	9 月 1 日—9 月 26 日	26

以生育期不同土壤水分为控制因素，在大豆苗期、分枝期、花荚期、鼓粒成熟期分别设置轻旱和重旱两种受旱胁迫水平以及全生育期不旱处理（CK），共 9 个水分处理。对应的土壤含水率下限分别为 75%、55%、35%，上限为 90%，每个处理重复 5 次。盆栽塑料桶上口直径 28 cm，下底直径 20 cm，桶高 27 cm，置于自动防雨棚中，生长发育全过程隔绝降水，土壤含水率完全由人工控制，具体试验方案见表 4.23。每个处理除不同水分处理外，其他管理方式完全一致，盆栽管理保证大豆正常生长发育，没有病虫害影响。

该试验测定项目及方法，同 3.2.1 节试验与方法中的盆栽试验测定项目及方法。

4.4.3.2　结果与分析

（1）受旱胁迫对大豆产量构成要素的影响

2015 季和 2016 季不同试验处理下的夏大豆产量构成要素及其差异性分析见表 4.23，主要包括收获时地上部生物量、籽粒产量和千粒重，反映不同单生育阶段受旱胁迫对夏大豆产量形成的影响。由表 4.23 可知，两季试验中不同试验处理之间的籽粒产量差异均非常显著（$p \leqslant 0.001$），干旱胁迫对大豆籽粒形成具有不利影响，籽粒产量损失随各生育阶段胁迫程度的增加而增加。例如，与对照组 CK 相比，两季试验中处理 T3 的籽粒产量分别减少了 13.0%（2015 季）和 17.7%（2016 季），T4 的籽粒产量分别减少了 23.4%（2015 季）和 43.3%（2016 季）（表 3.29）。同样，Sincik 等（2008）在大田研究中发现，充分灌溉处理下的大豆籽粒产量最高，而亏缺灌溉处理（灌溉量为对应充分灌溉处理的 25%、50% 和 75%）造成籽粒产量减少 11.7%～27.4%。此外，早期的大田试验研究也有类似报道，大豆生育期内遭受干旱胁迫会导致籽粒产量的减少。

表 4.23　大豆不同试验处理下产量构成要素及其差异性分析

处理方案编号	收获时地上部生物量 /（t/hm²）		籽粒产量 /（t/hm²）		千粒重 /g	
	2015 季	2016 季	2015 季	2016 季	2015 季	2016 季
CK	19.69 a	12.34 a	12.05 a	8.37 a	244.07 a	278.98 a
T1	18.47 b	12.25 a	10.80 b	6.42 b	240.83 a	240.98 b
T2	16.15 cd	8.95 b	9.88 c	5.64 c	233.66 ab	233.03 bcd
T3	16.89 c	12.33 a	10.49 b	6.89 b	234.25 ab	237.30 bc
T4	14.30 e	8.34 b	9.23 d	4.75 e	209.29 bc	212.72 d
T5	15.42 de	10.92 a	9.12 d	5.08 d	243.45 a	265.16 a
T6	9.12 h	6.62 c	2.18 g	2.25 g	170.65 c	214.50 d
T7	12.65 f	8.85 b	7.83 c	5.73 c	206.76 c	219.17 cd
T8	11.48 g	6.79 c	4.20 f	3.44 f	127.42 d	162.70 e
显著性	***	***	***	***	***	***

注：*** 表示试验处理间在 0.001 水平上差异显著；处理字母不同表示在 0.05 水平上差异显著。

　　然而，不同生育阶段的受旱胁迫造成的大豆籽粒产量损失差异较大。与对照组 CK 相比，当植株分别在苗期、分枝期、花荚期和鼓粒期遭受干旱胁迫时，2015 季和 2016 季的籽粒产量分别减少了 14.2% 和 28.0%（T1 和 T2 减少的平均值）、18.2% 和 30.5%（T3 和 T4 减少的平均值）、53.1% 和 56.2%（T5 和 T6 减少的平均值）、50.1% 和 45.2%（T7 和 T8 减少的平均值）（表 4.23）。明显地，花荚期和鼓粒期干旱胁迫对大豆籽粒形成的不利影响更严重。这些结果与 Dogan 等（2007）的研究结果一致，即在大田环境中，大豆鼓粒期、结荚前期和籽粒形成前期不实施灌溉的处理相比充分灌溉处理，产量分别减少了 50%、33% 和 31%，而在本研究中，花荚期包含大豆开花和结荚过程，鼓粒期对应籽粒生长阶段。另外，Desclaux 等（2000）通过盆栽试验也得出了类似的研究结果，即大豆在生殖生长阶段对水分亏缺具有较大的潜在产量形成敏感性，而营养生长阶段的干旱胁迫对产量构成要素并未造成显著影响。

　　另外，大豆籽粒形成对各生育阶段相同受旱条件的响应大小顺序并不一致，它随受旱胁迫程度的变化而变化。例如，在 2015 季试验中，与对照组 CK 相比，处理 T5 的籽粒产量减少了 24.3%，低于 T7，而 T6 的籽粒产量降低了 81.9%，明显高于 T8。同样，在 2016 季，相比 CK，T3 的籽粒产量减少了 17.7%，低于 T1，但 T4 的籽粒产量降低了 43.2%，高于 T2（表 4.23）。因此，为定量比较不同生育阶段干旱胁迫对大豆籽粒形成的影响，有必要计算不同阶段在同一胁迫程度下的籽粒产量损失，以确定大豆籽粒形成对不同生育阶段水分亏缺的敏感性顺序。

　　两季试验中各处理间的大豆收获时地上部生物量和千粒重也有显著差异（$p \leqslant 0.001$），且因旱损失均随生育阶段内受旱胁迫程度的增加而增加。在 2015 季和 2016 季试验中，鼓粒期受旱胁迫下的收获时地上部生物量均为最低，与对照组 CK 相比分别减少了 38.7% 和 36.6%（处理 T7 和 T8 减少的平均值）。同样，鼓粒期受旱胁迫下的千粒重在两季中也均最小，比对照组 CK 分别降低了 31.5% 和 31.6%（处理 T7 和 T8 降低的平均值）（表 4.23）。Dogan 等（2007）在大田研究中发现，与充分灌溉相比，鼓粒期不实施灌溉的大豆生物量和千粒重分别减少了 33.0% 和 13.4%。然而，这两个减少量均低于本研究中的对应值，可能是由于两个研究中鼓粒期受旱胁迫程度不同或大豆品种不同导致的。另外，本研究结果与 Desclaux 等（2000）的盆栽试验结果一致，即当大豆在各生育阶段遭遇两个水平的干旱胁迫时（具体试验设计为在盆栽土壤含水率分别达到植株可利用水量的 30% 和 50% 之前，不进行灌溉），除鼓粒期外，均未造成明显的单粒种子重量减少。

（2）受旱胁迫对大豆产量的影响

2015 年和 2016 年 9 个处理的产量如表 4.24 所示。由表 4.24 可知，两年产量均为 CK 最大，花荚期重旱（T6 处理）最小，2016 年产量较 2015 年产量整体偏低，这与两年气候不同有较大关系。王革丽等（2004）认为大豆适宜生长在短日照、喜恒温、降水量充足的地区，大豆不耐高温和低温，温度过高或过低都会对产量不利。2016 年大豆全生育日最高气温平均值为 32℃，较 2015 年高 2℃；2016 年大豆全生育期日照总时长为 518 h，较 2015 年多19.5%，同时从试验站大田种的大豆产量也偏低可得到验证，这与康桂红等（1999）的研究结论相一致。各生育期受旱程度不同对产量的影响不同，受旱程度越严重产量减少幅度越大，且不同生育期同一受旱程度对大豆产量影响也不同，2015 年苗期、分枝期、花荚期和鼓粒成熟期轻旱处理产量相较 CK分别减少了 10.36%、12.98%、24.35%、35.05%，重旱处理产量分别减少了18.04%、28.53%、81.90%、65.18%；2016 年苗期、分枝期、花荚期、鼓粒成熟期轻旱处理产量相较 CK 分别减少了 20.95%、22.10%、39.33%、27.85%，重旱处理产量分别减少了 32.65%、38.51%、73.07%、52.49%。由此可知，苗期和分枝期受旱减产少，主要是因为苗期和分枝期处于长根期，一定程度的受旱使大豆为了获得自身营养生长足够的水分，大豆的根系会向更深处有水的地方延伸且侧根发达，这是作物自身的适应过程（Liu Z F et al.，2013；Geerts S et al.，2008），为提升耐旱能力提供了前提，而大豆花荚期和鼓粒成熟期无论受轻旱还是重旱，其产量损失明显大于苗期和分枝期，说明花荚期和鼓粒成熟期是大豆产量提高的关键需水期，实际生产活动中，应充分保证花荚期和鼓粒成熟期的水分供应。结合两年试验减产数据，可发现大豆不同生育期受旱减产损失均值表现为花荚期＞鼓粒成熟期＞分枝期＞苗期，这与韩晓增等（2003）的研究结论基本吻合。

表 4.24　2015 年和 2016 年不同生育期受旱胁迫下大豆各生育期、全生育期耗水量及产量

年份	处理方案编号	苗期 /mm	分枝期 /mm	花荚期 /mm	鼓粒成熟期 /mm	全生育期总耗水 /mm	产量 /g
2015	T1	50.31 ± 1.81c	233.73 ± 29.04b	237.78 ± 14.02b	434.82 ± 10.36b	956.65 ± 61.94bc	66.52 ± 2.76b
	T2	29.68 ± 1.06d	234.78 ± 15.55b	252.54 ± 16.86b	457.85 ± 6.26a	974.85 ± 23.62b	60.82 ± 0.88c
	T3	77.62 ± 2.71a	178.7 ± 38.08c	212.94 ± 8.54c	435.76 ± 15.57b	905.03 ± 52.27c	64.57 ± 1.95bc
	T4	76.02 ± 4.32a	84.56 ± 5.71d	196.69 ± 1.68e	448.65 ± 23.07ab	805.92 ± 29.19c	53.04 ± 1.65d
	T5	69.50 ± 8.13b	256.63 ± 17.69ab	206.97 ± 8.67c	430.69 ± 8.70b	963.79 ± 23.58bc	56.14 ± 3.16d
	T6	73.51 ± 3.69ab	252.54 ± 16.99ab	165.5 ± 18.03d	190.51 ± 14.59d	682.07 ± 18.71e	13.43 ± 3.60f
	T7	69.51 ± 8.27b	241.45 ± 11.90b	255.07 ± 9.84ab	285.58 ± 11.14c	851.61 ± 12.01c	48.19 ± 2.93e
	T8	73.64 ± 4.41ab	257.71 ± 16.59ab	251.46 ± 16.49b	76.41 ± 10.34e	659.23 ± 33.88e	25.84 ± 1.61g
	CK	78.13 ± 7.6a	274.46 ± 27.77a	273.88 ± 20.12a	463.21 ± 13.17a	1 089.68 ± 56.13a	74.2 ± 2.35a
2016	T1	65.92 ± 10.36c	136.65 ± 14.61b	299.75 ± 18.13bc	321.77 ± 21.46b	824.09 ± 57.75b	48.43 ± 3.12b
	T2	37.92 ± 5.91d	134.93 ± 17.43b	274.53 ± 14.43c	311.03 ± 10.08b	758.42 ± 32.83c	42.54 ± 2.91c
	T3	113.87 ± 8.02ab	139.05 ± 3.69b	276.85 ± 15.72c	314.58 ± 18.60b	844.35 ± 19.47b	49.21 ± 4.75bc
	T4	115.81 ± 8.32a	81.28 ± 32.79c	214.93 ± 39.46d	353.74 ± 28.06ab	765.76 ± 31.10c	38.85 ± 0.64d
	T5	112.27 ± 4.98ab	161.77 ± 12.82a	209.17 ± 7.95d	275.05 ± 12.39c	758.25 ± 32.01c	38.33 ± 2.10d
	T6	104.1 ± 11.06ab	166.16 ± 18.81a	103.59 ± 14.74e	159.65 ± 47.74e	527.50 ± 46.38e	17.01 ± 3.99f

年份	处理方案编号	苗期 /mm	分枝期 / mm	花荚期 / mm	鼓粒成熟期 / mm	全生育期总耗水 /mm	产量 /g
2016	T7	110.97 ± 7.60ab	165.87 ± 18.36a	322.27 ± 12.87b	208.87 ± 29.03d	817.98 ± 30.46b	45.58 ± 2.77c
	T8	102.67 ± 9.38b	166.07 ± 17.11a	330.45 ± 19.16ab	73.23 ± 7.23f	658.42 ± 42.66d	30.02 ± 3.85e
	CK	108.78 ± 4.41ab	172.66 ± 15.57a	359.56 ± 25.94a	359.5 ± 25.06a	1 000.49 ± 33.02a	63.17 ± 3.55a

注：表中数据为平均值 ± 标准差；同一年份、同一列中不同字母表示 $p < 0.05$ 水平差异显著。

（3）受旱胁迫对大豆水分利用效率的影响

水分利用效率作为表征灌溉用水利用效率的重要指标，两年大豆不同受旱胁迫处理的 WUE 如图 4.21 所示。由图 4.21 分析可知，各生育期同一受旱胁迫程度下苗期和分枝期的 WUE 比花荚期和鼓粒成熟期高，2015 年苗期和分枝期轻旱（T1 处理和 T3 处理）WUE 比 CK 要高 1.87% 和 4.48%，而在 2016 年未出现相同情况，这可能与两年的气候与播种时间不同有关，现有研究对受旱胁迫是否利于提高 WUE 尚存有争议。生育期不同受旱胁迫程度下 WUE 存在差异，受旱程度越重，WUE 越低，2015 年苗期重旱处理 WUE 比轻旱处理小 10.36%，分枝期小 7.90%，花荚期小 66.21%，鼓粒成熟期小 30.73%；2016 年苗期重旱处理 WUE 比轻旱处理小 4.74%，分枝期小 13.01%，花荚期小 35.90%，鼓粒成熟期小 18.46%。由此可见，大豆苗期和分枝期轻旱与重旱处理 WUE 差别较小，而花荚期和鼓粒成熟期轻旱与重旱处理 WUE 差别明显，在实际生产活动中，在保证产量的前提下，可允许苗期和分枝期适度受旱。

此外，从图 4.21 中还可知，花荚期重旱（T6 处理）WUE 最低，苗期和分枝期轻旱处理 WUE 与 CK 基本持平，而花荚期和鼓粒成熟期受旱处理 WUE 与 CK 差异明显，2015 年花荚期和鼓粒成熟期重旱处理 WUE 比 CK 分别低 68.86% 和 42.53%，2016 年花荚期和鼓粒成熟期重旱处理 WUE 比 CK

分别低 49.49% 和 29.30%。综上所述，大豆花荚期和鼓粒成熟期受旱胁迫对水分利用效率的影响比苗期和分枝期大，尤其是花荚期重旱处理影响最大，花荚期应要注意土壤水分的及时供应。

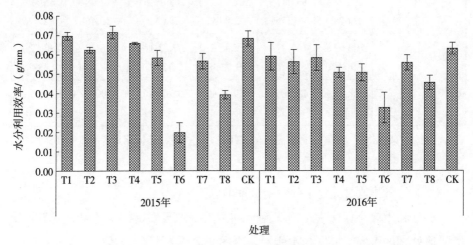

图 4.21　2015 年和 2016 年大豆不同生育期受旱胁迫下的水分利用效率

4.5　受旱胁迫对不同抗旱型小麦品种生理及产量的影响

　　小麦是我国主要的粮食作物，安徽省淮北平原区是我国小麦主产区之一。该地区冬小麦生长在一年中的相对干旱季节，降水不均、不足情况经常发生，由于当地大量青壮年劳动力外出务工造成当地农村务农劳动力严重短缺，也严重影响着冬小麦的正常灌溉，导致该地区冬小麦生长和产量常受干旱胁迫的影响（邹少奎等，2017；刘婷婷等，2015；杜世州等，2009）。水分成为制约小麦生产的主要因素，为保障小麦高产稳产，确保我国粮食安全，必须培育和推广抗旱节水品种，实施高效节水栽培技术（曾占奎等，2019；杨贝贝等，2017；张龙龙等，2016）。

　　深入研究抗旱品种的抗旱机制，揭示抗旱品种高产性能，对于抗旱品种选育和节水技术改进具有重要意义。而水分胁迫条件下的小麦生理生化特性及产量的差异被认为是小麦抗旱性差异的内在原因，是研究小麦抗旱机理的主要途径之一（李龙等，2018；吴金芝等，2015；宋新颖等，2014）。矮抗 58 和烟农 19 为淮北地区的主推品种并被大面积种植，本研究通过 1 年的受旱试验，针对其分蘖、株高、叶面积指数及产量等指标进行观测分析，对 2 个冬小麦品种进行了地区种植适宜性的初步评价，为安徽淮北地区粮食生产安全及品种选育提供理论依据。

4.5.1　试验与方法

（1）试验区概况

试验于 2018 年 10 月—2019 年 5 月在安徽省水利部淮河水利委员会水利科学研究院新马桥农水综合试验站进行。

（2）试验设计

冬小麦受旱试验依托新马桥农水综合试验站内 6 组 4 m² 大型称重式蒸渗仪，以及 8 组 4 m²、18 组 6.67 m² 有底测坑开展，具体规格分别为 2 m（长）×2 m（宽）×2.3 m（深）、2 m（长）×2 m（宽）×2.3 m（深）、3.335 m（长）×2 m（宽）×2.3 m（深），测坑及蒸渗仪均布设有防雨棚完全隔绝降水，试验过程中土壤水分完全由人工灌水控制。试验冬小麦品种为矮抗 58 和烟农 19，于 2018 年 10 月 30 日播种，2019 年 5 月 31 日收获，2018—2019 年冬小麦全生育期为 213 d，结合试验冬小麦实际生长记录，将全生育期划分为苗期、分蘖期、拔节孕穗期（拔孕期）、抽穗开花期（抽开期）和灌浆成熟期（成熟期）5 个生育阶段，其中苗期不做受旱处理。将试验阶段内的土壤含水率分为 4 个水平（充分灌溉、轻旱、中旱及重旱），控制下限为田间持水率的 35%～65%，具体控制范围：对照为 65%～95%、轻旱为 55%～95%、中旱为 45%～95%、重旱为 35%～95%。所有处理灌水时上限均控制在田间持水率的 95%，具体试验实施情况见表 4.25 和表 4.26。每个试验小区内施复合肥 750 kg/hm²、尿素 300 kg/hm²，冬小麦种植密度为 8 行 / 坑。为更加符合实际灌溉情况，当试验小区土壤含水率达到相应控制下限时定量灌水至田间持水量的 95%。此外，各处理除水分管理外，其他管理方式与大田完全一致，保证冬小麦生长发育不受病虫害等其他因素影响。

表 4.25　矮抗 58 受旱试验实施情况

处理方案编号	生育阶段				备注
	分蘖期	拔孕期	抽开期	成熟期	
1	55（15.4%）	55（15.4%）	55（15.4%）	55（15.4%）	全生育期轻旱
2	45（12.6%）	45（12.6%）	45（12.6%）	45（12.6%）	全生育期中旱
3	35（9.8%）	70（19.6%）	70（19.6%）	35（9.8%）	分蘖期、成熟期重旱
4	65（18.2%）	55（15.4%）	55（15.4%）	65（18.2%）	拔孕期、抽开期轻旱
5	65（18.2%）	35（9.8%）	35（9.8%）	65（18.2%）	拔孕期、抽开期重旱
CK	65（18.2%）	70（19.6%）	70（19.6%）	65（18.2%）	不受旱对照

注：1. 表中数值为试验控制的 0～40 cm 土层的土壤水分下限，占田间持水量的百分比，苗期各处理的土壤水分下限均为 65% 左右；

2. 各处理的土壤水分到达控制下限即应灌至田间持水量的 95%。

表 4.26　烟农 19 受旱试验实施情况

处理方案编号	生育阶段				备注
	分蘖期	拔孕期	抽开期	成熟期	
1	55（15.4%）	55（15.4%）	55（15.4%）	55（15.4%）	全生育期轻旱
2	65（18.2%）	55（15.4%）	55（15.4%）	65（18.2%）	拔孕期、抽开期轻旱
3	65（18.2%）	35（9.8%）	35（9.8%）	65（18.2%）	拔孕期、抽开期重旱
CK	65（18.2%）	70（19.6%）	70（19.6%）	65（18.2%）	不受旱对照

注：1. 表中数值为试验控制的 0～40 cm 土层的土壤水分下限，占田间持水量的百分比，苗期各处理的土壤水分下限均为 65% 左右；

2. 各处理的土壤水分到达控制下限即应灌至田间持水量的 95%。

（3）试验数据采集

试验观测项目主要有土壤含水率、冬小麦生长发育状况等，具体包括：

①耕作栽培状况的观测记载

试验区耕作栽培管理项目有：试区土壤肥力状况、整地日期与方法、表土耕作、施（追）肥、供试品种、播种期、种植密度、灌水日期及灌水定额、中耕除草次数和时间，病虫害的种类、发生时间、危害程度、防治措施及效果，以及其他特殊耕作栽培措施等。

②生育动态及产量

对冬小麦生长过程中一些重要特征的出现时间进行调查记录，以反映其生长发育进程。生长发育状况和观测应定点定株进行。每一试验小区至少应选两行代表性的固定段进行连续观测（每行定位长度 0.5 m），每 5 d 观测一次。试区冬小麦收获前应分区进行测产考种，收获时单收、单打、单晒。

观测的内容主要包括：生育期调查，群体密度、株高和叶面积指数（LAI）（LAI 数据由英国 Delta-T Devices 公司产 SunScan 植物冠层分析仪测得），产量及产量构成要素。

③土壤水分测定

试验需要定期进行土壤水分的测定，以观测冬小麦生长过程中土壤水分的变化，实现对试验土壤水分的精准控制，使其达到预期水分控制要求。土壤含水率采用定点测定，每 2～5 d 测定一次（具体观测频率根据实际气象情况定），测定间隔内如遇生育转折期，则需加测。每个测坑的测定样点数不少于 2 处，以其平均值确定土壤含水率。土壤含水率的测定深度为 40 cm，10 cm 一层，每层取 2 个重复。测坑冬小麦实际耗水量通过前后两次测定的土壤含水率的差值，并考虑灌水、降水、排水或渗漏等过程造成的水量变化，用水量平衡法计算确定；蒸渗仪冬小麦耗水量由蒸渗仪称重系统直接监测记录。

4.5.2　结果与分析

（1）受旱胁迫对不同品种冬小麦生长的影响（图 4.22）

图 4.22　不同品种小麦受旱胁迫试验

①受旱胁迫对冬小麦株高及分蘖的影响

本次冬小麦试验从 2018 年 11 月 14 日—2019 年 4 月 25 日共进行了 21 次基本苗数、分蘖数和株高调查。各试验处理的全生育期平均单株分蘖数（抽穗数）及株高动态变化如图 4.23～图 4.26 所示。

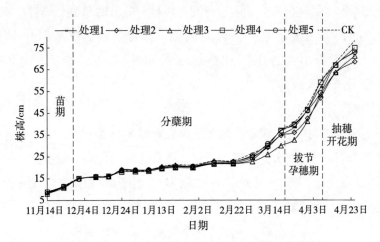

图 4.23　冬小麦全生育期株高动态变化（矮抗 58）

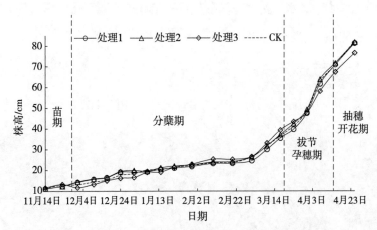

图 4.24　冬小麦全生育期株高动态变化（烟农 19）

由图 4.23 和图 4.24 可以看出，从总体趋势分析分蘖期重旱对冬小麦株高后期发育造成永久胁迫，后期（拔节孕穗期和抽穗开花期）恢复充分灌溉后，其株高依然明显低于对照组；冬小麦全生育期轻旱处理对株高生长的抑制作用较小，全生育期中旱对株高影响显著；拔节孕穗期轻旱对株高影响较小，该时期重旱对冬小麦株高生长影响较为明显。相同对照及轻旱处理情况下，烟农 19 的株高明显高于矮抗 58，重旱处理条件下烟农 19 的株高则低于矮抗 58。

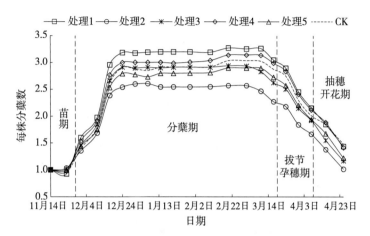

图 4.25　冬小麦全生育期分蘖（抽穗）动态变化（矮抗 58）

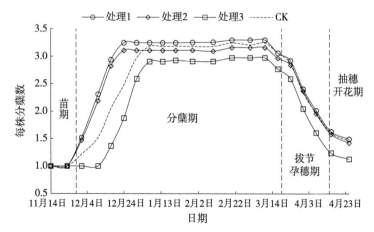

图 4.26　冬小麦全生育期分蘖（抽穗）动态变化（烟农 19）

图 4.25 和图 4.26 中数据为各测坑固定 1 m 行段内分蘖总数（总穗数）除以基本苗数得出，即为平均单株分蘖数（抽穗数）。由图可以看出，分蘖期重旱及全生育期中旱对 2 个品种冬小麦分蘖及抽穗抑制作用最为明显，均对冬

小麦生长造成永久胁迫；全生育期轻旱对分蘖及抽穗均影响很小，与对照组相比基本无差别；相同轻旱及对照处理下矮抗 58 与烟农 19 的平均单株分蘖数和抽穗数差别较小，矮抗 58 略小于烟农 19，而重旱处理条件下烟农 19 的平均单株分蘖和抽穗数则明显低于矮抗 58。

②受旱胁迫对冬小麦叶面积指数（LAI）的影响

本次冬小麦试验从 2019 年 3 月 12 日—5 月 1 日共进行了 5 次叶面积指数调查，结果如图 4.27 和图 4.28 所示。

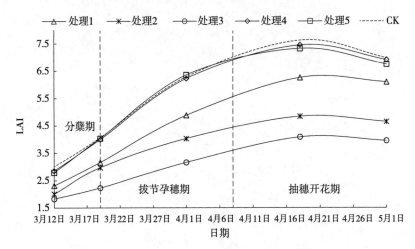

图 4.27　冬小麦生育期叶面积指数动态变化（矮抗 58）

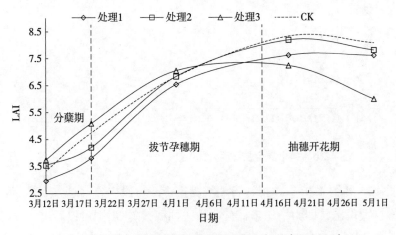

图 4.28　冬小麦生育期叶面积指数动态变化（烟农 19）

由图 4.27 和图 4.28 可以看出,全生育期轻旱、中旱及分蘖期重旱均对 2 个品种冬小麦叶面积指数有明显影响,分蘖期重旱均对冬小麦叶片生长发育造成永久胁迫;拔节孕穗期轻旱对冬小麦叶片生长影响不明显,重旱处理下冬小麦叶面积指数明显低于对照组。相同对照及轻旱处理下,烟农 19 的叶面积指数明显高于矮抗 58,而重旱处理下烟农 19 的叶面积指数则明显低于矮抗 58。

综合以上对 2 个品种冬小麦株高、分蘖(抽穗)及叶面积指数数据的分析结果表明,全生育期中旱和分蘖期重旱均会显著抑制冬小麦株高、分蘖、抽穗及叶片的正常生长发育,并造成永久胁迫;拔节孕穗期重旱对冬小麦株高、抽穗和叶片生长有明显抑制作用,轻旱胁迫较小;在轻旱及不旱条件下,烟农 19 的各项生理生长指标均高于矮抗 58,但在受旱程度较高时,烟农 19 的生长指标明显低于矮抗 58,表明当受旱程度较高时,烟农 19 对水分亏缺更为敏感,矮抗 58 的抗旱能力更强。

(2)受旱胁迫对不同品种冬小麦产量的影响

由表 4.27 中数据综合分析可得出以下结论:①正常灌溉条件下矮抗 58 的穗长、有效穗率、干物质重及亩产量等指标均明显小于烟农 19,千粒重则明显大于烟农 19。②拔节孕穗期及抽穗开花期受旱对 2 个品种冬小麦的穗长、有效穗率及千粒重等指标影响有明显不同。该段时期不同受旱处理下,矮抗 58 的穗长、有效穗率和千粒重均高于对照组;轻旱处理时,烟农 19 的穗长和有效穗率略小于对照组,千粒重则明显大于对照组;受旱程度加重时,烟农 19 的穗长、有效穗率和千粒重均低于对照组。③不同受旱处理均对 2 个品种冬小麦产量造成不同程度的减产,全生育期轻旱和两生育阶段连续轻旱均对冬小麦产量影响较小,2 个品种减产率相差不明显;拔节孕穗期和抽穗开花期连续重旱条件下,烟农 19 减产率明显大于矮抗 58,表明在严重受旱条件下,烟农 19 产量对水分亏缺更为敏感。

表 4.27　冬小麦受旱试验产量及构成要素

小麦品种	处理方案编号	穗长 /cm	有效穗率 /%	千粒重 /g	亩干物质重 /kg	亩产 /kg	减产率 /%
矮抗 58	处理 1	6.92	95.82	51.21	431.92	625.55	5.29
	处理 2	6.30	96.44	46.24	299.78	472.80	28.42
	处理 3	6.22	94.27	48.05	346.13	502.12	23.98
	处理 4	7.23	96.86	53.36	632.75	646.24	2.16
	处理 5	7.16	97.43	52.26	568.52	632.85	7.34
	CK	7.11	95.74	51.51	675.63	660.50	0.00
烟农 19	处理 1	8.47	96.92	49.04	559.94	666.72	4.72
	处理 2	8.32	96.30	46.60	613.39	683.56	2.31
	处理 3	7.96	64.32	42.23	522.61	465.00	33.55
	CK	8.49	97.02	42.84	585.73	699.73	0.00

4.6　基于作物生长模型的淮北平原玉米旱灾损失定量评估

干旱的本质是水分的亏缺，而农业旱灾的形成过程则反映了"气候—土壤—作物水分"的运移情况。当降水偏少或者其他干旱因子导致土壤水分持续下降时，作物生长发育就会受阻；当土壤含水率处于凋萎含水率时，作物无法吸收水分，就会严重影响作物的正常生长，进而产生严重的旱灾损失；而当通过人为抗旱措施，如人工灌溉后及时补充作物生长所需的水量，则可降低或者消除干旱对作物生长发育的影响，保证作物的产量。因此，基于作物生长模型的旱灾损失评估技术的核心在于准确估算作物生长发育过程中的水分需求和实际水分供应情况，从而为抗旱措施的制定提供科学依据。

4.6.1 模型与方法

（1）模型

DSSAT 模型，全称为农业决策支持系统模型（Decision Support System for Agrotechnology Transfer），是一款广泛用于农业领域的模型软件，可模拟逐日作物生长发育过程，计算各影响因子对作物产量的影响。它由美国佛罗里达大学的农学研究所开发，旨在提供农业生态系统的模拟和优化工具。

DSSAT 模型的主要特点包括：①多模型耦合，DSSAT 模型能够将不同气象、作物和土壤模型进行耦合，形成有效的多学科、多层次的农业系统分析工具；②客观评估农业管理方案，通过 DSSAT 模型，可以预测不同农业管理方案对作物生产和土壤健康的影响，帮助评估不同作物管理方案的优分；③可用于决策支持，DSSAT 模型不仅能够为科学研究提供支持，也可作为决策者制定农业政策和规划的决策支持工具；④建立作物生长和发育模型，基于过程的动态作物模型，能够详细建立作物生长和发育模型，预测作物产量和品质；⑤支持未来农业发展 DSSAT 模型不断更新和完善，吸收新的气象、土壤、作物和管理等信息，提高其决策支持和生产力能力。

DSSAT 模型包括多种作物模拟模型，如 CERES 系列模型、CROPGRO 豆类作物模型、SUBSTOR 马铃薯模型等。各类模型由 3 部分组成：①数据库管理系统，用于数据组的输入、存储和调用；②作物模型，调试并经过验证的模型用来模拟环境因子相互作用下某一遗传型作物的生长发育过程及产量的程序集；③应用程序群，用于分析和显示长期的农学模型实验。

（2）方法

利用 2016 年和 2017 年的夏玉米观测试验获得的数据运行 DSSAT-CERES-Maize 模型，以 2016 年的观测数据对模型中的作物遗传参数进行率定，以 2017 年的数据进行验证，评价模型在模拟该地区夏玉米生产发育和产量形成的能力和精度。之后为模拟不同生长阶段干旱对作物产量形成的影响，设置不同的降水情景运行模型，其他设置如气象数据、土壤数据、播种收获日期等保持不变。构建作物旱灾脆弱性曲线的两个关键指标（干旱致灾因子强度和相应的产量损失）由 DSSAT-CERES-Maize 模型模拟计算获得。其中，干旱致灾因子强度由干旱胁迫的强度和胁迫持续时间共同决定，是模型的输出变量之一，另外，产量损失也由模型输出，具体流程如图 4.29 所示。

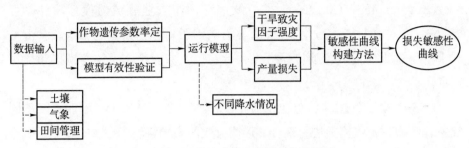

图 4.29　作物旱灾脆弱性曲线构建流程

4.6.2　数据输入

（1）土壤数据

在每年试验开始前将 0～40 cm 的土层分成 4 层取土，并测量初始体积含水率，其他土壤性质从中国土壤数据库获得。

（2）气象数据

DSSAT 模型所需气象数据为逐日气象数据，包括最高气温（℃）、最低气温（℃）、降水量（mm）和日辐射量（MJ/m²）等，由试验站内气象站每日记录所得，其中 2016 年的试验是在遮雨棚条件下进行，因此该年降水设为 0。日太阳辐射量则是根据气象站所测日日照时长（h/d）通过 Angsrom 经验公式计算：

$$R_s = R_{max}(a_s + b_s \frac{n}{N}) \tag{4.7}$$

式中，R_s 为太阳总辐射量，MJ/m²；R_{max} 为晴天辐射量，MJ/m²；a_s、b_s 为与大气有关的经验系数；n 为日照时长，h；N 为最大日照时长，h。2016 年和 2017 年夏玉米生长周期内最高气温、最低气温和日太阳辐射量如图 4.30～图 4.31 所示。

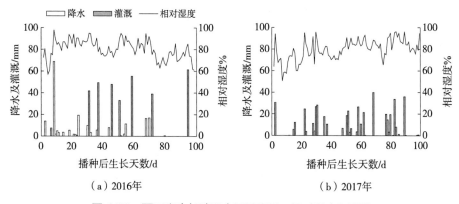

图 4.30 夏玉米生长阶段内逐日降雨、相对湿度和灌溉

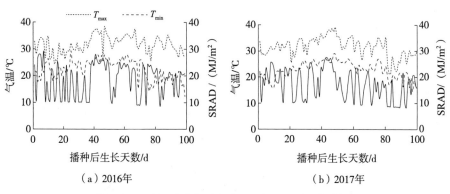

图 4.31 夏玉米生长阶段内逐日气温和太阳辐射量

（3）土壤数据

土壤数据来自试验站的田间试验实测数据，包括土壤 pH、凋萎含水率、田间持水率、饱和含水率、渗透性、排水性和各层中黏粒、粉砂粒和砂粒含量（%）等。土壤的基本参数为容重 1.36 g/cm³、凋萎含水率 12.4%（体积含水率）、田间持水率 38.1%、饱和含水率 46.2%、pH 为 7.5。

（4）田间管理数据

本研究将玉米分为苗期、拔节期、抽雄期和乳熟期 4 个生育阶段。作物的物候期，播种信息和观测指标通过田间试验获取。

（5）模型参数调试与验证

CERES-Maize 模型中可供调试的玉米品种参数有 6 个。如 2016 年玉米测坑受旱试验的对照处理、拔节期轻旱、拔节期重旱、抽雄吐丝期轻旱、抽雄吐丝期重旱 5 种处理，有研究指出，CERES 系列模型在水肥条件充足的条件下模拟精度更高，因此选取对照处理作为参数率定处理，用其他处理作为模型验证处理。参数率定采用 DSSAT 模型自带的 GLUE 调参程序包，GLUE 参数估计主要步骤包括设置参数分布、随机生成参数集、运行模型、计算模拟值与实测值之间的似然值、构建后验分布。

4.6.3 参数调试和模型验证

（1）参数率定结果

DSSAT 系统用于玉米生长模拟的 CERES-Maize 模块中，玉米的遗传参有 P1、P2、P5、G2、G3、PHINT，参数的含义和调试结果如表 4.28 所示。

表 4.28 夏玉米隆平 206 的作物品种遗传参数

参数	描述	取值范围	调试后参数
P1/（℃/d）	完成非感光幼苗期的积温	100～400	106.7
P2	光周期敏感系数	0～4	2.123
P5/（℃/d）	灌浆特性参数	600～1 000	995.5
G2/粒	单株最大穗粒数	500～1 000	502.3
G3/[mg/（粒·d）]	最大灌浆速率参数	5～12	10.27
PHINT/（℃/d）	一片叶生长完成所需积温	30～75	38.9

（2）模型验证

本节以 2016 年的试验数据为据进行参数调试，选择开花日期、成熟日期、籽粒产量和干物质积累量作为调参目标。然后以 2017 年的试验数据对调试后的模型进行验证，采用绝对相对误差（ARE）和相对均方根误差（RRMSE）进行评价。

表 4.29 对比了夏玉米开花日期、成熟日期、籽粒产量和干物质积累量的模拟值（Sim.）与实测值（Obs.），结果显示，两年夏玉米物候期的模拟值与

实测值误差不超过 4 d，ARE 和 RRMSE 均小于 5%；籽粒模拟产量误差小于 3%；干物质积累量模拟误差也在 10% 以内，整体模拟精度较高。

表 4.29　玉米开花期、成熟期、籽粒产量和干物质积累量模拟值与实测值对比

年份	开花日期（播种后生长天数）				成熟日期（播种后生长天数）			
	Sim.	Obs.	ARE	RRMSE	Sim.	Obs.	ARE	RRMSE
2016	45	45	0.00	0.00	98	95	3.16%	3.55%
2017	46	46	0.00		100	104	3.85%	

年份	籽粒产量 /（kg/hm²）				干物质积累量 /（kg/hm²）			
	Sim.	Obs.	ARE	RRMSE	Sim.	Obs.	ARE	RRMSE
2016	4 987	5 117	2.54%	2.17%	12 722	13 753	7.50%	6.29%
2017	6 717	6 847	1.90%		14 035	14 776	5.01%	

表 4.30 根据玉米根系的分布特点按土层划分对比了 2016 年和 2017 年 0～40 cm 土层内土壤含水率的模拟值（Sim.）与实测值（Obs.），结果显示，各土层土壤含水率模拟误差 RRMSE 均小于 10%，效果较好。图 4.32 则对比了两年试验中玉米各土层土壤含水率在整个生长周期内的动态模拟结果和实测值，结果显示，大多数实测值落在模拟值变化曲线的附近，且有相似变化趋势。由此可见，DSSAT 模拟土壤含水率在空间和时间上均有较为精确的结果，而干旱致灾因子强度是由基于土壤含水率的土壤水分亏缺程度和干旱胁迫天数共同决定的，因此认为该模型可用于构建作物的旱灾脆弱性曲线。

表 4.30　玉米 0～40 cm 土壤含水率模拟值与实测值

土层深度	2016 年			2017 年		
	Sim.	Obs.	RRMSE	Sim.	Obs.	RRMSE
0～20 cm	0.233	0.235	9.47%	0.284	0.285	8.68%
20～40 cm	0.225	0.238	8.84%	0.275	0.262	9.76%

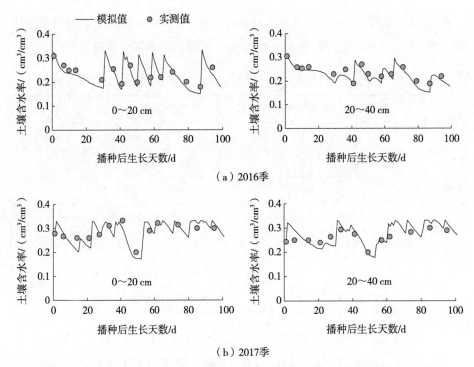

图 4.32　玉米 2016 季和 2017 季 0~40 cm 土壤含水率模拟值与实测值对比

4.6.4　模拟试验设计

为研究不同生育阶段水分胁迫对最终产量损失和干物质积累量损失的作用，以 2016 年和 2017 年实际的降水情况（图 4.33）为对照组，在单生长阶段内以 20% 为阶梯设置 0~80% 共 4 个不同的降水情景，2 年共计 33 个模拟方案（表 4.31）。

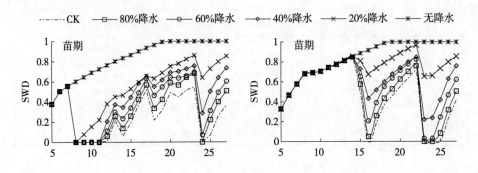

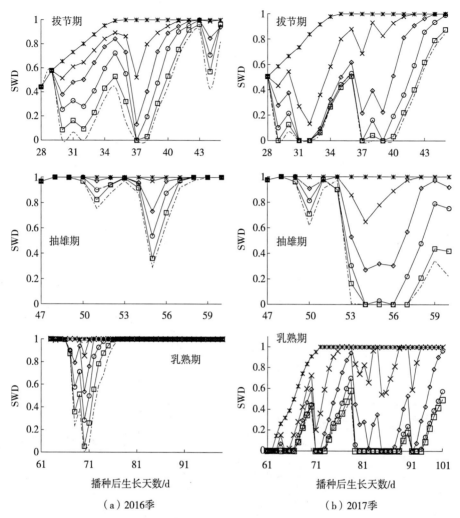

（a）2016季　　　　　　　　　　（b）2017季

图 4.33　各生长阶段土壤水分亏缺度 SWD 逐日变化曲线

表 4.31　2016 季和 2017 季降水情景模拟方案

处理方案编号	实际降水量百分比				描述
	苗期	拔节期	抽雄期	乳熟期	
CK	100%	100%	100%	100%	全生长周期雨养
T1-1	80%	100%	100%	100%	苗期 5 种水分胁迫场景
T1-2	60%	100%	100%	100%	

处理方案编号	实际降水量百分比				描述
	苗期	拔节期	抽雄期	乳熟期	
T1-3	40%	100%	100%	100%	
T1-4	20%	100%	100%	100%	
T1-5	0	100%	100%	100%	
T2-1	100%	80%	100%	100%	拔节期5种水分胁迫场景
T2-2	100%	60%	100%	100%	
T2-3	100%	40%	100%	100%	
T2-4	100%	20%	100%	100%	
T2-5	100%	0	100%	100%	
T3-1	100%	100%	80%	100%	抽雄期5种水分胁迫场景
T3-2	100%	100%	60%	100%	
T3-3	100%	100%	40%	100%	
T3-4	100%	100%	20%	100%	
T3-5	100%	100%	0	100%	
T4-1	100%	100%	100%	80%	乳熟期5种水分胁迫场景
T4-2	100%	100%	100%	60%	
T4-3	100%	100%	100%	40%	
T4-4	100%	100%	100%	20%	
T4-5	100%	100%	100%	0	

4.6.5 结果与讨论

（1）土壤水分亏缺度

土壤水分亏缺度 SWD 的逐日变化情况如图 4.33 所示。在各生长阶段，充足降水情景下的 SWD 明显低于其他情景，其中无降水情境下 SWD 的值最高。随着作物生长呼吸作用增强，耗水量增大，土壤含水率逐渐减少，降水后土壤含水率显著增加，SWD 也随之变化。在 2016 年中，相较于生长阶段后期，苗期和拔节期的 SWD 波动幅度更大［图 4.33（a）］，但是抽雄期和乳熟期的 SWD 值较高，在 2016 年中，玉米各生长阶段内的降水量分别为 111 mm、55 mm、19 mm 和 34 mm，降水时间多发生在玉米生长周期的早期，SWD 的情况与实际气象情况相符。在 2017 年，乳熟期的降水量是全生长周期中最多的，为 210 mm，图 4.33（b）中 2017 年各处理的 SWD 在乳熟期的值普遍最低，与实际情况相符。综上所述，模拟的土壤含水率和相应的 SWD 能够准确反映出玉米在不同干旱条件下的生长期水分亏缺过程，经过校正和验证的模型是可靠的，可用于建立脆弱性曲线。

图 4.34 为 2016 年与 2017 年各假设情景下模拟玉米生长过程中玉米蒸发蒸腾 ET 的逐日变化情况。在各生长阶段中，降水较少的情境下，作物的日均蒸发蒸腾量明显较低。在实际降水情景 CK 下，ET 值最大，在没有降水的情景下 ET 值最小，干旱胁迫在每个生长阶段都会减少夏玉米的蒸发蒸腾，胁迫程度越大，减少的幅度就越大。此外，2016 年苗期的 ET 值波动较大，2017 年乳熟期 ET 波动较大，这些变化与实际的降水季节内分布情况相符合。因此，通过校准和验证的模型模拟的日蒸发蒸腾能精确地反映不同干旱强度和干旱发生阶段下夏季玉米的实际生理状况，可用于作物脆弱性曲线的构建。

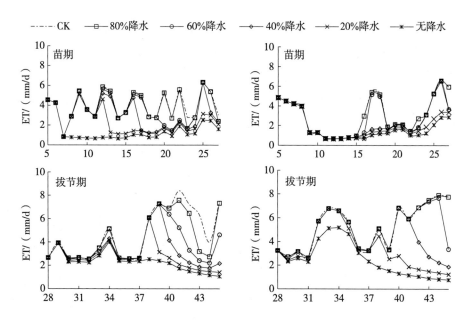

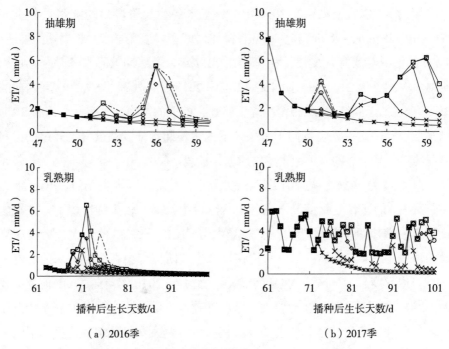

（a）2016季　　　　　　　　（b）2017季

图4.34　各生长阶段作物蒸发蒸腾ET逐日变化曲线

（2）旱灾脆弱性评估结果

在一定外界条件下，致灾因子强度和承灾体灾害损失之间的定量关系，即为脆弱性曲线，它是定量化的脆弱性评价方法。脆弱性曲线的基础是作物灾损敏感性曲线，本研究通过模拟作物在不同干旱强度下的产量和干物质积累量，建立完全暴露条件下单生长阶段内致灾因子强度（Drought Hazard Index，DHI）与作物指标损失（Yield Loss and Dry Biomass Loss）之间的关系方程，绘制作物单生长阶段的旱灾脆弱性曲线。

输入2016年和2017年的气象数据、土壤数据和田间管理数据，运用DSSAT-CERES-Maize模型模拟了单生长阶段内不同干旱致灾强度下夏玉米的产量损失率和干物质积累量损失率，并拟合出旱灾脆弱性曲线（图4.35、图4.36），拟合结果见表4.32和表4.33，各生长阶段的S形曲线的决定系数R^2的范围为0.7～0.9，拟合效果较好。

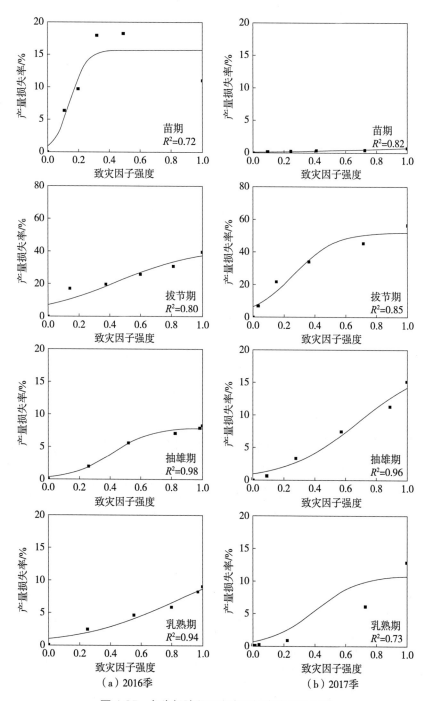

（a）2016季　　　　　　　　　（b）2017季

图 4.35　各生长阶段玉米产量损失脆弱性曲线

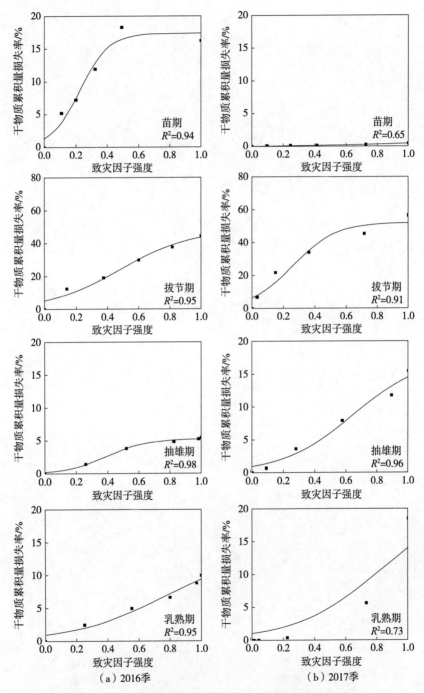

（a）2016季　　　　　　（b）2017季

图 4.36　各生长阶段玉米干物质累积量损失脆弱性曲线

表 4.32　夏玉米各生长阶段旱灾产量损失脆弱性曲线拟合结果

生长阶段	$LR=LR_{max}/(1+\alpha \cdot e^{-\beta}-DHI)$							
	产量损失							
	LR_{max}		α		β		R^2	
	2016 年	2017 年	2016 年	2017 年	2016 年	2017 年	2016 年	2017 年
苗期	16%	2%	16.11	8.03	18.80	2.53	0.72	0.82
拔节期	43%	50%	4.82	5.35	3.50	9.98	0.80	0.85
抽雄期	16%	36%	22.88	18.67	7.56	4.26	0.98	0.96
乳熟期	27%	22%	13.38	15.21	3.13	6.73	0.94	0.73

表 4.33　夏玉米各生长阶段旱灾干物质累积量损失脆弱性曲线拟合结果

生长阶段	$LR=LR_{max}/(1+\alpha \cdot e^{-\beta}-DHI)$							
	干物质累积量损失							
	LR_{max}		α		β		R^2	
	2016 年	2017 年	2016 年	2017 年	2016 年	2017 年	2016 年	2017 年
苗期	17%	1%	12.18	14.16	11.05	2.82	0.94	0.92
拔节期	48%	52%	8.28	6.96	4.44	7.40	0.95	0.91
抽雄期	6%	17%	22.48	17.41	7.76	4.43	0.98	0.96
乳熟期	14%	21%	13.72	20.07	3.40	3.69	0.95	0.79

　　结合 S 形曲线各参数的物理意义和拟合结果可知，参数 LR_{max} 反映了作物在干旱致灾因子强度增强过程中产量或干物质积累量的损失率的上限值，即图 4.35 和图 4.36 中各生长阶段脆弱性曲线上升的最大高度。2016 年和 2017 年实验中，玉米在拔节期受旱的情况下最终产量损失率上限最高，分别为 43% 和 50%，苗期最低，分别为 16% 和 2%；干物质积累量的损失率也有相似规律，在拔节期损失率上限最高，分别为 48% 和 52%，苗期最低，分别为 17% 和 1%。苗期损失率上限差异较大，这可能与两年作物生长期间的降水强度不同有关，2016 年玉米生长周期内的降水量较少，仅为 233 mm，而 2017 年为 472 mm，由于干旱胁迫后复水会对株高和叶面积产生补偿效应，且苗期适度干旱胁迫后复水可提高复水生长的补偿效应。在 2017 年的试验

中，后期充足的降水量减少了苗期干旱对最终产量的影响。

参数 β 反映了作物产量或干物质积累量的损失率随干旱致灾因子强度增大而趋近上限 LR_{max} 的快慢程度，β 值越大，说明随着干旱胁迫程度的增加，越易达到该阶段内的最大损失。表 4.33 中，2016 年与 2017 年玉米产量损失敏感型曲线的 β 值的最大值分别出现在苗期（18.8）和拔节期（9.98），这种差异可能与两年降水分布的不同有关，2017 年降水量多且分布较均匀，2016 年降水量少且多集中在玉米生长前期，后期降水量的不足导致苗期受旱造成的影响被放大。

脆弱性曲线斜率变化率最大的点称为致灾点，此时作物产量和干物质积累量的损失率随干旱致灾因子强度增大而增加的速度变化最快，干旱对作物的影响进入快速发展阶段。结合公式一阶导数和二阶导数变化规律可知，公式的三阶导数为 0 时 S 形曲线的斜率变化最大，即为干旱致灾点，由拟合结果计算可得，2017 年夏玉米在 4 个生长阶段当期的干旱致灾因子强度分别达到 0.30、0.04、0.38 和 0.21 时，最终产量损失率随干旱致灾因子强度增大而增加的速度变化最快，干物质积累损失脆弱性曲线也有相似结果（0.47、0.08、0.35、0.46）。2016 年旱灾脆弱性曲线的致灾点对应的致灾因子强度最小值也出现在拔节期，为 0.07。可以看出，拔节期的致灾点对应的干旱致灾因子强度最小，应加强对该生长阶段的旱情及时预警灌溉。

脆弱性曲线斜率最大的点称为转折点，对应的产量和干物质积累量损失率为 LR_{max}，此时作物的产量和干物质积累量的损失率随干旱致灾因子强度增大而增加的速度最快，反映干旱对作物的影响进入衰减阶段。将 LR_{max} 代入公式可得出转折点对应的干旱致灾因子强度，生长阶段内转折点对应的干旱致灾因子强度越小，说明在该生长阶段内较小程度的干旱胁迫也会导致产量和干物质积累量的损失率的快速增长。由拟合结果计算得出，2017 年夏玉米在 4 个生长阶段当期的干旱致灾因子强度分别达到 0.82、0.17、0.69 和 0.40 时，作物的产量损失率随干旱致灾因子强度增大而增加的速度最快，干物质积累量损失率的变化曲线也有相似结果（0.94、0.26、0.64 和 0.81）。其中拔节期旱灾脆弱性曲线的转折点对应的干旱致灾因子强度最小，而 2016 年因为降水量少且集中在苗期，玉米各生长阶段的旱灾脆弱性曲线中，苗期的 S 形曲线转折点对应的干旱致灾因子强度最小，为 0.15。在实际操作中，应确保作物在不同生长阶段内所受干旱胁迫不超过旱灾脆弱性曲线的转折点对应的干旱致灾因子强度，以控制旱情对作物的不利影响。

4.7　小结

依托新马桥农水综合试验站开展多尺度、多组合、长序列作物受旱胁迫试验，分析了受旱胁迫下的作物蒸发蒸腾与土壤含水率及地上部干物质的变化关系，分析了生长发育和生理指标对干旱的响应机理及干旱对作物产量、水分利用效率的影响，揭示了作物各指标受旱胁迫响应规律，明晰了作物的旱灾致灾成灾机理，通过试验与模拟提出了作物旱灾损失评估技术。

（1）作物蒸发蒸腾量与不同土层土壤含水率的关系

冬小麦和玉米蒸发蒸腾与 0～60 cm 土层土壤含水率的变化密切相关，尤其是 0～40 cm 土层土壤含水率对作物蒸发蒸腾量影响显著。60 cm 以下土层土壤含水率的变化基本对作物蒸发蒸腾量无明显影响。这说明淮北平原砂姜黑土区的冬小麦和玉米生长发育所需水分主要由 0～40 cm 耕作层供给，因此，农田灌溉时只需保证湿润 40 cm 土层即可，计算灌溉水量是灌溉湿润层为 40 cm。

（2）作物蒸发蒸腾量与地上部干物质的关系

①大豆某一阶段受旱当期的地上部生长过程与该阶段的蒸腾作用密切相关，受旱越严重，蒸发蒸腾量越少，生物积累量越少，在花荚期更为显著；花荚期受旱当期地上部生长对蒸腾作用的响应最为敏感，苗期最不敏感；花荚期是大豆生长发育的关键时期，营养和生殖生长并行，需水量大，有必要保证这一阶段的水分供应。

②大豆某一阶段受旱对后续阶段蒸发蒸腾量与地上部生长过程这两者造成的影响之间具有一定的相关性，但距受旱时期越远相关性越弱；在营养生长阶段受旱后恢复充分供水，后续阶段中受损的蒸腾作用仍未恢复，而鼓粒期时植株的地上部生长机制已恢复正常，甚至出现生长补偿效应，且在前期轻度受旱后复水更为明显。

③大豆某一生育阶段蒸发蒸腾量与地上部生物积累量之间的响应关系并

不是简单的正比例函数，它与其在该阶段当前和之前的受旱情况密切相关，研究时需分别考虑某一阶段当前受旱和之前受旱两种情况下植株蒸发蒸腾量与生物积累量之间的定量关系。此外，大豆在某一阶段遭受干旱胁迫不仅造成该阶段蒸发蒸腾量和地上部生物积累量的损失，而且会产生后效影响，使得受旱之后多个阶段的蒸发蒸腾量和地上部生物积累量相对充分灌溉也发生减少，本研究为解析作物旱灾损失形成复杂机制、揭示农业干旱致灾机理奠定了重要的科学基础。

（3）作物生长发育各项指标对受旱胁迫的响应规律

①农作物营养生长中期，作物处于快速生长期，对水分胁迫的适应机能更强，适度轻微的受旱胁迫解除后作物可迅速恢复正常生长，其后的生长发育甚至反而会优于未受旱作物；受旱胁迫程度过大会对作物生长发育生理造成永久损伤，最终导致减产；同等受旱胁迫程度下，作物营养生长后期及生殖生长阶段对水分旱缺的响应更为敏感，受旱更容易造成植株永久损伤并导致减产；气候也会对产量产生影响，作物受旱时温度较高、日照时间长会加重作物的减产；不同程度受旱胁迫均会对作物的光合性能产生抑制作用，抑制作用会随着受旱程度的增加而增强；受旱条件下，作物对温度的变化更加敏感，适应性降低，气孔闭合出现提前现象，光合效率降低；同等干旱条件对不同生育期作物光合的抑制作用不同，生殖生长阶段对环境的适应能力降低，对干旱胁迫更为敏感，随着干旱胁迫程度的增加，极易造成作物生理损伤，产生永久胁迫。因此，农作物营养生长中前期可适度缺水实施非充分灌溉，而营养生长后期及生殖生长阶段则需实施充分灌溉，如此才能保障农作物的稳产高产及对水分的高效利用。

②当某一生育阶段受旱胁迫较重时，其抑制作用不止影响当期生育阶段，而且会产生累积效应，将这种胁迫影响传递到之后的生育阶段，前期缺水越多越会加剧后期受旱胁迫，生育阶段连续较重受旱，对作物生理机能的不利影响更大。

③农作物营养生长中前期可适度缺水实施非充分灌溉，而营养生长后期及生殖生长阶段则需实施充分灌溉，如次才能保障农作物的稳产高产及对水分的高效利用。

（4）受旱胁迫对作物产量形成及水分利用效率的影响

①各生育期受旱胁迫对大豆产量损失的影响不同，苗期、分枝期、花荚期和鼓粒成熟期轻旱处理产量相较 CK 分别减少 10.36%、12.98%、24.35%、35.05%，重旱处理产量分别减少 18.04%、28.53%、81.90%、65.18%，说明苗期和分枝期受旱对产量的影响较小，而花荚期和鼓粒成熟期无论轻旱或重旱处理对大豆产量损失都明显大于苗期和分枝期，特别是花荚期产量损失最大，在实际生产中应密切注意花荚期水分管理，尽量避免花荚期和鼓粒成熟期受旱。大豆各生育期受旱胁迫对 WUE 的影响不同，苗期和分枝期影响较小，因此，在实际生产活动中，在保证产量的前提下，可尽量使苗期和分枝期适量受旱以达到高效节水目的。花荚期重旱处理影响最大，WUE 最低，2015 年花荚期和鼓粒成熟期重旱处理 WUE 比 CK 分别低 68.86% 和 42.53%，2016 年花荚期和鼓粒成熟期重旱处理 WUE 比 CK 分别低 49.49% 和 29.30%。因此，在大豆生长发育过程中花荚期应尽量避免受重旱胁迫。

②冬小麦各生育期受旱胁迫不仅使该生育期耗水量减少，全生育期耗水量也会偏低，受重旱比轻旱节水更明显，与 CK 相比，冬小麦分蘖期、拔节孕穗期、抽穗开花期和灌浆成熟期轻旱处理耗水量分别减少 15.1%、31.6%、20.2%、20.5%，重旱处理耗水量分别减少 62.3%、65.3%、54.9%、22.9%。各生育期轻旱、重旱和 CK 处理下分蘖期日耗水强度最小，抽穗开花期日耗水强度最大。两年相同处理下产量区别较大，说明气候也会对产量产生影响，小麦受旱时温度较高、日照时间长会加重小麦的减产。各生育期不同受旱水平对 WUE 的影响区别较大，分蘖期和灌浆成熟期受重旱和轻旱影响均较小，在实际种植中，可尽量使分蘖期和灌浆成熟期适量受旱来达到节水稳产效果。拔节孕穗期和抽穗开花期重旱处理会大幅减少水分利用效率，因此，在实际生产中应尽量避免在拔节孕穗期和抽穗开花期受重旱胁迫。

③玉米全生育期连续受旱均会造成玉米产量的明显减产，相对产量随着受旱程度的增大而降低，减产幅度为 22.51%～53.36%；各生育期连续受中、轻旱，其水分利用效率会明显降低，但在各生育期连续受旱的情况下，某一生育阶段或几个生育阶段出现重旱时，其水分利用效率与对照则无明显差异，反而会出现略高于对照组的现象。单生育期受旱条件下，抽雄吐丝期和

灌浆成熟期轻旱即会同时造成产量及水分利用率明显减小，说明这两个生育阶段是玉米的需水关键期，在抽雄吐丝期和灌浆成熟期内随着受旱程度的增加，其产量减产幅度增大，但同时水分利用效率反而有明显上升；苗期、拔节期轻旱对玉米产量和水分利用效率无明显影响，但苗期重旱会造成玉米产量和水分利用效率的显著降低，苗期重旱对玉米造成的永久胁迫要明显大于拔节期重旱，说明玉米营养生长阶段的初期对干旱的响应更为敏感。玉米拔节期和抽雄吐丝期连续受旱程度低于连续中旱的情况下，其产量减产幅度均在10%以内，且其水分利用效率均高于对照组，玉米营养生长中期适度干旱对产量及水分利用效率的抑制较小，而且可以提高玉米生殖生长阶段对干旱的耐受性。

（5）受旱胁迫对不同品种冬小麦生理及产量的影响

①全生育期中旱和2生育期连续重旱均会显著抑制两个品种冬小麦的正常生长发育，造成永久胁迫并导致大幅减产；全生育期轻旱及2生育期连续轻旱对两个品种冬小麦生长和产量影响较小。

②在轻旱及不旱条件下，烟农19的各项生理指标及产量因素指标均优于矮抗58，但在受旱程度较大时，烟农19的生长指标和产量要明显低于矮抗58，表明当受旱程度较大时，烟农19对干旱胁迫更为敏感，矮抗58对干旱环境的适应能力更强，其抗旱能力要明显优于烟农19。

综合分析认为，淮北平原南部干旱风险较低，可推广种植烟农19；北部地区降水相对南部要小，干旱风险相对较大，可推广种植矮抗58。如此更有利于地区水资源高效利用及实现高产、稳产，保障粮食生产安全。

（6）基于作物生长模型的淮北平原玉米旱灾损失定量评估

①通过对2016年和2017年的实测数据进行参数率定和模型验证，结果表明DSSAT模型在模拟玉米生长周期、产量形成和土壤水分动态方面具有较高的精度。模型的绝对相对误差（ARE）和相对均方根误差（RRMSE）均保持在可接受的范围内，证明了模型的可靠性和适用性。

②研究进一步通过设置不同的降水情景，模拟了不同生长阶段的干旱对玉米产量和干物质积累量的影响。结果显示，拔节期是玉米对干旱胁迫最敏感的阶段，该时期的干旱会导致最大的产量损失和干物质积累量减少。此外，

苗期适度的干旱胁迫后复水可以提高补偿效应，减少产量损失。

③通过模拟得到的旱灾脆弱性曲线揭示了干旱致灾因子强度与作物损失率之间的关系。旱灾脆弱性曲线表明，在干旱胁迫逐渐增强的过程中，作物的产量和干物质积累量的损失率呈现 S 形变化趋势。其中，拔节期的脆弱性曲线斜率变化率最大，表明该阶段对干旱的敏感性最高，需要重点关注并及时采取灌溉等抗旱措施。

④本研究的成果不仅为淮北平原玉米生产提供了科学的旱灾评估方法，也为制定有效的农业管理策略和抗旱措施提供了依据。通过深入了解不同生长阶段对干旱的敏感性，农业生产者可以更好地制订灌溉计划，优化资源配置，从而提高作物的抗旱能力和产量稳定性。

参考文献

白莉萍，隋方功，孙朝晖，等 . 2004. 土壤水分胁迫对玉米形态发育及产量的影响 [J]. 生态学报，(7):1556-1560.

北京农业大学农业气象专业 . 1982. 农业气象学 [M]. 北京：科学出版社，156-161.

毕建杰，刘建栋，叶宝兴，等 . 2008. 干旱胁迫对夏玉米叶片光合及叶绿素荧光的影响 [J]. 气象与环境科学，(1): 10-15.

卜令铎，张仁和，常宇，等 . 2010. 苗期玉米叶片光合特性对水分胁迫的响应 [J]. 生态学报，30(5): 1184-1191.

蔡福，米娜，明惠青，等 . 2021. WOFOST 模型蒸散过程改进对玉米干旱模拟影响 [J]. 应用气象学报，32(1): 52-64.

曾占奎，王征宏，王黎明，等 . 2019. 北部冬麦区小麦新品种 (系) 的节水生理特性与综合评判 [J]. 干旱地区农业研究，37(5): 137-143.

陈凤，蔡焕杰，王健，等 . 2006. 杨凌地区夏玉米和夏玉米蒸发蒸腾和作物系数的确定 [J]. 农业工程学报，22(5): 191-193.

陈玉民，郭国双，王广兴，等 . 1995. 中国主要作物需水量与灌溉 [M]. 北京：水利水电出版社 .

崔毅，蒋尚明，金菊良，等 . 2017. 基于水分亏缺试验的大豆旱灾损失敏感性评估 [J]. 水力发电学报，36(11): 50-61.

崔毅，陈思，柴瑞育，等 . 2015. 番茄产量对各生育阶段土壤水分的响应分析 [J]. 干旱地区农业研究，33(6): 14-21，104.

翟胜，梁银丽，王巨媛，等 . 2005. 干旱半干旱地区日光温室黄瓜水分生产函数的研究 [J].

农业工程学报，21(4): 136-139.

杜世州，曹承富，张耀兰，等．2009. 氮肥基追比对淮北地区超高产小麦产量和品质的影响 [J]. 麦类作物学报，29(6): 1027-1033.

杜云，蒋尚明，金菊良，等．2013. 淮河流域农业旱灾风险评估研究 [J]. 水电能源科学，31(4): 1-4.

樊引琴，蔡焕杰．2002. 单作物系数法和双作物系数法计算作物需水量的比较研究 [J]. 水利学报，3: 50-54.

高宏云，李军宏，王远远，等．2020. 2 个不同耐旱性棉花品种光合特性和干物质累积对干旱的响应 [J]. 新疆农业科学，57(2): 233-244.

韩娜娜，王仰仁，孙书洪，等．2010. 灌水对冬小麦耗水量和产量影响的试验研究 [J]. 节水灌溉，(4): 4-7.

韩希英，宋凤斌，王波，等．2006. 土壤水分胁迫对玉米光合特性的影响 [J]. 华北农学报，(5): 28-32.

韩湘玲．1991. 作物生态学 [M]. 北京：气象出版社，192-196.

韩晓增，乔云发，张秋英，等．2003. 不同土壤水分条件对大豆产量的影响 [J]. 大豆科学，22(4): 269-272.

侯志强，蒋尚明，金菊良，等．2018. 不同生育期干旱胁迫对夏大豆耗水量和水分利用效率的影响 [J]. 灌溉排水学报，37(5): 19-24.

纪瑞鹏，于文颖，冯锐，等．2019. 作物对干旱胁迫的响应过程与早期识别技术研究进展 [J]. 灾害学，34(2): 153-160.

姜东燕，于振文．2007. 土壤水分对小麦产量和品质的影响 [J]. 核农学报，21(6): 641.

蒋磊，尚松浩，杨雨亭，等．2019. 基于遥感蒸散发的区域作物估产方法 [J]. 农业工程学报，35(14): 90-97.

蒋尚明，袁宏伟，崔毅，等．2018. 基于相对生长率的大豆旱灾系统敏感性定量评估研究 [J]. 大豆科学，37(1): 92-100.

金菊良，宋占智，崔毅，等．2016. 旱灾风险评估与调控关键技术研究进展 [J]. 水利学报，47(3): 398-412.

金菊良，杨齐祺，周玉良，等．2016. 干旱分析技术的研究进展 [J]. 华北水利水电大学学报（自然科学版），37(2): 1-15.

康桂红，冯云荣，于成献．1999. 夏大豆生长的气候条件分析 [J]. 山东气象，42(4): 22-24.

康绍忠，蔡焕杰．1996. 农业水管理学 [M]. 北京：中国农业出版社．

李耕，高辉远，赵斌，等．2009. 灌浆期干旱胁迫对玉米叶片光系统活性的影响 [J]. 作物学报，35(10): 1916-1922.

李龙，毛新国，王景一，等．2018. 小麦种质资源抗旱性鉴定评价 [J]. 作物学报，44(7): 988-999.

李明达, 张红萍 . 2016. 水分胁迫及复水对豌豆干物质积累、根冠比及产量的影响 [J]. 中国沙漠, 36(4): 1034-1040.

李永庚, 蒋高明, 杨景成 . 2003. 温度对小麦碳氮代谢、产量及品质影响 [J]. 植物生态学报, 27(2): 164.

刘帆, 申双和, 李永秀, 等 . 2013. 不同生育期水分胁迫对玉米光合特性的影响 [J]. 气象科学, 33(4): 378-383.

刘浩, 孙景生, 张寄阳, 等 . 2011. 耕作方式和水分处理对棉花生产及水分利用的影响 [J]. 农业工程学报, 27(10): 164-168.

刘梅先, 杨劲松, 李晓明, 等 . 2012. 滴灌模式对棉花根系分布和水分利用效率的影响 [J]. 农业工程学报, 28(S1): 98-105.

刘婷婷, 王宝青, 杨珍平, 等 . 2015. 九个黄淮和长江中下游冬麦区的优质冬小麦品种在晋中麦区的生育及品质表现 [J]. 麦类作物学报, 35(2): 182-191.

刘钰, L. S. Pereira. 2000. 对 FAO 推荐的作物系数计算方法的验证 [J]. 农业工程学报, 16(5): 26-30.

刘永辉 . 2013. 夏玉米不同生育期对水分胁迫的生理反应与适应 [J]. 干旱区资源与环境, 27(2): 171-175.

刘增进, 李宝萍, 李远华, 等 . 2004. 冬小麦水分利用效率与最优灌溉制度的研究 [J]. 农业工程学报, 20(4): 58-63.

逯玉兰, 李广, 闫丽娟, 等 .2020. 1971—2017 年陇中地区气候变化及其对旱地春小麦产量的影响 [J]. 麦类作物学报, 40(1): 1-9.

罗党, 李晶 . 2020. 面板数据下区域农业干旱灾害风险的灰色 C 型关联分析 [J]. 华北水利水电大学学报（自然科学版）, 41(6): 47-53.

吕金印, 山仑, 高俊凤, 等 . 2003. 干旱对小麦灌浆期旗叶光合等生理特性的影响 [J]. 干旱地区农业研究, (2): 77-81.

马小龙, 佘旭, 王朝辉, 等 . 2016. 旱地小麦产量差异与栽培、施肥及主要土壤肥力因素的关系 [J]. 中国农业科学, 49(24): 4757-4771.

马旭凤 . 2010. 水分亏缺对玉米生理指标、形态特性及解剖结构的影响 [D]. 杨凌：西北农林科技大学 .

P. Singh, H. Wolkewitz, 段爱旺 . 1900. 小麦腾发量与蒸发皿蒸发量及土壤水分之间的关系 [J]. 灌溉排水, (02): 38-41.

邱新强, 路振广, 孟春红, 等 . 2013. 土壤水分胁迫对夏玉米形态发育及水分利用效率的影响 [J]. 灌溉排水学报, 32(4): 79-83.

任新庄, 闫丽娟, 李广, 等 . 2018. 陇中旱地春小麦产量对降水与温度变化的响应模拟 [J]. 干旱地区农业研究, 36(3): 12.

山仑, 许萌 . 1991. 节水农业及其生理生态基础 [J]. 应用生态学报, 2(1): 70-76.

申孝军，孙景生，张寄阳，等．2014. 水分调控对麦茬棉产量和水分利用效率的影响 [J]. 农业机械学报，45(6): 150-160.

史吉平，董永华．1995. 水分胁迫对小麦光合作用的影响 [J]. 麦类作物学报，(5): 49-51.

史印山，王玉珍，池俊成，等．2008. 河北平原气候变化对冬小麦产量的影响 [J]. 中国生态农业学报，14(6): 1444.

宋利兵，姚宁，冯浩，等．2016. 不同生育阶段受旱对旱区夏玉米生长发育和产量的影响 [J]. 玉米科学，24(1): 63-73.

宋新颖，邬爽，张洪生，等．2014. 土壤水分胁迫对不同品种冬小麦生理特性的影响 [J]. 华北农学报，29(2): 174-180.

苏涛，王鹏新，杨博，等．2010. 基于生物量的区域土壤水分变化量反演 [J]. 农业工程学报，26(5): 52-58.

汤广民，王友贞．2006. 安徽淮北平原主要农作物的优化灌溉制度与经济灌溉定额 [J]. 灌溉排水学报，25(2): 24-29.

田琳，谢晓金，包云轩，等．2013. 不同生育期水分胁迫对夏玉米叶片光合生理特性的影响 [J]. 中国农业气象，34(6): 655-660.

仝锦，孙敏，任爱霞，等．2020. 高产小麦品种植株干物质积累运转、土壤耗水与产量的关系 [J]. 中国农业科学，53(17): 3467-3478.

佟玲，康绍忠，杨秀英．2006. 西北旱区石羊河流域作物耗水点面尺度转化方法的研究 [J]. 农业工程学报，22(10): 45-51.

王革丽，尤莉，王国勤．2004. 内蒙古大豆生长发育与气候条件的关系 [J]. 内蒙古气象，24(1): 28-30.

王海霞，李玉义，任天志，等．2010. 不同灌溉制度对冬小麦产量与水分利用效率的影响 [J]. 灌溉排水学报，29(6): 112-114.

王健，蔡焕杰，陈凤，等．2004. 夏玉米田蒸发蒸腾量与棵间蒸发的试验研究 [J]. 水利学报，11: 108-113.

王秋玲，周广胜，麻雪艳．2015. 夏玉米叶片含水率及光合特性对不同强度持续干旱的响应 [J]. 生态学杂志，34(11): 3111-3117.

魏永霞，汝晨，吴昱，等．2019. 黑土区水稻光合物质生产特性对耗水过程的响应 [J]. 农业机械学报，50(1): 263-274，284.

吴金芝，王志敏，李友军，等．2015. 干旱胁迫下不同抗旱性小麦品种产量形成与水分利用特征 [J]. 中国农业大学学报，20(6): 25-35.

肖俊夫，刘战东，刘祖贵，等．2011. 不同时期干旱和干旱程度对夏玉米生长发育及耗水特性的影响 [J]. 玉米科学，19(4): 54-58，64.

许振柱，李长荣，陈平，等．2000. 土壤干旱对冬小麦生理特性和干物质积累的影响 [J]. 干旱地区农业研究，(1): 113-118，123.

闫春娟，王文斌，涂晓杰，等 . 2013. 不同生育时期干旱胁迫对大豆根系特性及产量的影响 [J]. 大豆科学，32(1): 59-62.

严菊芳，杨晓光 . 2010. 关中地区夏大豆蒸发蒸腾及作物系数的确定 [J]. 节水灌溉，35(3): 19-22.

杨贝贝，赵丹丹，任永哲，等 . 2017. 不同小麦品种对干旱胁迫的形态生理响应及抗旱性分析 [J]. 河南农业大学学报，51(2): 131-139.

姚庆群，谢贵水 . 2005. 干旱胁迫下光合作用的气孔与非气孔限制 [J]. 热带农业科学，(4): 84-89.

于文颖，纪瑞鹏，冯锐，等 . 2015. 不同生育期玉米叶片光合特性及水分利用效率对水分胁迫的响应 [J]. 生态学报，35(9): 2902-2909.

於俐，于强，罗毅，等 . 2004. 水分胁迫对冬小麦物质分配及产量构成的影响 [J]. 地理科学进展,23(1): 105-112.

袁宏伟，杨继伟，刘佳，等 . 2020. 干旱胁迫下不同抗旱型小麦品种生理及产量特征分析 [J]. 节水灌溉，(7): 9-12.

袁宏伟，蒋尚明，杨继伟，等 . 2019. 基于生理生态指标的玉米受旱胁迫响应规律研究 [J]. 节水灌溉，(5): 5-10.

袁宏伟，袁先江，汤广民，等 . 2017. 花荚期涝渍胁迫对大豆生长和产量的影响 [J]. 灌溉排水学报，36(6): 27-30.

袁新田，刘桂建 . 2012. 1957 年至 2007 年淮北平原气候变率及气候基本态特征 [J]. 资源科学，34(12): 2356-2363.

云建英，杨甲定，赵哈林 . 2006. 干旱和高温对植物光合作用的影响机制研究进展 [J]. 西北植物学报，(3): 641-648.

张龙龙，杨明明，董剑，等 . 2016. 三个小麦新品种不同生育阶段抗旱性的综合评价 [J]. 麦类作物学报，36(4): 426-434.

张仁和，郭东伟，张兴华，等 . 2012. 吐丝期干旱胁迫对玉米生理特性和物质生产的影响 [J]. 作物学报，38(10): 1884-1890.

张仁和，郑友军，马国胜，等 . 2011. 干旱胁迫对玉米苗期叶片光合作用和保护酶的影响 [J]. 生态学报，31(5): 1303-1311.

张喜英，由懋正，王新元 . 1999. 不同时期水分调亏及调亏程度对冬小麦产量的影响 [J]. 华北农学报，14(2): 79-83.

郑健，蔡焕杰，王健，等 . 2009. 日光温室西瓜产量影响因素通径分析及水分生产函数 [J]. 农业工程学报，25(10): 30-34.

郑盛华，严昌荣 . 2006. 水分胁迫对玉米苗期生理和形态特性的影响 [J]. 生态学报，26(4): 1138-1143.

邹少奎，殷贵鸿，唐建卫，等 . 2017. 黄淮主推小麦品种主要农艺性状配合力及遗传效应分

析 [J]. 麦类作物学报，37(6): 730-738.

ASHA S, RAO K N. 2002. Effect of simulated water logging on the levels of amino acids in groundnut at the time of sowing[J]. Plant Physiology, 7(3): 288-291.

Allen R G. 2000. Using the FAO-56 dual crop coefficient method overan irrigated region as part of an evapotranspiration intercomparison study[J]. Journal of Hydrolygy, 229:27-41.

CHENG W G, LU W X, XIN X, et al. 2016. Adaptability of various models of the water production function for rice in Jilin Province, China[J]. Paddy and Water Environment, 14: 355-365.

CUI Y, JIANG S M, JIN J L, et al. 2019. Decision-making of irrigation scheme for soybeans in the Huaibei Plain based on grey entropy weight and grey relation-projection pursuit[J]. Entropy, 21: 877.

CUI Y, JIANG S M, JIN J L, et al. 2019. Quantitative assessment of soybean drought loss sensitivity at different growth stages based on S-shaped damage curve[J]. Agricultural Water Management, 213: 821-832.

DAIHP, ZHANG P P, LUC, et al. 2011. Leaf senscence and re-active oxygen species metabolism of broomcorn millet(Pai-cum miliaceum L.)under drought condition[J] .Australian Journal of Crop Science, 5:1655.

DALEZIOS N R, BLANTA A, SPYROPOULOS N, et al. 2014. Risk identification of agricultural drought for sustainable agroecosystems[J]. Natural Hazards and Earth System Sciences, 14(9): 2435-2448.

DESCLAUX D, HUYNH T-T, ROUMET P. 2000. Identification of soybean plant characteristics that indicate the timing of drought stress[J]. Crop Science, 40: 716-722.

DOGAN E, KIRNAK H, COPUR O. 2007. Deficit irrigations during soybean reproductive stages and cropgro-soybean simulations under semi-arid climatic conditions[J]. Field Crops Research, 103: 154-159.

GAJIĆ B, KRESOVIĆ B, TAPANAROVA A, et al. 2018. Effect of irrigation regime on yield, harvest index and water productivity of soybean grown under different precipitation conditions in a temperate environment[J]. Agricultural Water Management, 210: 224-231.

GEERTS S, RAES D, GARCIA M, et al. 2008. Introducing deficit irrigation to stabilize yields of quinoa (Chenopodium quinoa Willd.) [J]. European Journal of Agronomy, 28(3): 427-436.

JUMRANI K, BHATIA V S. 2018. Impact of combined stress of high temperature and water deficit on growth and seed yield of soybean[J]. Physiology and Molecular Biology of Plants, 24: 37-50.

KHAKWANI A A, DENNETT M D, KHAN N U, et al. 2013. Stomatal and chlorophyll limitations of wheat cultivars subjected to water stress at booting and anthesis stages[J].

Pakistan Journal of Botany, 45: 1925-1932.

LIU Z F, YAO Z J, CHENG Q Y, et al. 2013. Assessing crop water demand and deficit for the growth of spring highland barleyin Tibet, China [J]. Journal of Integrative Agriculture, 12(3): 541-551.

PATANÈ C, COSENTINO S L. 2010. Effects of soil water deficit on yield and quality of processing tomato under a Mediterranean climate[J]. Agricultural Water Management, 97: 131-138.

SHARKOVA E, BUBOLO LS. 1996. Effect of heat stresson the arrange-ment of thylakoid membranes in the chloroplests of maturewheat leaves[J]. Russian Journal of Plant Physiology, 43:358.

SINCIK M, CANDOGAN B N, Demirtas C, et al. 2008. Deficit irrigation of soya bean [Glycine max (L.) Merr.] in a sub-humid climate[J]. Journal of Agronomy and Crop Science, 194: 200-205.

SINCIK M, CANDOGAN B N, Demirtas C, et al. 2008. Deficit irrigation of soya bean [Glycine max (L.) Merr.] in a sub-humid climate[J]. Journal of Agronomy and Crop Science, 194: 200-205.

TAN Y, LIANG Z, SHAO H, et al. 2006. Effect of water deficits on the activity of anti-oxidative enzymes and osmoregulation among three different genotypes of Radix Astragali at seeding stage[J]. Colloids and Surfaces B, 49(1): 60-65.

TYAGI N K, Sharma D K, Luthra S K. 2000. Evapotranspiration and cropcoefficients of wheat and sorghum [J]. Journal of irrigation and drainage engineering, 215-222.

WEI Y Q, JIN J L, JIANG S M, et al. 2018. Quantitative response of soybean development and yield to drought stress during different growth stages in the Huaibei Plain, China[J]. Agronomy, 8: 97.

WERF W V, KEESMAN K, BURGESS P, et al. 2007. Yield-Safe: A parameter-sparse, process-based dynamic model for predicting resource capture, growth, and production in agroforestry systems[J]. Ecological Engineering, 29(4): 419-433.

YUE Q, ZHANG F, ZHANG C L, et al. 2020. A full fuzzy-interval credibility-constrained nonlinear programming approach for irrigation water allocation under uncertainty[J]. Agricultural Water Management, 230: 105961.

第5章 试验与模拟相结合的旱灾系统敏感性分析

从灾害系统论和旱灾风险的物理成因出发，旱灾风险系统是孕灾环境变动性、致灾因子危险性、承灾体暴露性、敏感性、防灾减灾能力和承灾体损失风险这6个要素相互联系、相互作用下形成的复杂系统（Zou et al.，2024；金菊良等，2023）。旱灾系统敏感性是指旱灾系统对致灾因子强度的响应程度或敏感程度，它与暴露性、适应性（防灾减灾能力）共同综合反映了承灾体在旱灾风险发生中的作用，这3个特性统称为旱灾系统脆弱性，是旱灾风险产生的必要条件，也是旱灾系统由干旱演变为旱灾损失的中间转换环节（金菊良等，2023；陈佳，2021）。本章将介绍干旱灾害系统敏感性基本概念、物理机制，并开展承灾体敏感性定量评估，分析不同抗旱能力下的干旱强度与相应作物生长损失之间的定量关系。

5.1 作物旱灾敏感性物理机制解析

敏感性识别是确定干旱强度与天然条件下且作物完全暴露时作物旱灾损失之间的定量关系，具有自然属性。假设作物完全暴露在干旱条件下，在某一生长阶段的旱灾敏感性函数被定义为该阶段的自然作物缺水强度与相应的作物生长损失之间的定量关系，而没有人类的抗旱能力。作物旱灾敏感性机理如图5.1所示。

敏感性函数被认为是研究脆弱性甚至旱灾损失风险函数的基准。基于农业旱灾形成机制和当前作物旱灾研究，本研究提出用作物某一生育阶段累积的作物水分亏缺（Accumulated Crop Water Deficit，ACWD）和相应作物生长损失（Growth Loss，LS）之间的定量关系来表征作物在这一生育阶段的旱灾敏感性曲线。

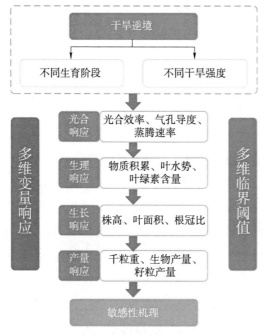

图 5.1　作物旱灾敏感性机理

5.2　基于相对生长率的大豆旱灾系统敏感性定量评估研究

作物产量的形成是一个复杂的生理过程，涉及光合作用、干物质积累与分配、器官的生长发育以及有机与无机元素的吸收、利用及转移等一系列过程（赵姣等，2013），这些过程遍布作物生长的各生育期，与作物的遗传特性、气象因素、土壤水分和栽培措施等密切相关，干物质积累对作物产量有着重要作用（乔嘉等，2011；杨惠杰等，2001）。大豆是中国重要的粮食作物和粮食作物，其为豆类作物中对水分最敏感的物种，水分是影响大豆干物质积累与产量的主要因素（葛慧玲等，2017；宋微微等，2008）。水分亏缺（沈融等，2011）、灌溉水平（葛慧玲等，2017）、干旱胁迫（Boote，2013；刘丽君等，2011）及水肥调控（张立军等，2014；Singh et al.，2011）等作用下大豆干物质积累及产量的影响得到国内外学者广泛关注，但较少涉及大豆干旱胁迫或水分亏缺下的敏感性分析（石勇等，2011），而从灾害系统论出发的干旱胁迫下大豆系统敏感性定量评估成果并不多见。为定量分析作物不同生长阶段的生育特性及其与环境条件的关系，Blachman 于 1919 年提出了作物生长解析法（Blackman，1919），该法认为体现作物生长的最基本特征是作物干物质量的增长，可通过研究作物干物质的增长规律来剖析作物的生育特征及其与环境条件的关系（张秀如，1984），后经学者不断补充完善，现已成为世界公认的一种能对作物生长进行定量研究的方法（Pommerening et al.，2015；张秀如，1984）。基于此，本研究以淮北平原主要粮食和经济作物大豆为研究对象，设置大豆各生育期不同程度受旱的试验方案，依托安徽省水利部淮河水利委员会水利科学研究院新马桥农水综合灌溉试验站，开展大豆不同生育期不同受旱胁迫程度下的防雨棚盆栽试验，运用作物生长解析法中应用最为广泛的作物生长函数相对生长率（Relative Growth Rate，RGR）来解析大豆不同生育期不同受旱胁迫程度下的生长发育特征，构建基于相对生长率的大豆旱灾系统敏感性曲线，定量评估大豆不同生育时期的旱灾系统敏感性，为区域农业旱灾风险定量评估与风险管理提供理论依据和技术支撑。

5.2.1 试验方案

5.2.1.1 供试材料与种植

大豆受旱胁迫专项试验于 2015 年 6—9 月在安徽省水利部淮河水利委员会水利科学研究院新马桥农水灌溉试验站进行。盆栽塑料桶上部内径 28 cm，底部内径 20 cm，高 27 cm，供试土壤采自试验站内大田表层 0～20 cm，土壤容重 1.36 g/cm³，田间持水含水率 28%（质量含水率），凋萎含水率 12%（质量含水率），每桶装干土重 15 kg。所有供试测桶均布置于大型启闭式防雨棚内，试验全过程隔绝降水，土壤含水率完全由人工灌水控制。播种前每桶施史丹利复合肥（总养分≥45%，$N-P_2O_5-K_2O$ 为 15%∶15%∶15%）4.0 g，大豆生长期内不再追施其他肥料。供试大豆品种为中黄 13，每桶定苗 3 株，于 2015 年 6 月 20 日播种、9 月 20 日收获。

5.2.1.2 试验设计

试验控制因素为不同生育期土壤含水率，通过控制各生育期土壤含水率下限设置不同受旱胁迫处理。4 个生育期均设置轻度、重度两个受旱胁迫水平，根据已有成果（国家气象中心等，2015；王书吉等，2015）和新马桥农水综合试验站多年作物受旱胁迫试验经验，确定对应的土壤含水率下限分别为55% 和 35%（这里指土壤含水率占田间持水含水率的百分比），共设置 8 个处理，当处理中受旱胁迫生育期结束和最终收获时均进行破坏试验，既将植株及土柱从盆中取出放入水池中浸泡，直至土壤变松散，然后用水冲洗根系，最后从水中取出完全的植株，据此测定根冠生物量，每个处理每次破坏 5 桶；另设全生育期无受旱胁迫的对照处理，其对应的土壤含水率下限为田间持水含水率的75%，对照处理每生育期结束后均进行破坏试验，每次破坏 5 桶，具体试验设计方案见表 5.1。为更接近实际灌溉情况，同时结合相关控制灌溉研究的试验设计（王书吉等，2015），设定灌水方式如下：当大豆盆栽土壤含水率小于或等于相应处理土壤含水率控制下限后，立即灌水至田间持水率的 90%，然后保持不灌至土壤含水率再次小于等于相应处理含水率控制下限后，再灌水至田间持水率的 90%，如此循环至相应生育期结束，下一生育期按相同灌溉方式循环。各处理除土壤含水率控制外，其他管理方式完全一致，保证大豆正常生长发育，无病虫害影响。

表 5.1　大豆盆栽受旱胁迫试验设计方案

处理方案编号	各生育期土壤含水率控制下限（占田间持水率的百分比）					备注
	苗期	分枝期	花荚期	鼓粒成熟期	重复数/桶	
A-1	55%	75%	75%	75%	10	苗期轻度受旱胁迫
A-2	35%	75%	75%	75%	10	苗期重度受旱胁迫
B-1	75%	55%	75%	75%	10	分枝期轻度受旱胁迫
B-2	75%	35%	75%	75%	10	分枝期重度受旱胁迫
C-1	75%	75%	55%	75%	10	花荚期轻度受旱胁迫
C-2	75%	75%	35%	75%	10	花荚期重度受旱胁迫

续表

处理方案编号	各生育期土壤含水率控制下限（占田间持水率的百分比）					备注
	苗期	分枝期	花荚期	鼓粒成熟期	重复数/桶	
D-1	75%	75%	75%	55%	5	鼓粒成熟期轻度受旱胁迫
D-2	75%	75%	75%	35%	5	鼓粒成熟期重度受旱胁迫
CK	75%	75%	75%	75%	20	对照，全生育期无水分胁迫

5.2.1.3 测定项目及方法

（1）盆栽称重、灌水与土壤含水率计算

每天定时（18:00）用电子秤（型号 YP30KN）对各处理重复盆栽样本进行称重，据此计算各处理重复盆栽样本的土壤含水率，将其与表 5.1 中各处理对应的土壤水率下限进行比较，判断盆栽样本是否需要灌水，如需灌水则计算盆栽样本称重时土壤含水率至田间持水含水率的 90% 所需灌水量，并于早晨 7:00 用量杯精确量测灌水。由于盆栽土壤含水率变化是一个动态过程，本研究以盆栽样本前一天傍晚称重时的土壤含水率加上当天早晨的灌水量为当天初始土壤水率，当天傍晚称重时的土壤含水率盆栽当天末尾土壤含水率，盆栽当天初始和末尾土壤含水率的均值为当天平均土壤含水率，具体如下：

$$\theta'_{i,j} = \frac{W_{i-1,j} - Ws_j - Wb_j + M_{i,j}}{Ws_j} \tag{5.1}$$

$$\theta''_{i,j} = \frac{W_{i,j} - Ws_j - Wb_j}{Ws_j} \tag{5.2}$$

$$\theta_{i,j} = \frac{\theta'_{i,j} + \theta''_{i,j}}{2} \tag{5.3}$$

式中，$\theta'_{i,j}$ 为盆栽 j 第 i 天初始土壤含水率；$W_{i-1,j}$ 为盆栽 j 第 $i-1$ 天傍晚的称重量，g；Ws_j 为盆栽 j 的干土重量，g；Wb_j 为盆栽 j 的桶重，g；$M_{i,j}$ 为盆栽 j 第 i 天的灌水量，g；$\theta''_{i,j}$ 为盆栽 j 第 i 天末尾的土壤含水率；$W_{i,j}$ 为盆栽 j 第 i 天傍晚的称重量，g；$\theta_{i,j}$ 为盆栽 j 第 i 天的平均土壤含水率。

（2）根、冠生物量的测定

需要进行破坏试验的生育期结束后，将需要破坏的盆栽整体放入水池中浸泡，直至土壤变松散，然后用水冲洗根系，最后从水中取出完全的植株。将根和冠从茎基部分开，分别洗净后用吸水纸擦干，置于烘箱中 105℃ 杀青 30 min，然后降温至 75℃ 恒温烘至质量恒定，再放入干燥器中冷却，之后用万分之一电子天平秤（型号 JH 502）重量，即可得到各破坏盆栽的根、冠干物质量。

5.2.2　基于相对生长率的大豆旱灾系统敏感性定量评估模型构建

5.2.2.1　基于土壤含水率的作物受旱胁迫度

农作物的水分供给主要依靠根系从土壤中汲取，土壤水是土壤－植物－大气连续系统的一个重要过程，当土壤含水率过低时，作物根系吸水困难，阻碍作物的正常生长及其产量形成而呈现旱象（李柏贞等，2014；姚玉璧等，2007）。土壤含水率指标可以利用农田水量平衡关系，方便地建立起 SPAC 系统中土壤、植物和大气三者之间的水分交换关系（汤广民等，2011），因此，在农业旱情评估与预报中得到广泛应用，常用的土壤含水率指标主要有土壤相对湿度指标和土壤有效水分存储量指标（李柏贞等，2014；姚玉璧等，2007）。目前，已有的土壤含水率指标大多只能静态地判定当前土壤含水率下作物是否受旱，而不能表达累积受旱程度。而事实上，由于在降水和农业灌溉作用下，农作物土壤含水率是一个上下波动的动态过程，如何定量描述土壤含水率动态变化过程下作物的累积受旱程度显得尤为迫切。

根据新马桥农水综合灌溉试验站多年作物灌溉试验成果，淮北平原旱作物水分胁迫与土壤含水率之间存在以下关系：①当土壤含水率大于田间持水含水率时，作物受涝、渍胁迫；②当土壤含水率大于适宜土壤含水率下限而小于田间持水含水率时，作物不受水分胁迫；③当土壤含水率小于适宜土壤含水率下限时，作物受旱胁迫；④当土壤含水率小于凋萎含水率时，作物缺水萎蔫。基于此，基于土壤含水率的旱作物受旱胁迫度可定义为

$$DS_{i,j} = \begin{cases} 0, \theta_s \leqslant \theta_{i,j} \leqslant \theta_f \\ \dfrac{\theta_s - \theta_{i,j}}{\theta_s - \theta_w}, \theta_w < \theta_{i,j} < \theta_s \\ 1, \theta_{i,j} \leqslant \theta_w \end{cases} \quad (5.4)$$

式中，$DS_{i,j}$ 为盆栽 j 第 i 天的受旱胁迫度；$\theta_{i,j}$ 为盆栽 j 第 i 天的平均土壤含水率；θ_s 为作物适宜土壤含水率下限；θ_f 为田间持水含水率；θ_w 为凋萎含水率。

为求取生育期或时段内的累积受旱胁迫程度或平均受旱胁迫度，对由式（5.4）计算的生育期或时段内逐日受旱胁迫度求和或求平均即可。

$$SD_j = \sum_{i=t_0}^{t_1} \theta_{i,j} \quad (5.5)$$

$$\overline{SD}_j = \frac{\sum_{i=t_0}^{t_1} \theta_{i,j}}{t_1 - t_0} \quad (5.6)$$

式中，t_0 为计算生育期或时段初始时间，d；t_1 为计算生育期或时段的结束时间，d；SD_j 为盆栽 j 计算生育期或时段内的累积受旱胁迫度；$\overline{SD}_j$ 为盆栽 j 计算生育期或时段内的平均受旱胁迫度。

5.2.2.2 相对生长率方法

Blachman 提出的作物生长解析法是指通过构建系列生长函数去解析作物生育特征及其与生长环境的关系，生长函数主要有：RGR、净同化率（NET Assimilation Rate，NAR）、相对叶面积生长率（Relative Leaf Growth Rate，RLGR）、群体生长率（Crop Growth Rate，CGR）、叶面积指数（Leaf Area Index，LAI）等。其中，相对生长率 RGR 是应用最为广泛的生长函数之一

（Singh et al., 2011；石勇等，2011；Blackman，1919）。

相对生长率是 Blachman 利用经济学中复利存款的概念来类比分析植物生长而提出的，即在单位时间内增长的干物质相当于存款利息的增加，这种利息的增加使本金（单位时间原来的干物质量）越来越大，利率（干物质生产效率）也随之越来越大。单位干物质量在单位时间内的干物质增长速率即为相对生长率或相对生长速度，其微分表达式如下（Singh et al., 2011；石勇等，2011）：

$$R = \frac{1}{w} \mathrm{d}w / \mathrm{d}t \tag{5.7}$$

式中，R 为相对生长率；w 为作物总干物质量；t 为时间。

对式（5.7）两边求积分得（Singh et al., 2011；石勇等，2011）：

$$\int_0^t R\mathrm{d}t = \int_{w_0}^w \frac{1}{w} \mathrm{d}w \tag{5.8}$$

$$Rt = \ln w - \ln w_0 = \ln \frac{w}{w_0} \tag{5.9}$$

$$w = w_0 \mathrm{e}^{Rt} \tag{5.10}$$

由式（5.10）可知，作物总干物质量 w 是由时段初始总干物质量 w_0、时段持续时间 t 及时段内相对生长率 R 三项因子所决定的。对式（5.10）两边取对数得（Singh et al., 2011；石勇等，2011）：

$$\ln w = \ln w_0 \mathrm{e}^{Rt} = \ln w_0 + Rt \tag{5.11}$$

$$R = \frac{\ln w_1 - \ln w_0}{t_1 - t_0} \tag{5.12}$$

式中，t_0 为时段初始时间，d；t_1 为时段结束时间，d；w_0 为 t_0 时的作物总干物质量，g；w_1 为 t_1 时的作物总干物质量，g；R 为 $t_0 \sim t_1$ 时段内的作物总干物质相对生长率，g/（g·d）。

5.2.2.3　基于相对生长率的大豆旱灾系统敏感性函数的构建

　　旱灾系统敏感性是指旱灾系统对致灾因子强度的响应程度或敏感程度，是旱灾风险产生的必要条件，也是旱灾系统由干旱演变为旱灾损失的中间转换环节。为区分并定量评估旱灾系统敏感性，本研究定义大豆旱灾系统敏感性为旱灾系统在前期无受旱胁迫下对当期致灾因子强度的响应或敏感程度，响应方式包括根冠干物质累积量的变化、根冠干物质增长速率的变化、叶面积及光合作用强度的变化、株高及根长增长量的变化等。式（5.5）～式（5.6）中累积或平均受旱胁迫度实质上反映了受旱胁迫与充分供水下的水分亏缺程度，是对旱灾致灾因子强度大小的定量描述，本研究以此作为致灾因子强度的量化指标。式（5.12）中相对生长率是指大豆在某时段内不同初始总干物质量不同受旱胁迫程度下的总干物质平均相对增长速度，其大小反映了大豆在致灾因子作用下的生长发育状况，为此，本研究用某生育期内充分供水下的相对生长率与受旱胁迫下的相对生长率之差，即受旱胁迫下相对生长率的降低量，来描述旱灾系统对致灾因子强度的响应程度。基于此，计算各处理重复样本相应受旱胁迫生育期内的日均受旱胁迫度和总干物质相对生长率降低量，并分别进行 Logistic 曲线（S 形曲线）拟合，构建大豆基于相对生长率的旱灾系统敏感性函数，实现对大豆旱灾系统敏感性分生育期的定量评估。

5.2.3　结果与讨论

5.2.3.1　大豆不同生育期受旱胁迫对根（冠）干物质积累的影响分析

　　由式（5.5）分别计算表 5.1 中各处理在受旱胁迫的生育期内累积受旱胁迫度，其反映大豆仅在某一生育期受旱胁迫时的累积受旱胁迫度；计算表 5.1 中各处理在受旱胁迫的生育期内根、冠干物质增长量及根冠比，并统计分析受旱胁迫生育期内的根（冠）干物质增长量、根冠比与累积受旱胁迫度的关系，参见图 5.2。

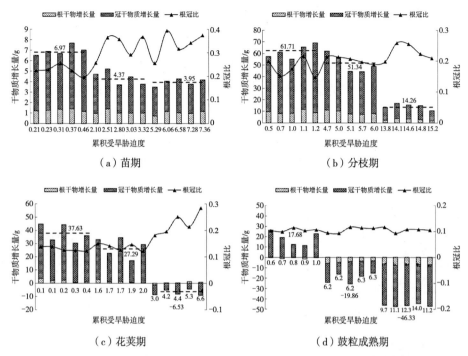

图 5.2　大豆不同生育期受旱胁迫对根（冠）干物质及根冠比的影响

由图 5.2（a）可知，大豆苗期根（冠）干物质增长量均随累积受旱胁迫度的增大而减小，平均总干物质增长量对照、轻度受旱和重度受旱处理分别为 6.97 g、4.37 g 和 3.95 g。可见，大豆苗期受旱胁迫会抑制干物质的增长，轻度和重度受旱胁迫处理较对照分别降低了 37.3% 和 43.2%，但随受旱胁迫程度的变化不明显。此外，大豆苗期根冠比随受旱胁迫度的增加而显著增大，平均根冠比对照、轻度受旱和重度受旱处理分别为 0.226、0.328、0.336。可见，大豆苗期受旱胁迫会导致根干物质增长速率比冠干物质增长速率大，表明大豆苗期受旱胁迫后，会激发自身适应受旱胁迫的机制，相对增大吸水器官根的生长发育而降低耗水器官冠的生长。

由图 5.2（b）可知，大豆分枝期根（冠）干物质生长随受旱胁迫度的大小而显著变化，平均总干物质增长量对照、轻度受旱和重度受旱处理分别为 61.71 g、51.34 g 和 14.26 g，轻度和重度受旱胁迫处理较对照分别降低了 16.8% 和 76.9%。可见，大豆分枝期轻度受旱胁迫对干物质积累影响较小，但在重度受旱胁迫下会出现缺水性萎蔫而导致干物质积累显著减少。同时，大豆分枝期根冠比随受旱胁迫度的增加而增大，平均根冠比对照、轻度受旱和重度受旱处理分别为 0.178、0.204、0.229，表明大豆分枝期受旱胁迫与苗期类似，也能激发一定的适应机制，增大吸水器官根的生长发育而降低耗水器官冠的生长。

由图 5.2（c）可知，大豆花荚期在重度受旱胁迫下出现根（冠）干物质负增长现象，平均总干物质增长量对照、轻度受旱和重度受旱处理分别为 37.63 g、27.29 g 和 -6.53 g。可见，大豆花荚期干物质积累对受旱胁迫均比较敏感，在重度受旱胁迫下出现缺水性萎蔫而叶枯现象，干物质量出现萎缩。此外，大豆花荚期根冠比随受旱胁迫度的增大而变化显著，平均根冠对照、轻度受旱和重度受旱处理分别为 0.130、0.137、0.225。可见，大豆花荚期在轻度受旱胁迫下根和冠的相对增长率与对照保持一致，而在重旱胁迫下根和冠的干物质均出现不同程度的萎缩，但冠干物质萎缩速度明显高于根的萎缩速率。

由图 5.2（d）可知，大豆鼓粒成熟期在受旱胁迫下根（冠）干物质均出现不同程度的负增长现象，平均总干物质增长量对照、轻度受旱和重度受旱处理分别为 17.68 g、-19.86 g 和 -46.33 g。可见，大豆鼓粒成熟期在不同受旱胁迫程度下均出现根（冠）干物质的负增长，尤其在重度受旱胁迫下出现缺水性萎蔫而死苗，最终减产至无收获价值而绝收。从根冠比的角度来看，大豆鼓粒成熟期受旱胁迫后根冠比与对照基本保持一致，对照、轻度受旱胁迫及重度受旱胁迫处理的平均根冠比分别为 0.105、0.106、0.106，表明大豆鼓粒成熟期受旱胁迫根和冠的干物质均出现不同程度的萎缩，且根和冠的干物质萎缩速率基本一致，最终的根冠比均与对照处理一致。

5.2.3.2　干物质积累总量与产量相关性分析

基于本次大豆试验成果，统计分析大豆干物质积累总量与最终产量的相关关系，如图 5.3 所示。

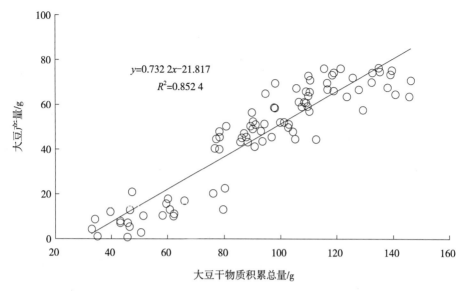

图 5.3　不同受旱胁迫下大豆干物质积累总量与产量的相关关系

由图 5.3 可知，在本次大豆受旱胁迫试验最终收获的样品产量随积累干物质总量的增加而提高，产量与干物质积累总量具有显著正相关性，决定系数 R^2 为 0.852 4，这与杨惠杰等（2001）对福建省龙海和云南省涛的超高产水稻产量与干物质积累总量相关性研究结论一致。可见，大豆干物质积累总量与产量呈显著正相关性，通过研究大豆干物质增长量或增长率的变化规律来反映大豆生育特征及产量形成的变化是合理的。

5.2.3.3　基于相对生长率的大豆受旱胁迫下生育特征分析

由式（5.12）分别计算表 5.1 中各处理受旱胁迫生育期内的总干物质相对生长率，综合反映大豆在受旱胁迫生育期内不同初始总干物质量在不同受旱胁迫程度下的总干物质平均相对增长速度，其值大小变化反映了大豆在该生育期内对受旱胁迫程度的响应。为了与总干物质相对增长率对应，由式（5.6）求取相应受旱胁迫生育期内的日均受旱胁迫度，其定量描述了生育期内不同土壤水分控制条件下的日均受旱胁迫度。据此，可定量分析大豆不同生育期生育特征与受旱胁迫程度的关系，具体如图 5.4 所示。

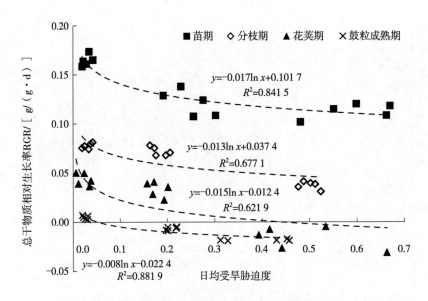

图5.4 大豆不同生育期受旱胁迫对总干物质相对生长率RGR的影响

由图5.4可知，①大豆4个生育期的总干物质相对生长率RGR与日均受旱胁迫度均具有明显的负相关关系，决定系数R^2均在0.621 9～0.881 9，表明本研究提出的生育期内日均受旱胁迫度能较好地反映生育期内不同土壤水分控制条件的受旱胁迫程度。②在相同日均受旱胁迫度下，总干物质相对增长率RGR苗期＞分枝期＞花荚期＞鼓粒成熟期，这主要由于大豆苗期为长苗发育关键期且初始干物质量小，导致苗期RGR最大；大豆分枝期是大豆营养生长转向生殖生长的转折点（胡立勇等，2008），花芽开始分化，是干物质积累最大的生育期，导致分枝期RGR较大，仅次于苗期；大豆花荚期是营养生长和生殖生长并进时期（胡立勇等，2008），生长也非常旺盛，但RGR比分枝期小；大豆鼓粒成熟期营养生长基本停止，生殖生长占主导地位，植株体内有机营养大量向籽粒运移（胡立勇等，2008），导致鼓粒成熟期RGR最小。③大豆苗期受旱胁迫RGR均会出现较大幅度降低，但随受旱胁迫度的增大RGR降低幅度不明显；大豆分枝期在轻度受旱胁迫下RGR降低较少，但随着旱灾致灾因子强度的增大RGR显著降低；大豆花荚期在受旱胁迫下RGR均会出现不同程度的降低，尤其在重度受胁迫下出现负增长现象；大豆鼓粒成熟期在受旱胁迫下均会出现负增长现象，但RGR降低幅度不大。

5.2.3.4 基于相对生长率的大豆旱灾系统敏感性函数

求取表 5.1 中各处理重复样本相应受旱胁迫生育期内的日均受旱胁迫度和总干物质相对生长率降低量，并对不同生育期受旱胁迫的样本点分别进行 Logistic 曲线（S 形曲线）拟合，求取大豆基于相对生长率的旱灾系统敏感性函数（具体结果见表 5.2 及图 5.5），实现对大豆旱灾系统敏感性分生育期的定量评估。

表 5.2 基于相对生长率的大豆旱灾系统敏感性函数

生育期	Logistic 拟合参数				旱灾系统敏感性函数
	a	b	c	决定系数 R^2	
苗期	0.058 5	119.51	31.19	0.789	$y=0.058\ 5/$ $(1+119.51\times e{-}31.19x)$
分枝期	0.043 2	195.06	20.23	0.954	$y=0.043\ 2/$ $(1+195.06\times e{-}20.23x)$
花荚期	0.074 7	57.53	14.70	0.910	$y=0.074\ 7/$ $(1+57.53\times e{-}14.70x)$
鼓粒成熟期	0.026 0	83.80	21.58	0.949	$y=0.026\ 0/$ $(1+83.80\times e{-}21.58x)$

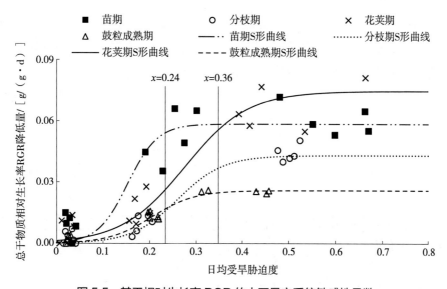

图 5.5 基于相对生长率 RGR 的大豆旱灾系统敏感性函数

由表 5.2 和图 5.5 可知：①大豆 4 个生育期的总干物质相对生长率 RGR 降低量与日均受旱胁迫度的 Logistic 曲线（S 形曲线）拟合的决定系数 R^2 均在 0.789～0.954，表明用 Logistic 曲线拟合基于相对生长率的旱灾系统敏感性函数是适宜的。②大豆基于相对生长率的旱灾系统敏感性函数由直线 $x=0.24$ 和 $x=0.36$ 划分为 3 个区域，能够基本反映大豆轻度、中度和重度水分胁迫下不同生育期的系统敏感性。③当日均受旱胁迫度小于 0.24 时（轻度受旱胁迫），大豆旱灾系统敏感性由大到小的顺序为苗期＞花荚期＞鼓粒成熟期＞分枝期，表明大豆在轻度受旱胁迫苗期相对生长率 RGR 降低最大，分枝期 RGR 降低最少，这主要是由于大豆根系在分枝期最为发达，在轻度受旱胁迫下，能保证生长所需供水，几乎不对干物质积累造成影响，而苗期是根系分布最浅时期，在轻度受旱胁迫下会显著抑制其生长发育，导致 RGR 降低最大。④当日均受旱胁迫度大于 0.24 而小于 0.36 时（中度受旱胁迫），大豆旱灾系统敏感性由大到小的顺序为苗期＞花荚期＞分枝期＞鼓粒成熟期，大豆在中度受旱胁迫下花荚期和分枝期 RGR 降低量较轻度受旱胁迫显著增加，导致中度受旱胁迫下分枝期 RGR 降低量超过鼓粒成熟期。⑤当日均受旱胁迫度大于 0.36 时（重度受旱胁迫），大豆旱灾系统敏感性从大到小的顺序为花荚期＞苗期＞分枝期＞鼓粒成熟期，这主要是由于大豆在重度受旱胁迫下苗期 RGR 降低量几乎与中度受旱胁迫相同，而花荚期 RGR 降低量较轻度受旱胁迫显著增加而出现干物质累积负增长现象，导致重度受旱胁迫下花荚期 RGR 降低量超过苗期。⑥大豆鼓粒成熟期营养生长基本停止，植株体内有机营养大量向籽粒运移，而总干物质积累几乎停滞，在此生育期内受旱胁迫均会导致总干物质积累不同程度的负增长，但由于大豆即使在充分供水下干物质积累也几乎零增长，同时该生育期初始总干物质积累量最大，导致基于总干物质相对生长率而言，鼓粒成熟期在不同受旱程度下相对生长率降低量都最小。

5.3　基于相对生长率的小麦旱灾系统敏感性定量评估研究

目前，作物不同生育期对受旱胁迫强度的敏感响应研究成果丰硕（韩松

俊等，2010；Aljamal et al.，2000），大多通过探寻作物不同生育期水分消耗
与产量的定量关系，构建不同形式的水分生产函数来优化作物灌溉制度（辛
琪等，2019；Smilovic et al.，2016；于芷婧等，2016），描述作物水分消耗与
产量的宏观关系。基于水分生产函数的作物不同生育期的敏感系数仅能静态
反映作物产量损失对相应生育期受旱胁迫强度变化的响应，但无法揭示作物
不同生育期、不同受旱胁迫强度下的生长发育和致灾成灾过程，因此，亟须
从不同生育期受旱胁迫对作物生育响应机理出发，探寻作物受旱胁迫强度与
作物生育指标之间的定量关系，以动态揭示作物不同生育期受旱胁迫灾损敏
感性（蒋尚明等，2018；崔毅等，2017）。基于此，本研究以淮北平原主要粮
食作物小麦为研究对象，通过小麦不同生育期受旱胁迫专项试验，运用作物
干物质累积相对生长率方法分生育期揭示小麦不同受旱胁迫度下的生育特性，
实现对小麦旱灾系统敏感性的分生育期识别与评估，以期为区域小麦灌溉制
度优化确定与旱灾风险管理提供理论依据与技术支撑。

5.3.1　试验方案

5.3.1.1　试验材料

本试验于 2016 年 10 月—2018 年 5 月在安徽省水利部淮河水利委员会
水利科学研究院新马桥农水灌溉试验站进行。供试盆栽测桶采用平均内径
24 cm、高 27 cm 的塑料桶，供试小麦品种为烟农 19。2 年受旱胁迫试验所有
测桶样本均只在小麦播种时施肥（复合肥 7.2 g/ 桶、尿素 2.7 g/ 桶），后期不
再施追肥。为保证各处理样本不同生育期土壤含水率在相应控制范围之内，
2 年所有小麦测桶均置于自动启闭防雨棚内。

5.3.1.2　试验设计

小麦受旱胁迫的生育期分别为：分蘖期、拔节孕穗期、抽穗开花期、灌
浆成熟期，每个生育期均设置轻度和重度 2 个受旱胁迫水平，其他生育期按
充分灌溉处理。根据已有成果（蒋尚明等，2018；王书吉等，2015）和新马
桥农水综合试验站多年作物受旱胁迫试验经验，以土壤含水率占田间持水率

的百分比为控制指标来确定各处理样本土壤含水率下限（蒋尚明等，2018；王书吉等，2015），具体如下：无水分胁迫为75%（对照）、轻度受旱胁迫为55%、重度受旱胁迫为35%。小麦受旱胁迫专项试验共设有9个处理，各生育期结束和收获时的每个处理样本均破坏5桶。试验设计方案详见表5.3。参照文献中大豆受旱胁迫试验方案（蒋尚明等，2018），结合新马桥农水综合试验站长序列小麦灌溉试验成果及大田灌溉实践经验确定试验灌溉方式，具体为：当小麦盆栽样本土壤含水率低于相应生育期土壤含水率下限后，灌水至田间持水率的90%，如此循环至相应生育期结束。试验过程中各处理除水分控制条件不同外，其他田间管护措施保持一致。

表 5.3 试验设计方案

处理方案编号	各生育期土壤含水率控制下限（占田间持水率的百分比）/%					重复数/桶	备注
	苗期	分蘖期	拔节孕穗期	抽穗开花期	灌浆成熟期		
A-1	75	55	75	75	75	10	分蘖期轻度受旱胁迫
A-2	75	35	75	75	75	10	分蘖期重度受旱胁迫
B-1	75	75	55	75	75	10	拔节孕穗期轻度受旱胁迫
B-2	75	75	35	75	75	10	拔节孕穗期重度受旱胁迫
C-1	75	75	75	55	75	10	抽穗开花期轻度受旱胁迫
C-2	75	75	75	35	75	10	抽穗开花期重度受旱胁迫
D-1	75	75	75	75	55	5	灌浆成熟期轻度受旱胁迫
D-2	75	75	75	75	35	5	灌浆成熟期重度受旱胁迫
CK	75	75	75	75	75	20	无水分胁迫的对照

5.3.1.3　测定项目及方法

（1）土壤含水率

为精确获取各处理日均土壤含水率，每天 17:00 用精度为 0.01 g 的电子天平（型号 YP30KN）对所有小麦盆栽样本进行称重。为降低各处理小麦植株生长发育对盆栽土壤含水率换算带来的误差，各盆栽处理的质量需扣除相应处理上一生育期末时小麦植株的湿质量均值。考虑小麦盆栽土壤含水率的动态变化性，以盆栽样本当天初始土壤含水率和末尾土壤含水率的均值来表征当天土壤含水率的均值（崔毅等，2017）。

（2）植株生物量

将小麦盆栽样本整体置于水池浸泡 1 h 左右，使盆栽土体松散后用清水冲洗根系，然后取出完整的小麦植株。用直尺测定小麦植株的根、冠的长度后，将植株根冠分离，分别洗净擦干后，用万分之一电子天平（型号 JH 502）称取小麦植株的根、冠湿质量。将小麦植株根冠分别置于烘箱烘干，称取小麦植株的根、冠干物质量。

5.3.2　基于相对生长率的小麦旱灾系统敏感性定量评估模型的构建

5.3.2.1　基于土壤含水率的小麦受旱胁迫度计算

土壤含水率可有效表征农田土壤、植物和大气三者之间的水分交换关系（汤广民等，2011），在农业旱情识别、评估与预报预警中得以广泛应用（李柏贞等，2014；姚玉璧等，2007）。现有成果大多只能静态判定作物受旱与否，无法定量描述作物受旱累计过程与程度。而在实际农业生产过程中，土壤含水率在降水与灌溉作用下具有显著的动态变化特性，为此，蒋尚明等（2018）依据新马桥农水综合试验站长序列作物受旱与灌溉试验成果，提出了基于土壤含水率的旱作物受旱胁迫度的概念与计算公式，具体为（蒋尚明等，2018）：

$$DS_{i,j} = \begin{cases} 0, & \theta_s \leqslant \theta_{i,j} \leqslant \theta_f \\ \dfrac{\theta_s - \theta_{i,j}}{\theta_s - \theta_w}, & \theta_w < \theta_{i,j} < \theta_s \\ 1, & \theta_{i,j} \leqslant \theta_w \end{cases} \tag{5.13}$$

$$SD_j = \frac{\sum_{i=t_0}^{t_1} DS_{i,j}}{t_1 - t_0} \tag{5.14}$$

式中，$DS_{i,j}$ 为盆栽 j 第 i 天的受旱胁迫度；$\theta_{i,j}$ 为盆栽 j 第 i 天的平均土壤含水率；θ_s 为作物适宜土壤含水率下限；θ_f 为田间持水率；θ_w 为凋萎含水率；t_0 为计算生育期或时段的初始时间，d；t_1 为计算生育期或时段的结束时间，d；SD_j 为盆栽 j 计算生育期或时段内的平均受旱胁迫度。

5.3.2.2　作物干物质累积相对生长率

作物干物质累积相对生长率（RGR）是英国学者 Blachman 于 1919 年提出的作物生长解析法中应用最为广泛的生长函数之一（Blackman et al., 1919），可实现对作物生育特性与生长环境变化响应的定量表征（Pommerening et al., 2015）。本研究运用相对生长率来揭示小麦不同生育期干物质累积对受旱胁迫程度的响应规律，以定量评估小麦旱灾系统敏感性。单位干物质量在单位时间内的干物质增长速率即为相对生长率或相对生长速度，其微分表达式（胡立勇等，2008；张秀如，1984）为

$$R = \frac{1}{w} dw / dt \tag{5.15}$$

式中，R 为相对生长率，g/(g·d)；w 为作物总干物质量，g；t 为时间，d。

通过对式（5.15）两边积分与取对数运算后，可得相对生长率的基本计算公式，具体如下（胡立勇等，2008；张秀如，1984）：

$$R = \frac{\ln w_1 - \ln w_0}{t_1 - t_0} \tag{5.16}$$

式中，t_0 为时段初始时间，d；t_1 为时段结束时间，d；w_0 为 t_0 时的作物总干物质量，g；w_1 为 t_1 时的作物总干物质量，g；R 为 $t_0 \sim t_1$ 时段内的作物总干物质相对生长率，g/（g·d）。

5.3.2.3　基于相对生长率的小麦旱灾系统敏感性函数的构建

本研究借鉴 5.2 节中大豆旱灾系统敏感性定义，以干物质累积总量的变化为响应方式来定量识别评估小麦旱灾系统敏感性。小麦旱灾系统敏感性函数构建包括致灾因子强度的量化、旱灾系统对致灾因子强度的响应程度的量化、关系函数的构建等。具体构建过程如下：

（1）致灾因子强度的量化

由式（5.13）计算各处理逐日受旱胁迫度，结合式（5.14）求取各处理受旱胁迫生育期内平均受旱胁迫程度，反映各处理在受旱胁迫期内的干旱致灾因子强度，本研究以小麦生育期内平均受旱胁迫度为干旱致灾因子强度的量化指标。

（2）旱灾系统受旱胁迫响应的量化

由式（5.16）可计算各处理不同生育期的相对生长率，可定量描述小麦在干旱致灾因子作用下生长发育状况。为此，本研究用小麦某一生育期内不受旱胁迫样本的相对生长率与受旱胁迫样本的相对生长率的差值为小麦旱灾系统受旱胁迫响应的量化指标。

（3）关系函数的构建

以各处理日均受旱胁迫度为横坐标，该日均胁迫度对应的小麦样本总干物质相对生长率的减少量为纵坐标，进行 S 形曲线建模，构建基于受旱胁迫试验与干物质累积相对生长率的小麦旱灾系统敏感性函数。

5.3.3　结果与讨论

5.3.3.1　小麦受旱胁迫下生育特征分析

由式（5.14）和式（5.16）分别求取 2017 年和 2018 年各处理共 180 份小麦盆栽样本日均受旱胁迫度和受旱胁迫生育期内的总干物质相对生长率。以小麦盆栽样本日均受旱胁迫度为横坐标，该日均受旱胁迫度对应的总干物质相对生长率为纵坐标，对 2017 年度和 2018 年度样本数据进行半对数趋势拟合，具体如图 5.6 所示。

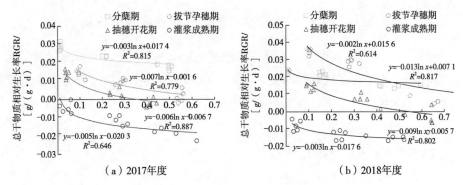

图 5.6　小麦不同生育期受旱胁迫对总干物质相对生长率 RGR 的影响

由图 5.6 可知，①小麦进行受旱胁迫试验的 4 个生育期的总干物质相对生长率 RGR 与日均受旱胁迫度均具有显著的负相关关系，2017 年度和 2018 年度 4 个生育期半对数拟合平均决定系数 R^2 分别为 0.782 和 0.722。②在相同日均受旱胁迫度下，小麦总干物质相对生长率 RGR 一般分蘖期和拔节孕穗期比较大，其次是抽穗开花期，灌浆成熟期最小。③小麦分蘖期受旱胁迫总干物质相对生长率 RGR 会出现一定幅度减小，但 RGR 减小幅度不随受旱胁迫度的增大而增加；小麦拔节孕穗期轻度受旱胁迫 RGR 降低不明显，但当受旱胁迫度超过 0.5 后 RGR 显著降低；小麦抽穗开花期受旱胁迫 RGR 均会显著降低，尤其是在重度受胁迫下会出现负增长；小麦灌浆成熟期受旱胁迫均出现负增长现象，但随受旱胁迫度的增大 RGR 减小幅度不明显。

5.3.3.2　小麦旱灾系统敏感性函数

以小麦各处理样本不同生育期日均受旱胁迫度为横坐标及相应总干物质相对生长率 RGR 降低量为纵坐标，通过对 2 年度相同生育期受旱胁迫的小麦样本（4 个生育期的拟合样本数均为 30）的 S 形曲线建模计算，构建基于受旱胁迫试验与相对生长率的小麦旱灾系统敏感性函数，具体见表 5.4 和图 5.7。

表 5.4　基于相对生长率的小麦旱灾系统敏感性函数

生育期	Logistic 拟合参数				敏感性函数
	a	b	c	决定系数 R^2	
分蘖期	0.012 2	219.68	27.82	0.796	$y=0.012\ 2/(1+219.68\times \mathrm{e}{-27.82}x)$
拔节孕穗期	0.020 8	97.60	13.65	0.705	$y=0.020\ 8/(1+97.60\times \mathrm{e}{-13.65}x)$
抽穗开花期	0.018 7	144.92	21.93	0.669	$y=0.018\ 7/(1+144.92\times \mathrm{e}{-21.93}x)$
灌浆成熟期	0.018 5	56.62	16.82	0.731	$y=0.018\ 5/(1+56.62\times \mathrm{e}{-16.82}x)$

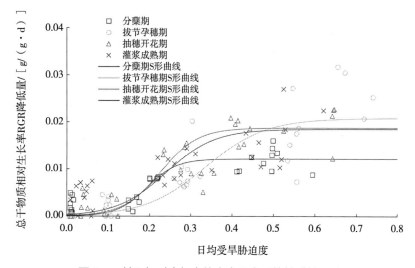

图 5.7　基于相对生长率的小麦旱灾系统敏感性函数

由表 5.4 和图 5.7 可知：

（1）小麦 2017 年和 2018 年不同生育期日均受旱胁迫度与相应总干物质相对生长率 RGR 降低量（相对无受旱胁迫）的 S 形曲线拟合的决定系数 R^2 均在 0.669～0.796，表明用 S 形曲线拟合小麦旱灾系统敏感性函数是合理准确的。

（2）基于受旱胁迫试验与相对生长率的小麦旱灾系统敏感性函数由直线 $x=0.2$ 和 $x=0.34$ 大致划分为 3 个区域，分别揭示了小麦不同生育期轻度、中度和重度受旱胁迫下的系统敏感性。

（3）小麦轻度受旱胁迫时（日均受旱胁迫度小于 0.2），小麦旱灾系统敏感性从大到小的顺序为灌浆成熟期＞抽穗开花期＞分蘖期＞拔节孕穗期，这主要是由于小麦在拔节孕穗期根系深扎、根量最大、根系活力最强，在轻度受旱胁迫时，根系能有效保障植株水量供给，几乎不影响植株当期干物质积累；小麦灌浆成熟期则进入生殖生长阶段，根系逐渐萎缩、活力显著降低，当期即使受轻度受旱胁迫也会显著影响植物干物质积累。

（4）小麦中度受旱胁迫时（日均受旱胁迫度大于0.2而小于0.34），小麦旱灾系统敏感性从大到小的顺序为抽穗开花期＞灌浆成熟期＞分蘖期＞拔节孕穗期，这主要是由于小麦抽穗开花期遭遇中度水分胁迫就会显著影响植株生长发育，导致小麦植株总干物质相对生长率RGR降低量较轻度受旱胁迫显著增加。

（5）小麦重度受旱胁迫时（日均受旱胁迫度大于0.34），小麦旱灾系统敏感性从大到小的顺序为拔节孕穗期＞抽穗开花期＞灌浆成熟期＞分蘖期，这主要是由于小麦在拔节孕穗期生长最为旺盛，水肥需求最强，在轻度受旱时可通过发达的根系保证足够的水分供给，而在重度受旱胁迫下小麦拔节孕穗期RGR相对无受旱胁迫的减少显著增加，导致小麦拔节孕穗期重度受旱胁迫下最为敏感。

5.4 基于水分亏缺试验的大豆旱灾系统敏感性定量评估研究

旱灾损失敏感性系指暴露在孕灾环境中的承灾体对干旱致灾因子影响的损失响应，在农业旱灾中表现为作物生长对生育期水分亏缺强度的损失响应程度或敏感程度，因此，研究作物旱灾损失敏感性对区域农业旱灾风险管理和适应性对策制定具有重要意义。

大豆是中国重要的粮食和油料作物之一，随着人口的增长和人民生活水平的提高，大豆产品的消费需求日益增加（刘爱民等，2003）。淮北平原是中国高蛋白质大豆的主产区，以夏播为主，种植面积常年稳定在70万～80万 hm²（孟军等，2009），是支撑"中国大豆振兴计划"的国家重要商品粮生产基地。淮北平原夏大豆基本以雨养为主，但该区域地处半干旱半湿润季风气候区

（祁宦，2009），降水时空分布不均，且夏季气温较高，再加上近年来气候变化引起的降水、温度异常，导致大豆生育期内农业旱灾频发，严重影响了大豆生长，因此，准确识别大豆生长的关键水分敏感期，对指导补充灌溉方案，保证淮北平原夏大豆高产稳产具有重要意义。基于此，本研究根据淮北平原夏大豆水分亏缺盆栽试验和作物旱灾损失形成过程，从前期无水分亏缺、仅考虑当期水分亏缺对当期大豆地上部分生长影响的角度构建大豆各生育期旱灾损失敏感性函数，比较分析大豆不同生育期灾损敏感性，为进一步从成因机理角度构建干旱频率与相应作物因旱受损指标之间的农业旱灾损失风险曲线奠定基础。

5.4.1　试验方案

5.4.1.1　试验材料

试验于 2015 年 6—9 月在安徽省水利部淮河水利委员会水利科学研究院新马桥农水灌溉试验站进行，试验小区布设有防雨棚完全隔绝降水，试验过程中土壤水分完全受人工灌水控制。盆栽塑料桶上部内径 28 cm，底部内径 20 cm，高 27 cm，测定每个空桶质量后均装入风干土 15 kg，装土后土壤干容重 1.36 g/cm^3。为保证大豆的正常萌发，播种前将土壤灌至田间持水量，且每桶随灌水施入复合肥 4 g。供试大豆品种为中黄 13，于 2015 年 6 月 20 日播种，7 月 3 日出苗整齐，根据大豆大田种植密度，每桶定苗长势均匀的植株 3 株，7 月 4 日起进行水分控制，9 月 20 日收获。

5.4.1.2　试验设计

结合相关研究中对大豆生育期的划分方法（吴存祥等，2012）和本试验中大豆实际生长记录，将大豆全生育期划分为苗期（2015 年 7 月 4—14 日，共 11 d）、分枝期（2015 年 7 月 15 日—8 月 3 日，共 20 d）、花荚期（2015 年 8 月 4—20 日，共 17 d）和鼓粒期（2015 年 8 月 21 日—9 月 20 日，共 31 d）4 个生育期。

试验控制因素为不同生育期土壤水分，通过控制各生育期土壤含水率下限设置不同水分处理。为研究当期水分亏缺对当期大豆地上部分生长的影响，本试验只对单一生育期设置水分亏缺，即前期正常供水、当期水分亏缺，且进行水分亏缺的生育期结束后部分进行破坏试验，测定大豆该生育期内地上部分干物质积累量，具体试验设计如表 5.5 所示。

表 5.5　大豆水分亏缺试验设计

处理方案编号	各生育期土壤含水率下限（占田间持水量的百分比）/%				备注
	苗期	分枝期	花荚期	鼓粒期	
T1	55	—	—	—	苗期轻度水分亏缺
T2	35	—	—	—	苗期重度水分亏缺
T3	75	55	—	—	分枝期轻度水分亏缺
T4	75	35	—	—	分枝期重度水分亏缺
T5	75	75	55	—	花荚期轻度水分亏缺
T6	75	75	35	—	花荚期重度水分亏缺
T7	75	75	75	55	鼓粒期轻度水分亏缺
T8	75	75	75	35	鼓粒期重度水分亏缺
CK	75	75	75	75	全生育期无水分亏缺，对照组

表 5.5 中 4 个生育期均设置轻度、重度两个水分亏缺水平，根据已有研究成果（王书吉等，2015）和本试验站多年作物水分亏缺灌溉试验确定其对应的土壤含水率下限分别为 55% 和 35%（这里是指土壤含水率占田间持水量的百分比），共 8 种处理（表 5.5 中 T1～T8），每种处理重复 5 次，当水分亏缺处理的生育期结束后进行破坏试验；另设全生育期无水分亏缺作为对照组（表 5.5 中 CK），其对应的土壤含水率下限为田间持水量的 75%，对照组 30 次重复，其中苗期、分枝期、花荚期和鼓粒期结束后分别取 5 桶、5 桶、5 桶和 15 桶进行破坏试验。为更加符合实际生产中的灌溉情况，并结合相关控制灌溉研究的试验设计（王红光等，2010），设定当大豆盆栽的土壤含水率达到相应控制下限时定量灌水至田间持水量的 90%。各处理除水分管理外，其他管理方式完全一致，保证大豆生长发育，无病虫害影响。

5.4.1.3　测定项目及方法

（1）盆栽重量

第 j 天大豆盆栽重量 W_j 通过电子秤（型号 YP30KN）测定，单位为 kg，每天 18:00 称重。为减小大豆植株重量变化引起的土壤含水率计算误差，各生育期（苗期除外）开始时所有盆栽的重量均扣除上一生育期结束时对照组大豆植株重量均值。

（2）灌水量

盆栽第 j 天灌水量根据不同水分处理对应的土壤含水率下限确定：

$$I_j = \begin{cases} 0, \theta_{j-1,\text{末}} \geq \theta_{\text{下限}} \\ (90\%\theta_{\text{田间持水量}} - \theta_{j-1,\text{末}}) \times W_{\pm}, \theta_{j-1,\text{末}} < \theta_{\text{下限}} \end{cases} \tag{5.17}$$

式中，I_j 为根据第 j-1 天称重数据和水分处理要求计算的第 j 天灌水量，kg，需换算成升（L）进行灌水；$\theta_{\text{田间持水量}}$ 为供试土壤田间持水量（重量含水率），kg/kg；$\theta_{j-1,\text{末}}$ 为第 j-1 天末（称重时）的土壤含水率，kg/kg；$W_{\pm}$ 为盆栽中土的重量，kg，本试验中均为 15 kg；$\theta_{\text{下限}}$ 为试验设计中各水分处理对应的土壤含水率控制下限，kg/kg，当第 j-1 天末盆栽土壤含水率低于控制下限时，第 j 天须灌水至田间持水量的 90%。每天 7:00 灌水，水量通过量筒精确控制。

（3）土壤含水率

盆栽土壤含水率根据称重和灌水等数据计算得

$$\theta_{j,\text{初}} = \frac{W_{j-1} - W_{\pm} - W_{\text{桶}} + I_j}{W_{\pm}} \times 100\% \tag{5.18}$$

$$\theta_{j,\text{末}} = \frac{W_j - W_{\pm} - W_{\text{桶}}}{W_{\pm}} \times 100\% \tag{5.19}$$

$$\theta_j = \frac{\theta_{j,\text{初}} + \theta_{j,\text{末}}}{2} \times 100\% \tag{5.20}$$

式中，$\theta_{j,\text{初}}$ 为盆栽第 j 天初（灌水前）的土壤含水率，kg/kg；$\theta_{j,\text{末}}$ 为第 j 天末（称重时）的土壤含水率，kg/kg；θ_j 为盆栽第 j 天平均土壤含水率，kg/kg；

W_{j-1}、W_j 分别为第 j-1 天和第 j 天的盆栽重量，kg；$W_桶$ 为盆栽空桶重量，kg，装土前已测定。

（4）地上部分干物质量

需要进行破坏试验的生育期结束后，将每桶中 3 株完整大豆地上、地下部分分离，取植株地上部分用水浸泡，洗净后用吸水纸擦干，置于烘箱中 105℃杀青 30 min，75℃恒温烘干至恒质量，放入干燥器中冷却，再用电子天平称得 3 株大豆地上部分干物质量总和 G（单位为 g）。

5.4.2　基于水分亏缺试验的大豆旱灾系统敏感性定量评估模型的构建

5.4.2.1　当期作物水分亏缺累积量

本研究中的水分亏缺判别以土壤水分是否影响作物正常生长为依据，根据干旱识别理论（Nam et al.，2015；周玉良等，2012；宋松柏等，2011），设定作物水分亏缺阈值分别为 θ_m 和 θ_r，分别表示作物生长最适宜和最受抑制的土壤含水率，具体过程如图 5.8 所示。若作物某生育期内第 j 天的平均土壤含水率 θ_j 低于 θ_m 时，则判定作物在该天的生长过程中发生水分亏缺，即图 5.8 中共有 a、b、c 3 个作物水分亏缺过程，反之不计为水分亏缺（如 d、e、f），整个生育期的作物水分亏缺累积量为该生育期内所有水分亏缺过程的总和（图 5.8 阴影部分之和）。

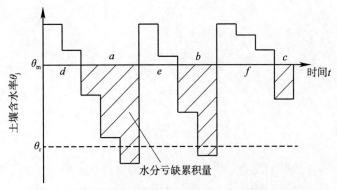

图 5.8　作物水分亏缺识别过程及水分亏缺累积量的确定

在上述作物水分亏缺识别的基础上，结合作物水分胁迫因子计算的相关研究（Martins et al., 2013；Patanè, 2010），本研究提出用作物水分亏缺 CWD_j（$0 \leqslant CWD_j \leqslant 1$）来描述作物某生育期内第 j 天的水分亏缺程度，CWD_j 值越大表明作物水分亏缺越严重，当平均土壤含水率 θ_j 大于作物生长最适宜的土壤含水率 θ_m 时，$CWD_j=0$，表示无水分亏缺，当 θ_j 小于作物生长最受抑制的土壤含水率 θ_r 时，$CWD_j=1$，表示水分亏缺程度最大，CWD_j 具体计算公式为

$$CWD_j = \begin{cases} 1, \theta_j < \theta_r \\ \dfrac{\theta_m - \theta_j}{\theta_m - \theta_r}, \theta_r \leqslant \theta_j \leqslant \theta_m \\ 0, \theta_j > \theta_m \end{cases} \quad (5.21)$$

整个生育期的作物水分亏缺累积量由该生育期内每天的 CWD_j 累计求和得到。阈值 θ_m、θ_r 由作物生长适宜土壤含水率范围相关研究成果（王书吉等，2015）和本试验站多年作物水分亏缺灌溉试验共同确定，这里分别取土壤田间持水量的 75%（作物生长最适宜土壤含水率的下限）和凋萎点含水率。

5.4.2.2 当期地上部分干物质积累损失量

选取当期地上部分干物质积累量作为衡量当期水分亏缺对当期作物生长影响的指标，有助于从地上部生长角度揭示作物在干旱致灾因子作用下形成旱灾损失的物理成因过程。作物各生育期地上部分干物质积累量可通过式（5.22）计算：

$$\Delta G_i = \begin{cases} G_i, i = 1 \\ G_i - G_{i-1}, i > 1 \end{cases} \quad (5.22)$$

式中，ΔG_i 为作物第 i 个生育期内地上部分干物质积累量，g（本研究中 $i=1 \sim 4$，分别代表大豆的苗期、分枝期、花荚期和鼓粒期）；G_i 为第 i 个生育期结束后破坏试验得到的地上部分干物质量，g；G_{i-1} 为对照组第 $i-1$ 个生育

期结束后破坏试验得到的地上部分干物质量，g。

当其他因子相同时，作物在理想水分条件下的干物质积累量与水分亏缺条件下的干物质积累量间的差值，即为干物质积累损失量，可作为作物因水分亏缺损失的计算依据。作物各生育期地上部分干物质积累损失量可通过式（5.23）计算：

$$G_{i,损失} = \Delta G_{i,对照组} - \Delta G_{i,处理组} \qquad (5.23)$$

式中，$G_{i,损失}$ 为作物第 i 个生育期内地上部分干物质积累损失量，g；$\Delta G_{i,对照组}$ 为无水分亏缺组第 i 个生育期内地上部分干物质积累量的最大值，g；$\Delta G_{i,处理组}$ 为其他水分处理组第 i 个生育期内地上部分干物质积累量，g。

5.4.2.3　基于水分亏缺试验的大豆旱灾损失敏感性函数的构建

分别以作物各生育期当期水分亏缺累积量（本研究中大豆每个生育期包括无水分亏缺、轻度水分亏缺和重度水分亏缺 3 种水分处理，每种处理多次重复）为横坐标，该水分亏缺累积量对应的作物当期地上部分干物质积累损失量为纵坐标，结合作物在干旱致灾因子作用下的实际生长过程和已有洪涝灾害损失评估研究成果，选用直线、半对数曲线和 S 形曲线 3 种线型拟合作物各生育期的旱灾损失敏感性函数并进行比较分析。其中，S 形旱灾损失敏感性函数如图 5.9 所示，它将干旱灾害对作物生长的影响过程划分为 3 个发展阶段，同时函数具有 3 个灾情指示点，具体阶段划分、指示点特征可参见陈敏建等（2015）的研究。

5.4.3　结果与讨论

5.4.3.1　大豆各生育期旱灾损失敏感性函数

基于大豆水分亏缺盆栽试验数据和作物旱灾损失敏感性函数构建方法，用直线、半对数曲线和 S 形曲线 3 种线型拟合的大豆 4 个生育期旱灾损失敏感性函数如表 5.6 和图 5.9 所示。

表 5.6　大豆各生育期旱灾损失敏感性函数 3 种线型拟合结果

大豆生育期	直线 $y=kx+b$			半对数曲线 $y=m\ln x+n$			S 形曲线 $y=K/(1+ae^{-rx})$			
	k	b	R^2	m	n	R^2	a	r	K	R^2
苗期	0.36	2.07	0.58	0.81	2.86	0.74	40.33	1.98	4.72	0.82
分枝期	3.05	6.35	0.93	13.15	10.62	0.79	47.18	0.61	55.58	0.94
花荚期	9.02	7.90	0.88	11.53	29.65	0.75	29.85	1.53	59.44	0.97
鼓粒期	6.34	10.20	0.93	16.87	27.33	0.90	82.05	0.75	79.90	0.93

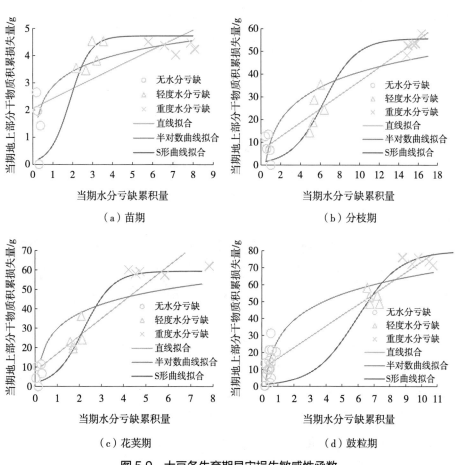

图 5.9　大豆各生育期旱灾损失敏感性函数

由表 5.6 和图 5.9 可知，苗期、分枝期、花荚期灾损敏感性函数均由 3 种水分处理（无水分亏缺、轻度水分亏缺、重度水分亏缺，每种处理重复 5 次）对应的 15 个地上部分干物质积累损失量点拟合，鼓粒期由 3 种水分处理（无水分亏缺 15 次重复，轻度水分亏缺和重度水分亏缺各 5 次重复）对应的 25 个地上部分干物质积累损失量点拟合，与直线和半对数曲线拟合结果相比，大豆各生育期旱灾损失敏感性函数均更符合 S 形曲线的趋势。由表 5.6 可知，大豆 4 个生育期的 S 形曲线决定系数 R^2 值，分别为 0.82、0.94、0.97 和 0.93，说明 S 形曲线对大豆旱灾损失敏感性函数的拟合效果较好。

已有研究表明，S 形曲线各参数具有明确的物理意义（陈敏建等，2015；刘慧等，2015），本研究从上述确定的 S 形敏感性曲线出发，通过分析 S 形曲线参数进一步说明大豆灾损敏感性函数的含义。S 形敏感性曲线的拟合形式如下：

$$y = \frac{K}{1 + ae^{-rx}} \tag{5.24}$$

式中，x 为生育期内作物水分亏缺累积量；y 为对应的作物生育期内地上部分干物质积累损失量，g；a、r、K 为 S 形曲线的参数。

结合 S 形曲线参数的物理意义和表 5.6 中大豆 4 个生育期 S 形旱灾损失敏感性曲线参数值可知：

（1）参数 K 反映作物在高强度水分亏缺下地上部分干物质积累损失量的上限值，在图 5.9 中表现为灾损敏感性曲线上升的最大高度。大豆苗期、分枝期、花荚期和鼓粒期地上部分干物质积累损失量上限值分别为 4.72 g、55.58 g、59.44 g 和 79.90 g，这与大豆生长规律一致，即随着大豆的生长发育，地上部分干物质不断积累，鼓粒期积累量最大，因此遭遇较强水分亏缺时可损失量也最大。同时结合大豆这 4 个生育期无水分亏缺下当期地上部分干物质积累量最大值，分别为 7.28 g、65.71 g、48.01 g 和 29.25 g，可以看出，花荚期和鼓粒期的 K 值均超过其当期干物质积累量的最大值。这说明在一定水分亏缺强度下，花荚期和鼓粒期的大豆植株地上部分会相对上一生育期发生萎缩。这主要是由于前期正常灌水，大豆生长发育正常，茎叶繁茂，花荚期、鼓粒期为保障植株的蒸发蒸腾，需水量较大，相同水分处理下水分亏缺量更大，生理功能破坏更为严重。因此，在大豆生长发育过程中，花荚期、鼓粒期突遇水分亏缺对其生长极为不利，易造成植株地上部分萎缩甚至死亡，须在这两个生育期保证大豆供水。

（2）参数 r 反映作物地上部分干物质积累损失量随水分亏缺强度增大而趋近上限值 K 的快慢程度，在图 5.9 中表现为地上部分干物质积累损失量趋近上限值时对应的水分亏缺累积量大小，生育期 r 值越大，损失量趋近上限值越快，此时对应的水分亏缺强度为保证作物该生育期内地上部分干物质积累不发生最大损失须控制的水分亏缺上限。苗期 r 值最大，说明大豆在苗期遭遇较小水分亏缺时便会达到其生育期损失量的最大值，因此，对苗期而言，轻微水分亏缺虽然造成的地上部分干物质积累损失量不大，但损失程度较大，为避免大豆苗期地上部分发生较为严重的破坏，须严格控制其间的水分亏缺强度。

（3）当 S 形敏感性曲线的斜率变化率最大，即作物当期地上部分干物质积累损失量随水分亏缺强度增大的增加速度变化最快时，敏感性曲线上对应的这点称为干旱致灾点，自此干旱对作物的不利影响由初始阶段进入快速发展阶段（陈敏建等，2015），令式（5.24）的三阶导数为 0 可知，致灾点对应的水分亏缺累积量 $x=\ln\left[\left(2-\sqrt{3}\right)a\right]/r$。由表 5.6 可知，大豆分枝期、鼓粒期、花荚期和苗期分别在当期水分亏缺累积量达到 4.19、4.15、1.36 和 1.20 时，地上部分干物质积累损失量随水分亏缺强度增大的增加速度变化最快，为避免干旱的不利影响进一步扩大，可根据大豆所处生育期干旱致灾点对应的水分亏缺累积量进行旱情预警，及时灌溉。

（4）当地上部分干物质积累损失量达到 $K/2$ 时，作物当期地上部分干物质积累损失量随水分亏缺强度增大的增加速度最快，敏感性曲线上对应的这点称为旱情转折点，反映干旱对作物的不利影响由盛向衰的转变（陈敏建等，2015），将 $K/2$ 代入式（5.24）可知，转折点对应的水分亏缺累积量 $x=\ln a/r$。由表 5.6 可知，大豆分枝期、鼓粒期、花荚期和苗期分别在当期水分亏缺累积量达到 6.37、5.92、2.22 和 1.87 时，地上部分干物质积累损失量随水分亏缺强度增大的增加速度最快，实际抗旱过程中应保证作物所处生育期的水分亏缺强度在其旱情转折点对应的水分亏缺累积量以下，有效控制干旱对作物生长的不利影响。

综上所述，S形曲线拟合效果较好，其参数物理意义明确，故本研究最终采用S形曲线构建作物旱灾损失敏感性函数，用它可描述作物不同生育期地上部分干物质积累损失量随该生育期内水分亏缺强度变化的定量关系，具有一定的作物旱灾损失成因机理，这与已有研究成果中用S形曲线构建洪涝灾害损失曲线是一致的（陈敏建等，2015）。同时，与已有作物旱灾损失脆弱性曲线相比（Wang et al.，2016；Yue et al.，2015；Yin et al.，2014；董姝娜等，2014；贾慧聪等，2011）：构建干旱强度与作物旱灾损失之间定量关系的研究思路是一致的，且曲线总体均呈现S形变化趋势；已有研究并未对敏感性曲线和脆弱性曲线进行明确区分，本研究在假定作物完全暴露于干旱孕灾环境的基础上，构建了天然条件下（不考虑抗旱能力）的作物旱灾损失敏感性曲线；已有研究多基于作物生长模型（EPIC、CERES-Maize等），本研究从实际作物水分亏缺试验出发，实现作物在不同水分亏缺条件下生长过程试验与模拟的相互验证；本研究以地上部分干物质积累量为中间变量，需进一步建立作物各生育期地上部分干物质积累量与最终产量之间的定量关系，开展从水分亏缺先到生育期干物质减少再到最终产量减少的作物旱灾损失物理成因过程研究。

5.4.3.2 大豆不同生育期旱灾损失敏感性比较

为进一步比较大豆不同生育期旱灾损失敏感性，将4个生育期的S形敏感性曲线绘制在图5.10中。由图5.10可知，大豆4个生育期地上部分干物质积累损失量均随当期水分亏缺累积量的增大而不断增加，但不同生育期灾损敏感性曲线在相同水分亏缺累积量下对应的损失量明显不同，这既能够反映干旱会对大豆（承灾体）生长产生不利影响（旱灾），而且这种不利影响会随干旱致灾因子强度的增大而加剧，又从地上部干物质积累角度体现大豆不同生育期生长对相同干旱致灾因子强度的敏感程度（旱灾损失敏感性）不同。

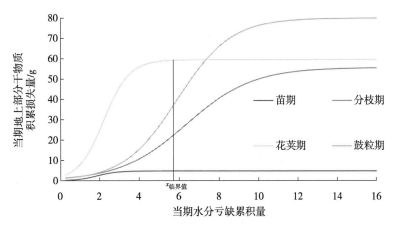

图5.10　大豆不同生育期旱灾损失敏感性比较

　　结合本研究中提出的作物旱灾损失敏感性定义，具体在前期无水分亏缺、当期某一确定水分亏缺强度下对应的当期地上部分干物质积累损失量，即图 5.10 中大豆各生育期旱灾损失敏感性曲线在某一当期水分亏缺累积量（横坐标值）对应的当期地上部分干物质积累损失量（纵坐标值）。由图 5.10 可知，大豆 4 个生育期在相同水分亏缺累积量下对应的地上部分干物质积累损失量大小大致可分为两个区间进行判断：当水分亏缺累积量小于 $x_{临界值}$［鼓粒期地上部分干物质积累损失量达到花荚期损失量上限值时的水分亏缺累积量，根据式（5.24）计算 $x_{临界值}$=7.4］时，任一水分亏缺累积量对应的地上部分干物质积累损失量从大到小的顺序为花荚期、鼓粒期、分枝期和苗期，当水分亏缺累积量大于 $x_{临界值}$ 时，损失量大小顺序变为鼓粒期、花荚期、分枝期和苗期。由此可知：

　　（1）在相同水分亏缺累积量下，鼓粒期和花荚期的地上部分干物质积累损失量明显高于分枝期和苗期。这主要由于大豆在花荚期之前基本处于营养生长期，从花荚期开始出现生殖生长，土壤水分条件对大豆营养生长和生殖生长的影响因子不同（韩晓增等，2003）。大豆营养生长期遭遇水分亏缺对植株地下生物量的影响大于地上生物量，生殖生长期遭遇水分亏缺对地上部分生物量积累的影响较大（杨慎骄，2009），同时随着大豆生长，鼓粒期和花荚期的地上部分干物质积累量大于分枝期和苗期，相应的可损失量也较大，符合上述参数 K 反映的规律。

（2）从水分亏缺影响地上部分生长的角度来看，大豆不同生育期的旱灾损失敏感性均随干旱致灾因子强度的变化而变化，在致灾因子强度较低，即当期水分亏缺累积量<7.4时，大豆4个生育期的旱灾损失敏感性从大到小的顺序为花荚期>鼓粒期>分枝期>苗期，即在前期无水分亏缺、当前生育期相同水分亏缺强度下，花荚期地上部分干物质积累损失量最大，这与水分生产函数Jensen模型得到的大豆不同生育期水分敏感性规律一致（王龙等，2014）。从大豆不同生育期对水分的需求程度来看，苗期到开花期消耗的水量较少，进入花期耗水量急剧上升，结荚期耗水量最大，鼓粒期以后耗水量呈下降趋势（徐淑琴等，2003），花荚期正值大豆营养生长和生殖生长并进时期，干物质积累最快，此时遭遇干旱将严重影响大豆地上部分干物质的积累。

（3）在致灾因子强度较高，即当期水分亏缺累积量≥7.4时，大豆4个生育期的旱灾损失敏感性从大到小的顺序为鼓粒期>花荚期>分枝期>苗期，即在前期无水分亏缺、当前生育期相同水分亏缺强度下，鼓粒期地上部分干物质积累损失量最大，这与已有研究成果一致：在"特旱"水分条件下，以大豆产量损失大小排列，鼓粒期>花荚期>分枝期（韩晓增等，2003）。当水分亏缺超过一定程度时，大豆花荚期的地上部分干物质积累损失量已趋于上限值，变化较小，而鼓粒期可损失量较大，仍呈上升趋势，损失量超过花荚期，敏感性大于花荚期，这与上述参数K反映的规律一致。与静态水分生产函数相比，S形敏感性曲线可定量计算作物在不同干旱致灾因子强度下对应的生长损失量，能够反映作物旱灾损失敏感性大小随致灾因子强度的动态变化过程，符合作物在干旱致灾因子作用下的实际生长情况，更具作物旱灾损失成因机理。

综上所述，大豆在前期正常供水的情况下，保证鼓粒期和花荚期免受水分亏缺，严格控制分枝期、苗期水分亏缺强度，对维持其当期地上部分生长发育十分重要。

5.5　小结

作物旱灾损失敏感性函数可作为旱灾损失敏感性从统计意义转向灾害机

理、从旱灾损失成因机理角度刻画干旱致灾因子危险性链式传递为旱灾损失风险研究的突破点。本章聚焦作物旱灾损失敏感性函数构建和定量评估，以大豆、小麦不同作物，作物生长解析法、实际水分亏缺试验不同测度方法开展了作物旱灾损失敏感性定量评估研究，取得的主要研究成果如下：

（1）运用作物生长解析法构建了大豆旱灾系统敏感性曲线，进而实现对大豆旱灾系统敏感性的定量评估，得到以下主要结论：①大豆苗期受旱胁迫均会出现相对生长率 RGR 较大幅度的降低，但随着受旱胁迫度的增大对大豆生长和干物质积累的抑制作用增强不明显，且受旱胁迫会激发自身适应受旱胁迫的机制而可能对后期生长发育有利，该生育期相机控制水分供给，保证苗全即可。②大豆分枝期旱灾系统敏感性较大，但该生育期内轻度受旱胁迫对大豆生长发育影响不明显，宜保证该生育期水分供给高于轻度受旱胁迫（土壤含水率＞田间持水含水率的 55%），以保障大豆株壮、枝多。③大豆花荚期是水分和养分需求最大的时期，该生育期旱灾系统敏感较大尤其重度受旱胁迫时系统敏感性最大，宜充分保证该生育期的水分供给（土壤含水率＞田间持水含水率的 75%），以保障大豆花多、荚多、粒多。④大豆鼓粒成熟期由于营养生长基本停止、干物质积累几乎停滞，导致基于总干物质相对生长率旱灾系统敏感性最小，但该期是产量形成的关键时期，宜保证该生育期尤其鼓粒期的水分供给（土壤含水率＞田间持水含水率的 75%），以保障大豆最后粒多、粒重。

（2）作物产量的形成是一个复杂的生理过程，涉及光合作用、干物质积累与分配、器官的生长发育以及有机与无机元素的吸收、利用及转移等一系列过程，干物质积累对作物产量有着重要作用。运用相对生长率（RGR）有效揭示了小麦不同生育期干物质累积对受旱胁迫程度的响应规律，实现了小麦旱灾系统敏感性定量评估，得到以下主要结论：①小麦分蘖期受旱胁迫均会造成干物质累积总量相对生长率 RGR 一定幅度的减少（相对无受旱胁迫），但随着受旱胁迫程度的增加对小麦干物质积累的抑制作用增强不明显，且受旱胁迫会激发小麦的自适应能力，促进根系纵向生长，从而对后期生长发育有利，因此，该生育期可实施非充分供水控制，保证小麦苗全即可。②小麦拔节孕穗期是水肥需求最为迫切的时期，该生育期轻度受旱胁迫对小麦生长发育影响较小，但在重度受旱胁迫时系统敏感性最大，宜保证该生育期土壤含水率高于田间持水率的 55%，以保障小麦充分的干物质积累。③小麦抽穗开花期和灌浆成熟期均是产量形成的关键时期，系统敏感性均较大，轻度受旱胁迫均会对小麦生育造成较大的影响，宜保证这两个生育期土壤含水率高于田间持水率的 75%，以保障小麦高产、稳产。④小麦分蘖期是营养生长转向生殖生长的转折点且初始干物质量小，尤其是越冬结束后随着气温和地温的升高，根系向下深扎，根量增长迅速，导致分蘖期 RGR 相对较大；小麦拔节孕穗期是营养生长和生殖生长并进时期，生长旺盛，是干物质积累最大的生育期，导致拔节孕穗期 RGR 也相对较大；小麦抽穗开花期是进入生殖生长的转折点，生殖生长逐渐占主导地位，导致抽穗开花期 RGR 一般较小；小麦灌浆成熟期营养生长停止，干物质积累停止，进入黄熟期后茎、根、叶逐渐衰老脱落，导致灌浆成熟期 RGR 最小，一般为负增长。⑤研究表明，S 形曲线在拟合小麦旱灾系统敏感性函数时具有良好精度，可有效描述小麦不同生育期干物质积累与该生育期内受旱胁迫强度的定量关系，这与已有研究成果中用 S 形曲线构建大豆旱灾系统敏感性函数是一致的。这主要是由于 S 形曲线各参数的物理意义明确，且作物干物质积累与水分胁迫强度之间具有明显的 S 形变化趋势。

（3）从实际水分亏缺对大豆作物生长过程影响的成因机制角度出发，通过构建作物各生育期水分亏缺程度与反映作物生长过程因旱受损指标之间的定量关系，探讨大豆作物不同生育期旱灾损失敏感性，得到以下主要结论：①S 形作物旱灾损失敏感性函数可描述干旱致灾因子强度和相应作物因旱受损指标之间的定量关系，能反映作物旱灾损失敏感性大小随致灾因子强度的动态变化过程，具有一定作物旱灾损失成因机理。②S 形敏感性曲线上的作物当期地上部分干物质积累损失量随水分亏缺强度增大的增加速度变化最快的点可作为干旱致灾点，根据作物所处生育期致灾点对应的水分亏缺累积量进行旱情预警，及时灌溉；作物地上部分干物质积累损失量随水分亏缺强度增大的增加速度最快的点可作为旱情转折点，实际抗旱过程中应保证作物所处生育期的水分亏缺强度在其转折点对应的水分亏缺累积量以下，有效控制旱情。③大豆不同生育期的旱灾损失敏感性均随干旱致灾因子强度的变化而变化，当致灾因子强度较低时，旱灾损失敏感性从大到小的顺序为花荚期＞鼓粒期＞分枝期＞苗期，而致灾因子强度较高时，敏感性顺序为鼓粒期＞花荚期＞分枝期＞苗期。大豆在前期正常供水的情况下，保证鼓粒期和花荚期免受水分亏缺，严格控制分枝期、苗期水分亏缺强度，对维持其当期地上部分生长发育十分重要。

（4）承灾体干旱灾损敏感性是指自然条件下干旱强度与承灾体因旱损失之间的关系，是旱灾风险系统的重要组成部分，充分并准确解析连续生育期受旱条件下作物旱灾损失敏感性物理机制、定量评估旱灾损失敏感性仍是重要的后续工作。

参考文献

陈佳 . 2021. 中国农业旱灾脆弱性评价及影响因素研究 [D]. 长春：吉林大学 .

陈敏建，周飞，马静，等 . 2015. 水害损失函数与洪涝损失评估 [J]. 水利学报，46(8): 883-891.

崔毅，蒋尚明，金菊良，等 . 2017. 基于水分亏缺试验的大豆旱灾损失敏感性评估 [J]. 水力发电学报，36(11): 50-61.

董姝娜，庞泽源，张继权，等 . 2014. 基于 CERES-Maize 模型的吉林西部玉米干旱脆弱性曲线研究 [J]. 灾害学，29(3): 115-119.

葛慧玲，龚振平，马春梅，等 . 2017. 灌溉水平及灌溉间隔对大豆植株干物质积累的影响 [J]. 灌溉排水学报，36(5):30-35.

国家气象中心，中国农业科学院农业资源与农业区划研究所，等 . 2015. 农业干旱等级：GB/T 32136—2015 [S]. 北京：中国标准出版社 .

韩松俊，刘群昌，王少丽，等 . 2010. 作物水分敏感指数累积函数的改进及其验证 [J]. 农业工程学报，26(6): 83-88.

韩晓增，乔云发，张秋英，等 . 2003. 不同土壤水分条件对大豆产量的影响 [J]. 大豆科学，22(4): 269-272.

胡立勇，丁艳锋 . 2008. 作物栽培学 [M]. 北京：高等教育出版社 .

蒋尚明，袁宏伟，崔毅，等 . 2018. 基于相对生长率的大豆旱灾系统敏感性定量评估研究 [J]. 大豆科学，37(1): 92-100.

贾慧聪，王静爱，潘东华，等 . 2011. 基于 EPIC 模型的黄淮海夏玉米旱灾风险评价 [J]. 地理学报，66(5): 643-652.

金菊良，周亮广，崔毅，等 . 2023. 区域旱灾风险评估若干问题探讨 [J]. 水利学报，54(11):1267-

1276.

金菊良，周亮广，蒋尚明，等．2023.基于链式传递结构的旱灾实际风险定量评估方法与应用模式 [J]. 灾害学，38(1):1-6.

李柏贞，周广胜．2014.干旱指标研究进展 [J]. 生态学报，34(5): 1043-1052.

刘爱民，封志明，阎丽珍，等．2003.基于耕地资源约束的中国大豆生产能力研究 [J]. 自然资源学报，18(4): 430-436.

刘慧，胡宏昌，胡和平，等．2015.遥感植被物候识别中逻辑斯蒂模型的适用性研究 [J]. 水力发电学报，34(6): 88-94.

刘丽君，林浩，唐晓飞，等．2011.干旱胁迫对不同生育阶段大豆产量形态建成的影响 [J]. 大豆科学，30(3):405-412.

孟军，丁琳琳．2009.发展高端大豆产品应对国际大豆危机 [J]. 中国农学通报，25(21): 359-362.

祁宦，朱延文，王德育，等．2009.淮北地区农业干旱预警模型与灌溉决策服务系统 [J]. 中国农业气象，30(4): 596-600.

乔嘉，朱金城，赵姣，等．2011.基于 Logistic 模型的玉米干物质积累过程对产量影响研究 [J]. 中国农业大学，16(5):32-38.

沈融，章建新，苏广禄，等．2011.不同时期水分亏缺对高产大豆植株地上部分生长的影响 [J]. 新疆农业大学学报，34(4):297-301.

宋松柏，聂荣．2011.基于非对称阿基米德 Copula 的多变量水文干旱联合概率研究 [J]. 水力发电学报，30(4): 20-29.

宋微微，杜吉到，郑殿峰，等．2008.大豆干物质积累、分配规律的研究进展 [J]. 大豆科学，27(6):1062-1066.

石勇，许世远，石纯，等．2011.自然灾害脆弱性研究进展 [J]. 自然灾害学报，20(2): 131-137.

汤广民，蒋尚明．2011.水稻的干旱指标与干旱预报 [J]. 水利水电技术，42(8): 54-58.

王红光，于振文，张永丽，等．2010.推迟拔节水及其灌水量对小麦耗水量和耗水来源及农田蒸散量的影响 [J]. 作物学报，36(7): 1183-1191.

王龙，魏永霞，吴限．2014.黑土区调亏灌溉条件下大豆耗水规律试验研究 [J]. 节水灌溉，(11): 29-33.

王书吉，康绍忠，李涛．2015.基于节水高产优质目标的冬小麦适宜水分亏缺模式 [J]. 农业工程学报，31(12): 111-118.

魏妍琪．2021.基于试验与模拟的区域农业旱灾风险定量评估研究 [D]. 合肥：合肥工业大学．

吴存祥，李继存，沙爱华，等．2012.国家大豆品种区域试验对照品种的生育期组归属 [J]. 作物学报，38(11): 1977-1987.

辛琪，林少喆，王妮娜，等．2019.间隔交替波涌灌溉对冬小麦土壤水分与水分利用效率的影响 [J]. 灌溉排水学报，38(1):21-25.

徐淑琴，宋军，吴砚 . 2003. 大豆需水规律及喷灌模式探讨 [J]. 节水灌溉，(3): 23-25.

杨惠杰，李义珍，杨仁崔，等 . 2001. 超高产水稻的干物质生产特性研究 [J]. 中国水稻科
　　学，15(4):265-270.

杨慎骄 . 2009. 大豆植株生长和籽粒产量对土壤干旱和竞争的响应 [D]. 杨凌：中国科学院
　　研究生院 (教育部水土保持与生态环境研究中心).

姚玉璧，张存杰，邓振镛，等 . 2007. 气象、农业干旱指标综述 [J]. 干旱地区农业研究，
　　25(1): 185-189，211.

张立军，孙旭刚，王昌陵，等 . 2014. 盆栽条件下水肥调控对大豆生长和产量的影响 [J]. 大
　　豆科学，33(3):398-403.

张秀如 . 1984. 生长解析法及其在棉花科研中的初步应用 [J]. 华中农学院学报，3(4): 1-9.

赵姣，郑志芳，方艳茹，等 . 2013. 基于动态模拟模型分析冬小麦干物质积累特征对产量的
　　影响 [J]. 作物学报，39(2):300-308.

周玉良，袁潇晨，周平，等 . 2012. 基于地下水埋深的区域干旱频率分析研究 [J]. 水利学
　　报，43(9): 1075-1083.

ADGER W N. 2006. Vulnerability [J]. Global Environmental Change, 16(3): 268-281.

BLACKMAN V H. 1919. The compound interest law and plant growth[J]. Annals of
　　Botany,33(3): 353-360.

BOOTE K J. 2013. Effects of water stress on leaf area index, crop growth rate and dry matter
　　accumulation of field-grown corn and soybean[J]. Field Crops Research, 21(89):171-187.

MARTINS J D, RODRIGUES G C, PAREDES P, et al. 2013. Dual crop coefficients for maize in
　　southern Brazil: Model testing for sprinkler and drip irrigation and mulched soil [J]. Biosystems
　　Engineering, 115(3): 291-310.

NAM W H, HAYES M J, SVOBODA M D, et al. 2015. Drought hazard assessment in the context
　　of climate change for South Korea [J]. Agricultural Water Management, 160: 106-117.

PATANÈ C, COSENTINO S L. 2010. Effects of soil water deficit on yield and quality of processing
　　tomato under a mediterranean climate [J]. Agricultural Water Management, 97(1): 131-138.

POMMERENING A, MUSZTA A. 2015. Methods of modelling relative growth rate[J]. Forest
　　Ecosystems, 2(1):1-9.

POMMERENING A, MUSZTA A. 2015. Methods of modelling relative growth rate[J]. Forest
　　Ecosystems, 2(2): 82-90.

SINGH H, SINGH G. 2011. Dry matter accumulation, nodulation, yield attributes and yield of
　　soybean (Glycine max L. Merrill) as affected by potassium and split application of nitrogen[J].
　　Indian Journal of Ecology, 38(2):206-210.

SMILOVIC M, GLEESON T, ADAMOWSKI J. 2016. Crop kites: Determining crop-water
　　production functions using crop coefficients and sensitivity indices [J]. Advances in Water

Resources, 97: 193-204.

SMIT B, WANDEL J. 2006. Adaptation, adaptive capacity and vulnerability [J]. Global Environmental Change, 16(3): 282-292.

WANG Z Q, JIANG J Y, MA Q. 2016. The drought risk of maize in the farming-pastoral ecotone in Northern China based on physical vulnerability assessment [J]. Natural Hazards and Earth System Sciences, 16(12): 2697-2711.

YIN Y Y, ZHANG X M, LIN D G, et al. 2014. GEPIC-V-R model: A GIS-based tool for regional crop drought risk assessment [J]. Agricultural Water Management, 144: 107-119.

YUE Y J, LI J, YE X Y, et al. 2015. An EPIC model-based vulnerability assessment of wheat subject to drought [J]. Natural Hazards, 78(3): 1629-1652.

ZOU KAIJIE, CHENG LEI, ZHANG QUAN, et al.2024. Detecting multidecadal variation of short-term drought risk by combining frequency analysis and Fourier transformation methods: A case study in the Yangtze River Basin[J]. Journal of Hydrology,631: 130803.